高等院校信息技术规划教材

Access 2013 数据库应用技术

徐 日 编著

清华大学出版社

北京

内容简介

本书采用图文结合和步骤详解的编写方式，以实训任务为目标，引导读者学习 Access 2013 数据库应用技术，主要包括表、查询、窗体、报表、数据库管理等。全书侧重应用实践，用跟踪图示全景详解步骤，有助于读者高效掌握 Access 2013 数据库应用技术，快速提高应用水平。

本书结构清晰，内容丰富，目标引导，图文周详，容易理解，适合广大高等学校作为 Access 2013 数据库应用技术的教材、实验教材、参考书、辅导书，也适合于其他学习 Access 2013 数据库应用技术的广大读者。本书的实训素材可从清华大学出版社网站下载。

图书在版编目(CIP)数据

Access 2013 数据库应用技术/徐日编著. --北京：清华大学出版社，2016
高等院校信息技术规划教材
ISBN 978-7-302-44258-5

Ⅰ. ①A…　Ⅱ. ①徐…　Ⅲ. ①关系数据库系统－高等学校－教材　Ⅳ. ①TP311.138

中国版本图书馆 CIP 数据核字(2016)第 153301 号

责任编辑：张　玥
封面设计：常雪影
责任校对：白　蕾
责任印制：沈　露

出版发行：清华大学出版社
网　　址：http://www.tup.com.cn，http://www.wqbook.com
地　　址：北京清华大学学研大厦 A 座　**邮　　编**：100084
社 总 机：010-62770175　**邮　　购**：010-62786544
投稿与读者服务：010-62776969，c-service@tup.tsinghua.edu.cn
质量反馈：010-62772015，zhiliang@tup.tsinghua.edu.cn
课件下载：http://www.tup.com.cn，010-62795954
印 刷 者：北京富博印刷有限公司
装 订 者：北京市密云县京文制本装订厂
经　　销：全国新华书店
开　　本：185mm×260mm　**印　张**：13.75　**字　　数**：321 千字
版　　次：2016 年 9 月第 1 版　**印　　次**：2016 年 9 月第 1 次印刷
印　　数：1～2000
定　　价：34.50 元

产品编号：069773-01

前言

Foreword

随着经济技术的发展，各行业越来越多地使用数据库，例如教务系统、售票系统、电子商务、电子政务、银行证券和车房租赁等。数据库逐步深入到社会生活的各个角落，数据库信息已经成为各行业的重要资源，数据库的建设情况、信息量大小和应用程度成为信息化建设程度的重要标志。具有较高数据库应用技术水平，已成为目前很多单位对从业人员的基本要求之一。因此，在各类院校的教学培养计划中，掌握数据库应用技术成为各专业的共性要求，数据库应用技术一般都成为不同专业学生的公共课或公选课。

根据编者的教学经验，在多种数据库应用系统中，采用Access讲授数据库应用技术比较合适。Access 2013是微软推出的Office 2013组件之一，操作环境与同为组件的Word 2013、Excel 2013、PowerPoint 2013的风格保持一致，使用方便，广受青睐。使用Access 2013授课或自学数据库应用技术，能紧跟软件发展步伐。

目前出版的教材和辅导书，大多重理论、轻实践，学生进行课程学习或研读后，虽然明白其中道理、了解知识，却不会动手实践，常常发生教材在手，却大多被弃用的现象。本书将知识融入目标实训中，以图文结合、步骤详解的方式逐步引导学生学习，使学习有的放矢，提高效率，真正达到学习和掌握数据库应用技术的目的。

当今社会学习和工作节奏较快，多数读者难以接受长久阅读文字的学习方式，本书围绕实训任务，用跟踪图示全景详解步骤，有效支持读者开展高效训练。本书素材可以从清华大学出版社网站http://www.tup.com.cn下载。

本书在编写过程中，得到了郭凯、陈祺、孙晞赫、李宸彤、宋佼宸等的参与和支持，在此向他们表示感谢。同时参阅借鉴了与Access应用有关的书籍和网络资料，在此一并致谢。

本书或素材中涉及的人物姓名、编号等数据，仅用于学习，与实际无关，如有雷同，纯属巧合。

由于编者水平有限，书中难免有疏漏和不足之处，恳请广大读者批评指正。

编　者

2016年5月

目录 Contents

第1章 chapter 1

Access 数据库基础

1.1 Access 基础

1.1.1 简介

数据库是20世纪60年代末发展起来的一项重要技术。自20世纪70年代以来，数据库技术迅猛发展，数据库及其应用已经成为计算机科学的一个重要分支，从简单的人工管理数据到目前多种先进数据库系统的并存发展，数据库已快速发展并广泛应用于各领域中。目前，很多行业的业务都已无法离开数据库，例如银行证券业务、民航铁路票务、超市商场经营、电子商务交易、公司单位管理、行业数据通信等，涉及社会生活的方方面面。

Access 2013 是微软 Office 2013 的组件之一，是将数据库引擎下图形用户界面和软件开发工具结合在一起的数据库开发和管理软件。它向用户提供多种视图，并具有向导设计和访问数据库等功能，主要用于设计应用数据库系统，具有灵活高效的工作特点。它的应用领域广泛，开发设计成本低廉，广泛适用于数据库管理和应用，不要求使用者是专业的数据库开发人员。由于普及易用，Access 2013 是生活、工作和学习的理想助手。

Access 功能强大，有强大的数据分析统计能力和便捷的应用开发设计能力。

利用 Access 查询功能，可以便捷地进行各类汇总、计算等统计工作，可以灵活设置统计条件。统计分析上万、十几万条记录的数据时，它具有速度快、操作方便等优点，这是同为 Office 组件的 Excel 无法比拟的。熟练掌握 Access，能够大幅提高工作效率和工作质量，从而提高工作能力和职业竞争力。

运用 Access 开发软件，如生产管理、销售管理、库存管理、行政管理等各类机关和企事业管理软件，即使是非计算机专业人员，也能很快地掌握，满足从事各种管理工作的实际需要，并且 Access 还可用于制作小型网站的数据库。

此外，Access 2013 具有丰富的信息提示选项，用户可以选择想知道的信息，置于明显位置，用于实时读取。

1.1.2 基础知识

为了更好地开发设计数据库应用系统，以下简要介绍 Access 2013 基础知识。

1. 数据

数据是描述事物的符号序列，是信息载体，是人们对现实世界事物进行信息化抽取后的所得，是数据库中存储的基本对象。它可以是数字、字符、文字、图像、影音等，可以用于描述事物的长、宽、高，也可以描述人物的姓名、性别、职务，还可以描述货品、金额等多种信息。

2. 数据库

数据库(Database，DB)，是按照一定数据格式在计算机存储设备上组织、存储和管理数据的仓库，不仅包括描述事物的数据，而且包括相关事物间的关系。数据库长期存储于计算机中，是大量有组织数据的集合。它可以面向多种应用，实现多用户、多应用共享。Access 2013数据库既存储相应数据，也保存与数据处理相关的管理方案，在Access 2013中，应先创建数据库，然后对数据进行相应操作。

3. 字段

在数据库中，表中的“列”称为“字段”，每个字段包含某一专项的信息，用于存储表中各记录的同一项数据。在表设计中，用字段标识一个垂直方向的列，字段有数据类型及宽度。例如，学生表中的“学号”、“姓名”、“性别”、“院系”、“专业”、“籍贯”、“政治面目”等都是表中的字段。

4. 记录

在数据库中，记录是表中水平方向的行，也称元组，对应表中具体记录。例如，学生表中水平方向的某一行数据对应一名学生，也就是数据表中的一条记录或一个元组。

5. 主键

在数据库中，主键即主关键字(Primary Key)，或称主码，是表中一个或多个字段。主键的值，用于唯一标识表中的一条记录。不同的主键值，能够在表中纵向区分不同水平行的记录。主键是唯一标识的关键字，是表定义的一部分，主键所在列不能使用空值。例如，学生表中“学号”字段，可设计为此表的主键，可唯一标识表中的一行记录。但是，“姓名”字段不能作为主键，因为在现实中，学生重名是存在的，一个姓名可能对应多行学生记录，不能唯一标识一行学生记录。

1.2 创建数据库

创建一个Access 2013数据库，数据库文件的扩展名为“*.accdb”，Access 2013创建的查询、窗体、报表等多种对象都存放在这个数据库文件中。打开“*.accdb”数据库文件时，在相同路径会自动生成一个“*.laccdb”的临时文件，正常关闭文件后，此临时文件将被自动清除。

在桌面或在“程序”中单击图标，以打开Access 2013环境，如图1-1所示。Access 2013与同为微软Office 2013组件的Word 2013、Excel 2013、PowerPoint 2013具有相似的操作界面，容易为用户所接受。

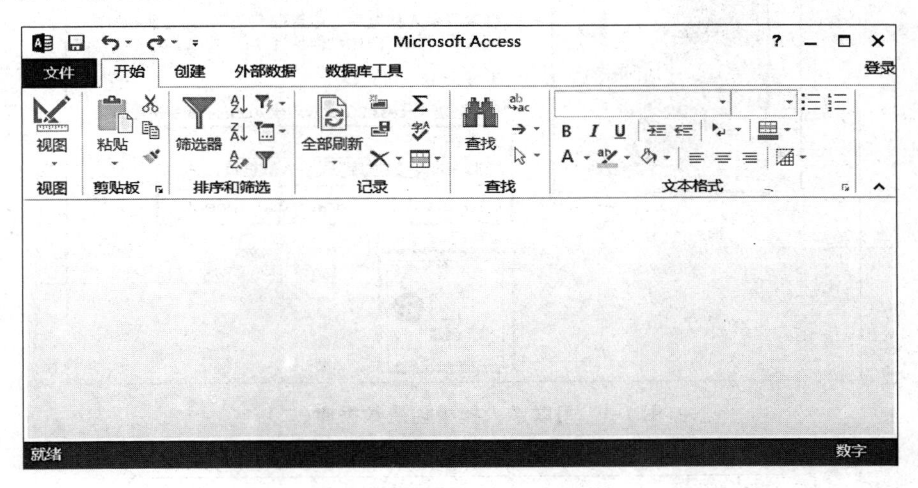

图1-1 打开Access 2013环境

1.2.1 使用模板创建数据库

使用“联系人”模板创建数据库。

用“学号＋姓名＋_数据库_＋联系人数据库.扩展名”命名。例如，用“20168161测试者_数据库_联系人数据库.accdb”命名，过程如图1-2～图1-4所示。

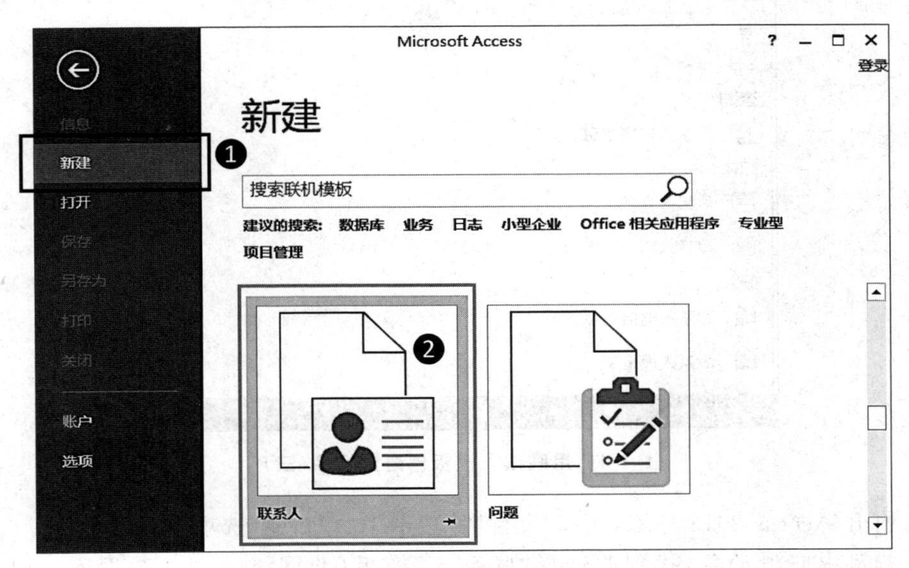

图1-2 用联系人模板创建数据库(一)

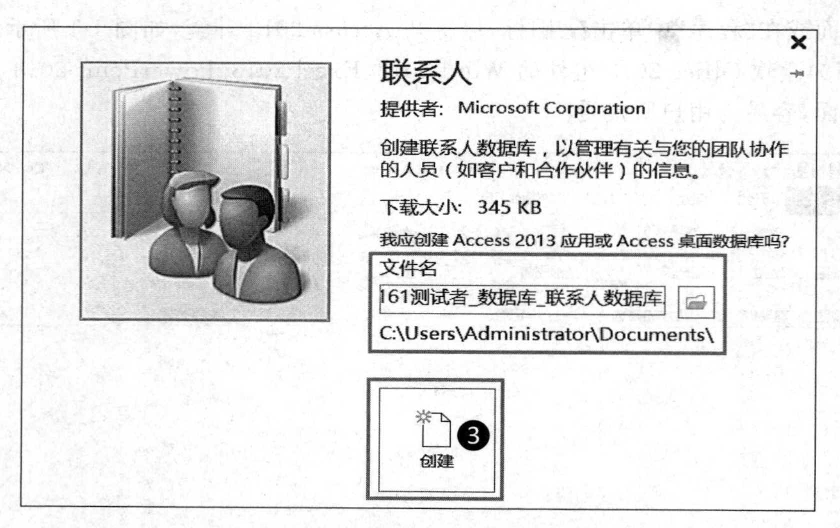

图 1-3　用联系人模板创建数据库(二)

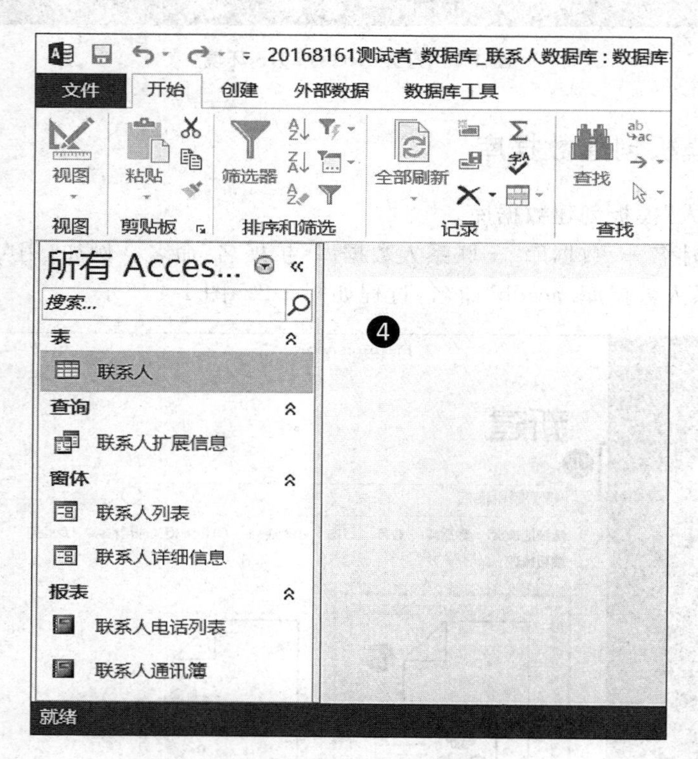

图 1-4　用联系人模板创建数据库(三)

❶ 打开 Access 2013 环境，选择“文件”选项卡中的“新建”选项。

❷ 拖动纵向滑动条，找到并选择“联系人”模板(非网络)，创建数据库。如图 1-2 所示。

❸ 根据需要设置数据库文件名和保存路径，单击“创建”按钮。如图 1-3 所示。

❹ 创建数据库，将下载"联系人"模板，创建完成，效果如图 1-4 所示。

1.2.2 创建空数据库

创建空数据库，用"学号＋姓名＋_空数据库. 扩展名"为数据库文件命名。例如，命名为"20168151 张约翰_空数据库. accdb"，过程如图 1-5 和图 1-6 所示，效果如图 1-7 所示。

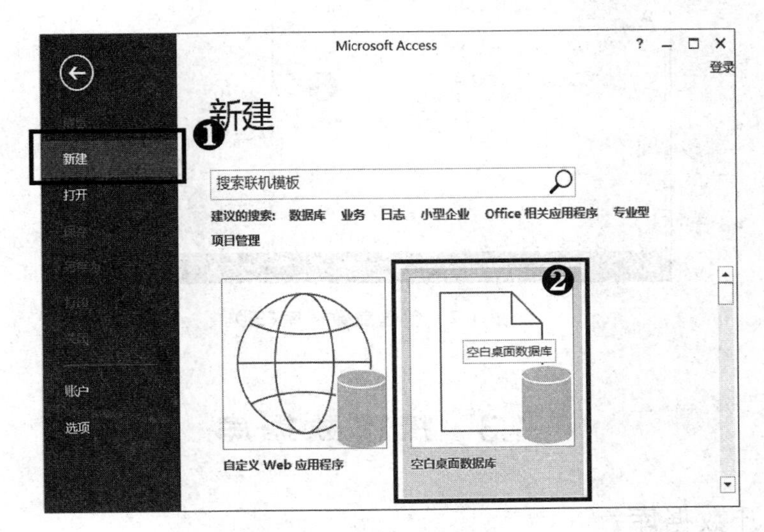

图 1-5　创建空数据库（一）

图 1-6　创建空数据库（二）

❶ 打开 Access 2013 环境，选择"文件"选项卡中的"新建"选项。

❷ 选择"空白桌面数据库"，创建数据库，如图 1-5 所示。

❸ 根据需要设置数据库文件名和保存路径，单击"创建"按钮，如图 1-6 所示。

❹ 创建空数据库，完成后的效果如图 1-7 所示。

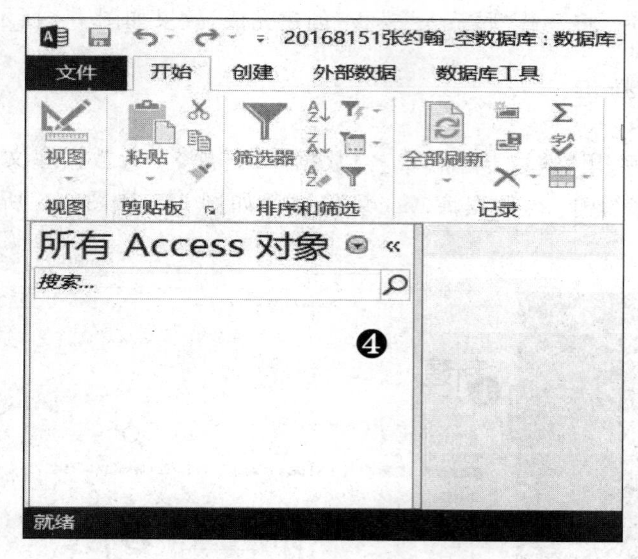

图 1-7　创建空数据库(三)

1.3　操作数据库

1.3.1　打开数据库

打开 1.2.1 节中创建的“联系人”数据库，过程如图 1-8～图 1-10 所示。

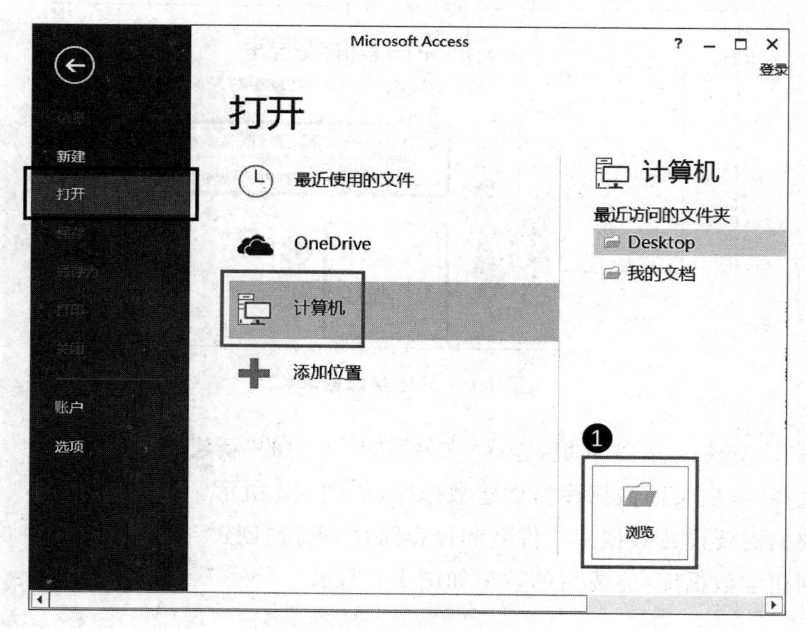

图 1-8　打开数据库(一)

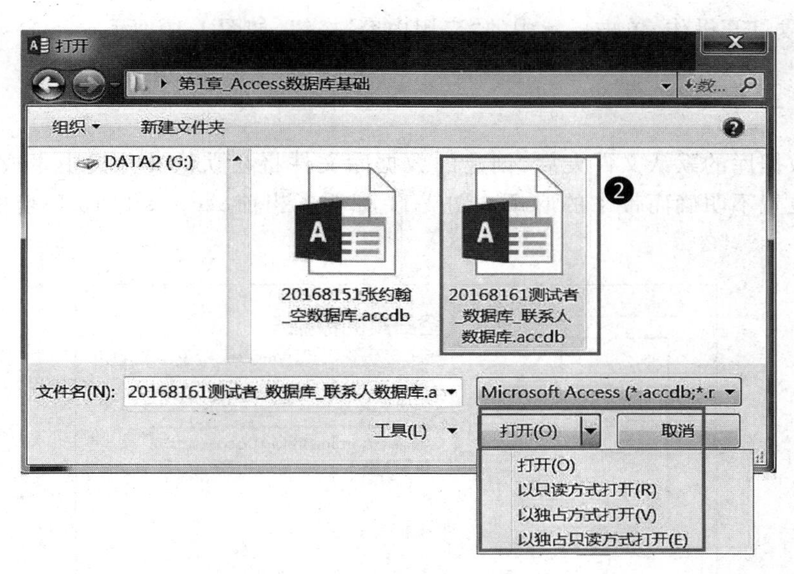

图 1-9　打开数据库(二)

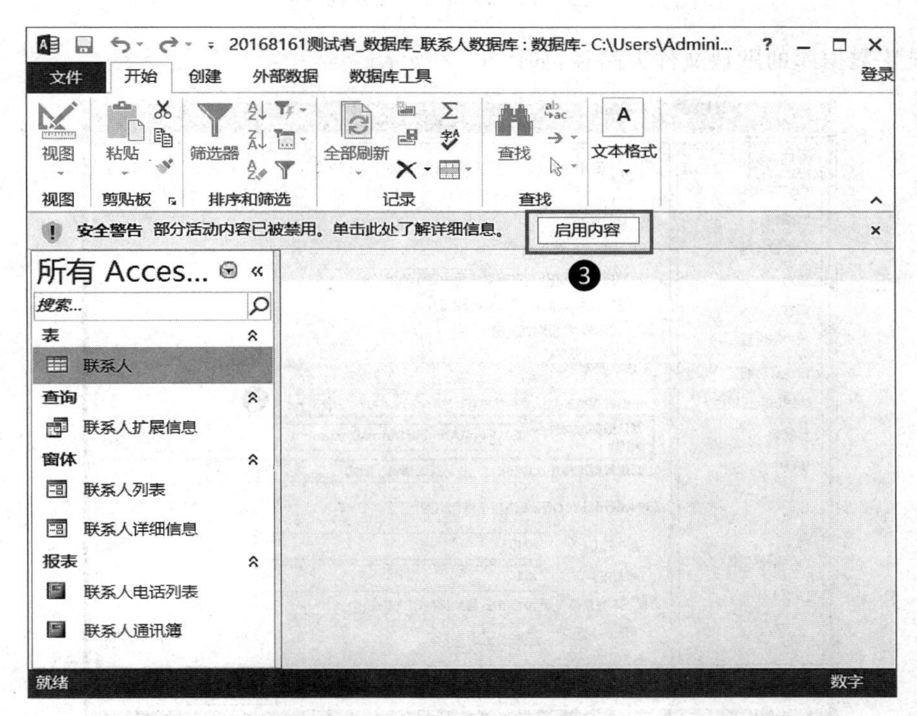

图 1-10　打开数据库(三)

❶ 打开 Access 2013 环境,选择"文件"选项卡,选择"打开"选项,转到"打开"界面,选择"计算机"选项,单击"浏览"按钮。如图 1-8 所示。

❷ 在弹出的"打开"窗口中选择相应数据库所在路径,选择此数据库文件,单击"打开"按钮。若用"只读"等其他方式打开,单击下拉按钮,选择相应选项。如图 1-9 所示。

❸ 完成打开操作，单击提示中的“启用内容”按钮，如图 1-10 所示。

1.3.2 设置默认文件夹

设置数据库的默认文件夹后，创建的数据库文件将在默认文件夹中生成或保存，减少因保存位置不明确而带来的麻烦。图 1-11 标明了当前 Access 2013 环境的默认文件夹路径。

图 1-11 默认文件夹路径

设置数据库的默认文件夹路径，如图 1-12 所示。

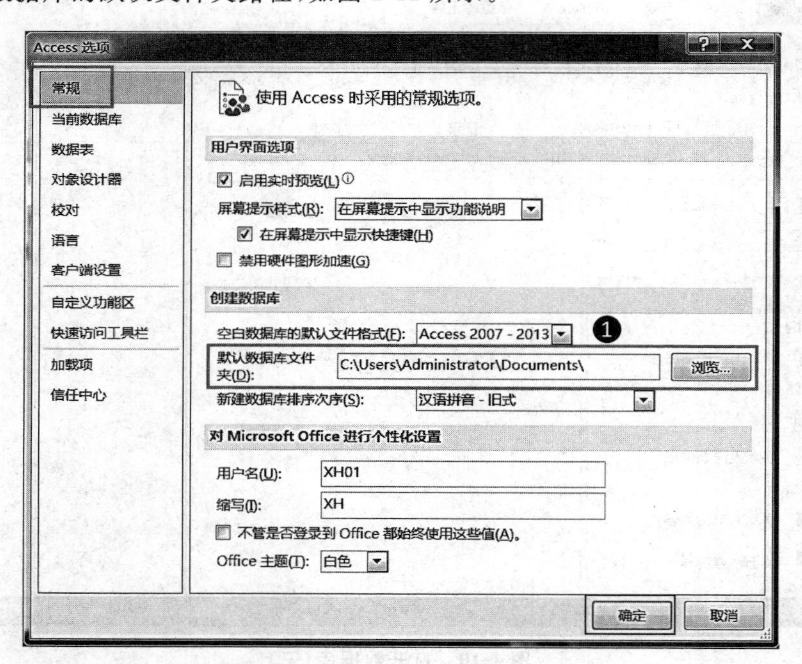

图 1-12 设置默认文件夹路径

❶ 打开 Access 2013 环境，选择“文件”选项卡的“选项”选项。在弹出的“Access 选项”窗口中的“常规”页面中设置“默认数据库文件夹”至相应路径（例如“桌面”），在同一窗口中单击“确定”按钮，如图 1-12 所示。

1.3.3 设置数据库格式

Access 2013 环境中的默认保存格式为“Access 2007-2013”，数据库文件扩展名为 accdb。另有“Access 2000”和“Access 2002-2003”格式，二者的文件扩展名均为 mdb。

设置数据库格式，过程如图 1-13 所示。

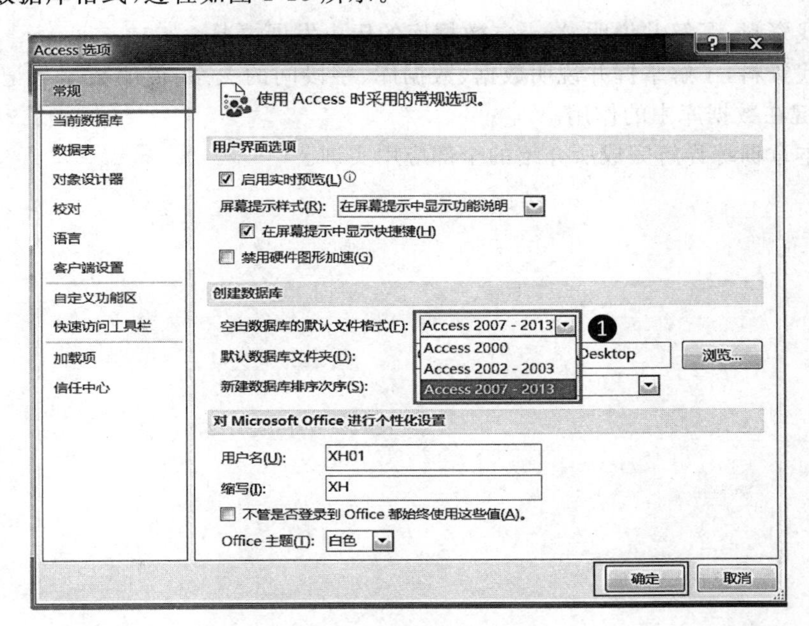

图 1-13　设置数据库格式

❶ 打开 Access 2013 环境，选择“文件”选项卡，选择“选项”选项。在弹出的“Access 选项”窗口中的“常规”页面中设置“空白数据库的默认文件格式”，可以在“Access 2000”、“Access 2002-2003”和“Access 2007-2013”中三选一，单击“确定”按钮。如图 1-13 所示。

1.3.4 环境基础练习

打开上述创建的数据库，使用 Access 2013 环境查看数据库中的多种对象、各按钮标签等，以达到熟悉环境的训练目的。

以空数据库方式创建“高校学生信息系统”数据库，后面将使用此数据库进行相关实训。

小　　结

本章主要介绍 Access 数据库的基本知识，并通过实训方式介绍 Access 2013 的数据库环境。首先简要说明数据库技术的广泛应用领域，说明 Access 2013 数据库的应用特点等，高效快速地引入 Access 2013 数据库应用技术，然后通过实训介绍 Access 2013 数据库环境，以模板和空数据库等体现创建数据库的多种方式，介绍设定存储位置和设置格式等数据库的环境操作应用。本章为完成一系列实训打下基础。

习　题

1. 查找资料，了解并说明 Access 数据库的历史发展情况。

2. 查找资料，了解掌握并说明数据、数据库、字段间的关系，说明数据与记录间的关系，说明主键在数据库中的作用。

3. 按本章训练详解完成所介绍的全部应用实训。

第2章 chapter 2

数 据 表

2.1 数据表概述

数据表是一组相关数据按行列排列的二维表格，是基于主题的列表，包含以记录形式排列的数据，简称表。数据表是 Access 2013 数据库的基础，其他数据库对象的数据，都直接或间接来自数据表。创建 Access 2013 数据库时，一般应先创建数据表，输入记录，编辑数据，设置格式，然后在数据表的基础上创建查询、窗体、报表等其他数据库对象。

数据表由记录和字段组成。每条记录包含有关表主题的一个实例数据，记录通常称为行或实例。每个字段包含相应表主题中某一方面的数据，字段通常称为列或属性。

为了便于训练，在桌面或在“程序”菜单中单击图标，打开 Access 2013 环境，创建空数据库(创建空数据库的过程详见第 1 章)，用“学号＋姓名＋_数据表_＋高校学生信息系统.扩展名”命名，如“20168151 测试者_数据表_高校学生信息系统.accdb”。本章训练都在此数据库中完成。

2.2 表的创建

Access 2013 数据库的基础是数据表。恰当创建数据表，能为数据库系统的管理和长期使用打下良好基础。Access 2013 有多种创建数据表的方法。

2.2.1 模板创建表

Access 2013 提供了使用模板创建表的方法，是一种快速创建表的方法。它充分利用了 Access 2013 所提供的常见主题模板，创建后可以根据需要在表中添加、删除、修改字段，并对各字段进行设置。

打开“高校学生信息系统”数据库，在其中用模板“联系人”创建“学生”数据表。过程如图 2-1～图 2-5 所示。

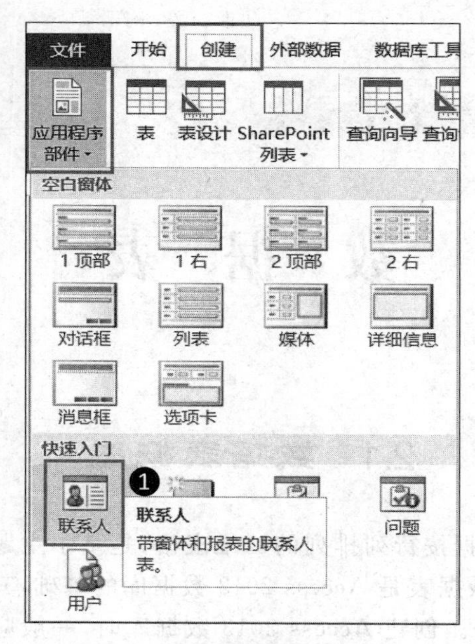

图 2-1　用模板创建数据表(一)

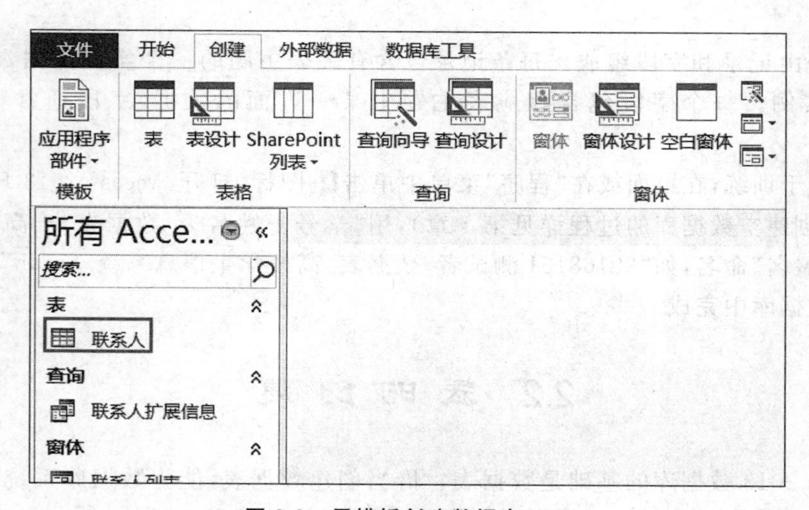

图 2-2　用模板创建数据表(二)

❶ 选择“创建”选项卡。选择“模板”群组中的“应用程序部件”选项。在“快速入门”一栏中选择“联系人”模板，如图 2-1 所示。所创建的“联系人”表如图 2-2 所示。

❷ 根据需要取舍除“联系人”表以外的其他对象，删除“联系人”以外的其他所有对象。在左侧导航栏中右击“联系人”表，在弹出的快捷菜单中选择“重命名”，将该表改名为“学生”表。如图 2-3 所示。

❸ 在左侧导航栏中右击“学生”表，在弹出的快捷菜单中选择“设计视图”。如图 2-4 所示。

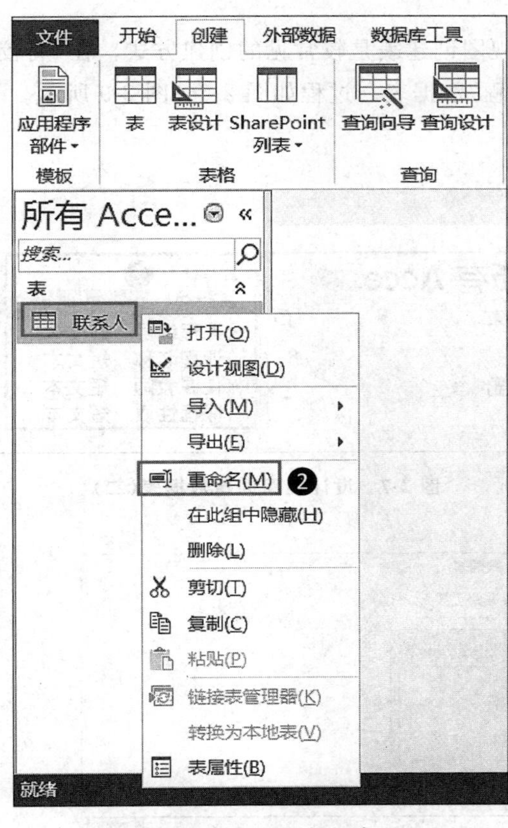

图 2-3 用模板创建数据表(三)

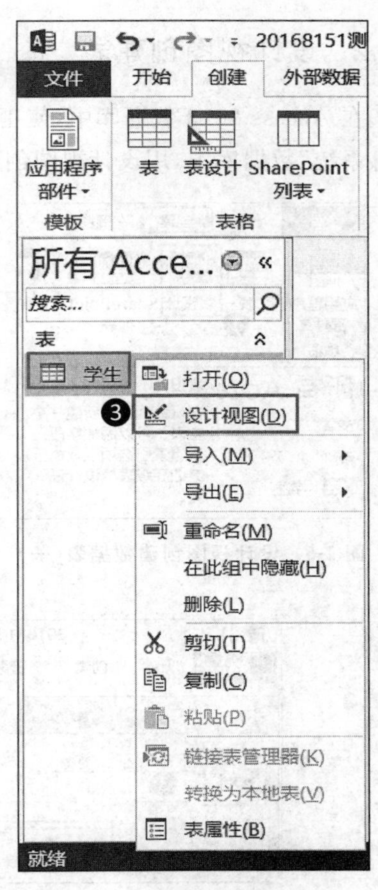

图 2-4 用模板创建数据表(四)

❹ 删除模板内的所有内容,在"学生"表中增添"学号"、"姓名"、"性别"、"出生日期"、"班级"、"系部"、"专业"、"政治面目"、"籍贯"、"生源地"、"备注"等必要字段。修改前后对比如图 2-5 所示。

学生

字段名称	数据类型
ID	自动编号
公司	短文本
姓氏	短文本
名字	短文本
电子邮件地址	短文本
职务	短文本
商务电话	短文本
住宅电话	短文本
移动电话	短文本
传真号码	短文本
地址	短文本
城市	短文本 ❹
省市自治区	短文本
邮政编码	短文本

学生

字段名称	数据类型
学号	短文本
姓名	短文本
性别	短文本
出生日期	短文本
班级	短文本
系部	短文本
专业	短文本
政治面目	短文本
籍贯	短文本
生源地	短文本
备注	附件

图 2-5 用模板创建数据表(五)

2.2.2 设计视图创建表

在 Access 2013 数据库中，使用设计视图创建表是较常见的创建方式。在“高校学生信息系统”数据库中，用设计视图创建“课程”数据表。过程如图 2-6～图 2-9 所示。

图 2-6　设计视图创建数据表（一）

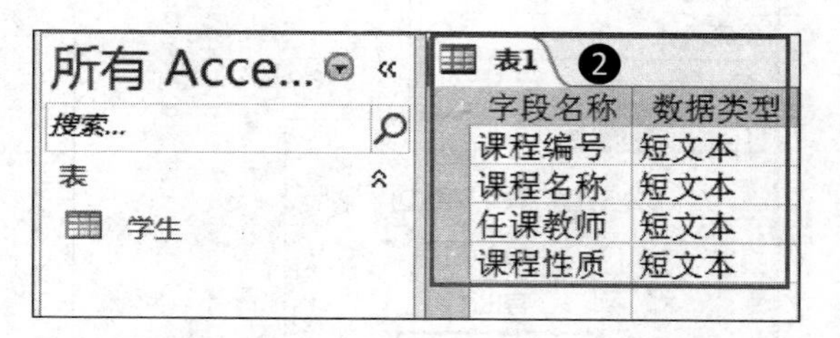

图 2-7　设计视图创建数据表（二）

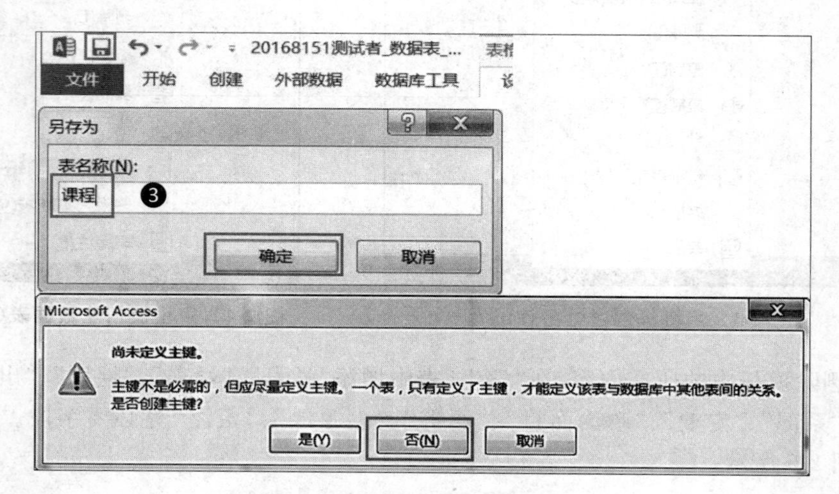

图 2-8　设计视图创建数据表（三）

❶ 选择“创建”选项卡，在“表格”群组中选择“表设计”选项。如图 2-6 所示。

❷ 在表设计视图中添加“课程编号”、“课程名称”、“任课教师”、“课程性质”等字段，都使用“短文本”数据类型，如图 2-7 所示。

❸ 单击“保存”按钮。在“另存为”对话框中填入“课程”表名，单击“确定”按钮。在随后自动弹出的“尚未定义主键”提示框中选择“否”（此处暂不设定主键）。如图 2-8 所示。

❹ 完成操作。效果如图 2-9 所示。

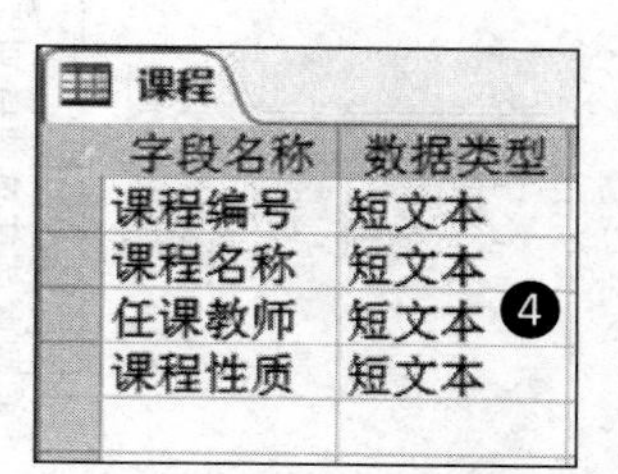

图 2-9　设计视图创建数据表（四）

2.2.3 数据表视图创建表

使用数据表视图能够创建表。在“高校学生信息系统”数据库中创建“成绩”表，过程如图 2-10～图 2-12 所示。

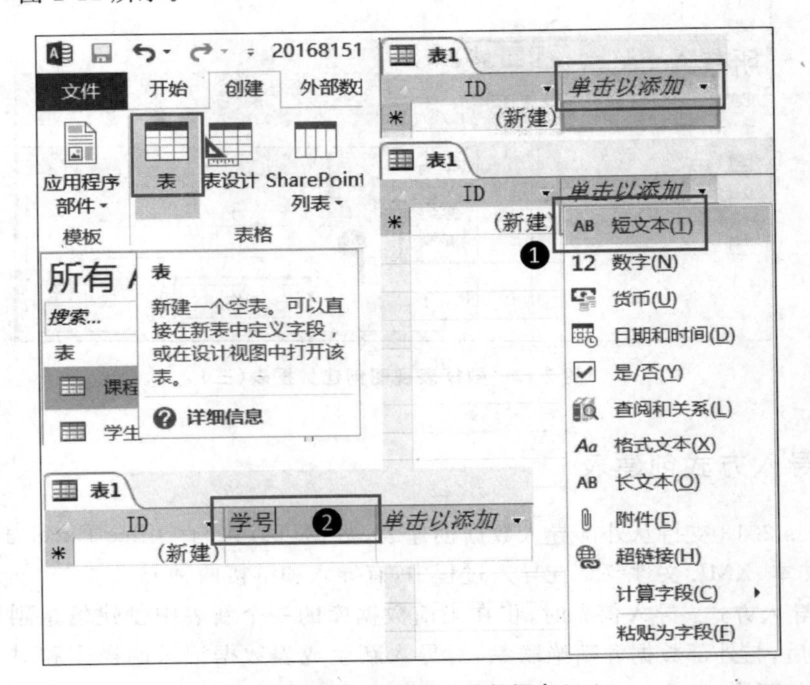

图 2-10 数据表视图创建数据表(一)

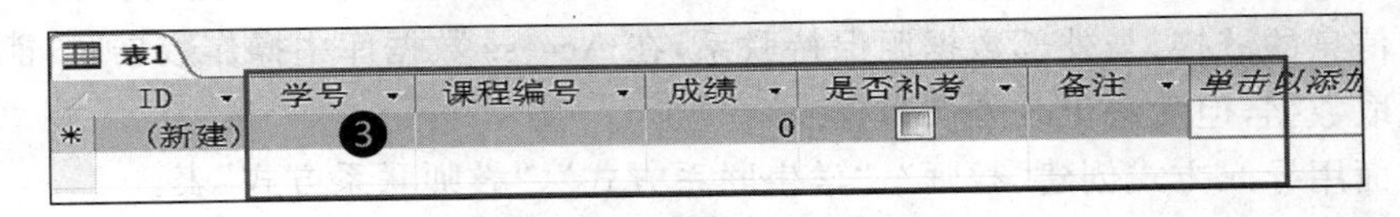

图 2-11 数据表视图创建数据表(二)

❶ 选择“创建”选项卡，在“表格”群组中选择“表”。在所创建表的数据表视图中选择“单击以添加”，在下拉列表选项中选择“短文本”。

❷ 输入“学号”，作为新建字段的标题，这样就创建了“学号”字段，如图 2-10 所示。

❸ 重复步骤❶和❷，分别创建“课程编号”、“成绩”、“是否补考”、“备注”字段。其中，“课程编号”和“备注”两个字段采用“短文本”数据类型，“成绩”字段采用“数字”数据类型，“是否补考”字段采用“是否”数据类型。默认生成的“ID”字段暂不处理。如图 2-11 所示。

❹ 单击“保存”按钮，在弹出的“另存为”对话框中输入“成绩”，单击“确定”按钮，如图 2-12 所示。

图 2-12　数据表视图创建数据表(三)

2.2.4　导入方式创建表

Access 2013 支持从外部导入数据创建表,数据可以来自 Office Excel 工作簿、其他数据库、文本、XML 文件等。在导入过程中,有导入和链接两种方式。

(1) 导入方式:导入信息时,将在当前数据库的一个新表中创建信息副本。当导入操作完成后,与外部数据源断绝联系,对导入新生成表数据记录的操作和对外部数据源的操作互相不影响。

(2) 链接方式:链接信息时,在当前数据库中创建一个链接表,指向其他位置所存储的现有信息的链接,与外部数据源保持联系,在 Access 数据库中操作数据时,能从外部数据源获取数据,但无法更改外部数据。

下面用导入方式创建"教师"、"学生联系方式"、"教师联系方式"表。

1."教师"表

在"高校学生信息系统"数据库中,以导入方式创建"教师"表。"教师"表中包含"编号"、"姓名"、"性别"、"籍贯"、"出生日期"、"系部"、"备注"等字段。使用素材文件"教师.xlsx",导入过程如图 2-13～图 2-17 所示。

❶ 选择"外部数据"选项卡,在"导入并链接"群组中选择 Excel。在"获取外部数据-Excel 电子表格"窗口中单击"浏览"按钮,选择"教师"表的相应素材文件,选择"将源数据导入当前数据库的新表中",单击"确定"按钮,如图 2-13 所示。

❷ 在弹出的"导入数据表向导"窗口中选择"显示工作表"→"Sheet1",浏览相应表中的数据记录,单击"下一步"按钮,如图 2-14 所示。

❸ 在弹出的窗口中勾选"第一行包含列标题",单击"完成"按钮,如图 2-15 所示。

❹ 在"获取外部数据-Excel 电子表格"窗口中单击"关闭"按钮,如图 2-16 所示。

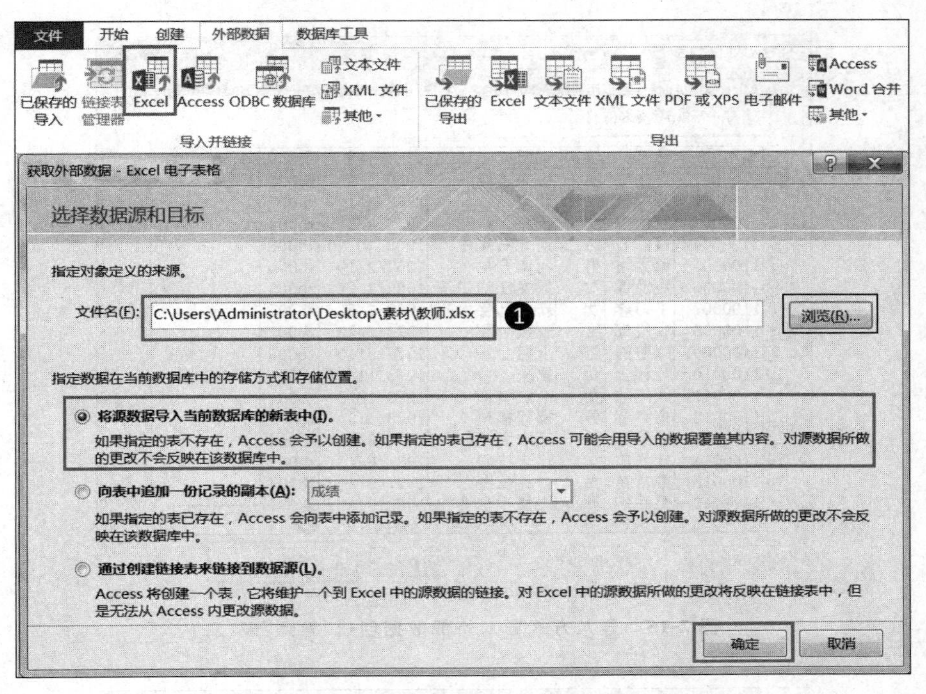

图 2-13 导入方式导入外部数据创建“教师”表(一)

图 2-14 导入方式导入外部数据创建“教师”表(二)

❺ 在左侧导航栏中，Sheet1 表是前述步骤所创建的新表，右击 Sheet1 表，在弹出的菜单中选择“重命名”，将该表改名为“教师”表，完成操作，如图 2-17 所示。

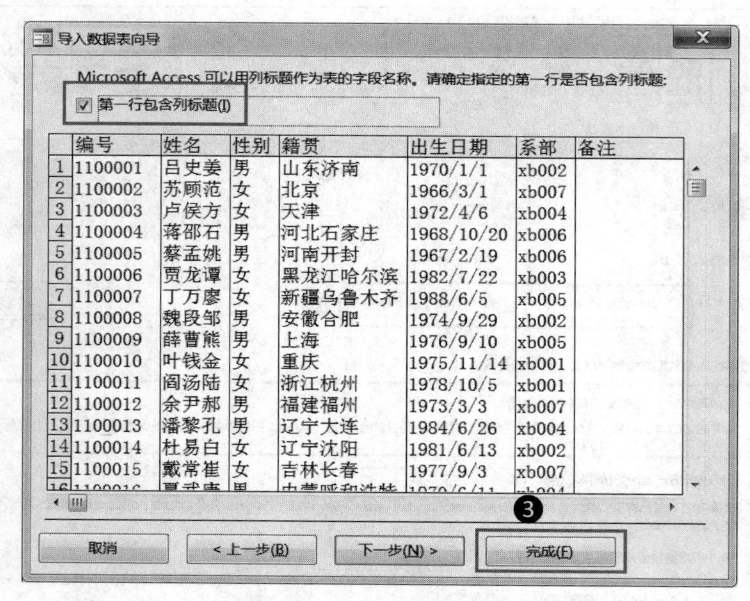

图 2-15　导入方式导入外部数据创建“教师”表(三)

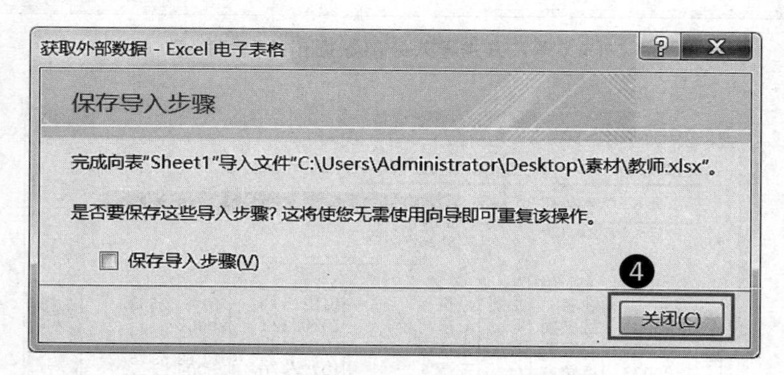

图 2-16　导入方式导入外部数据创建“教师”表(四)

在导入方式创建“教师”表的过程中,会在“教师”表中自动生成 ID 字段,暂不处理这个 ID 字段。

在“教师”表导入创建过程中,在图 2-15 中,也可单击“下一步”按钮,继续向导过程的其他设定,可自行尝试设置训练。

2. “学生联系方式”表

在“高校学生信息系统”数据库中,以导入方式创建“学生联系方式”表。“学生联系方式”表中应包含的字段是“学号”、“电子邮箱”、“手机号码”、“宿舍电话号码”、“家庭电话号码”、“在校通信地址”、“家庭通信地址”、“备注”等,可以增设 QQ、MSN、“飞信”等通信达人字段。相应素材文件是“学生联系方式.xlsx”,设置过程与“教师”表导入过程相似,这里不再赘述。“学生联系方式”表将在后续章节中使用,应在本章练习时创建。

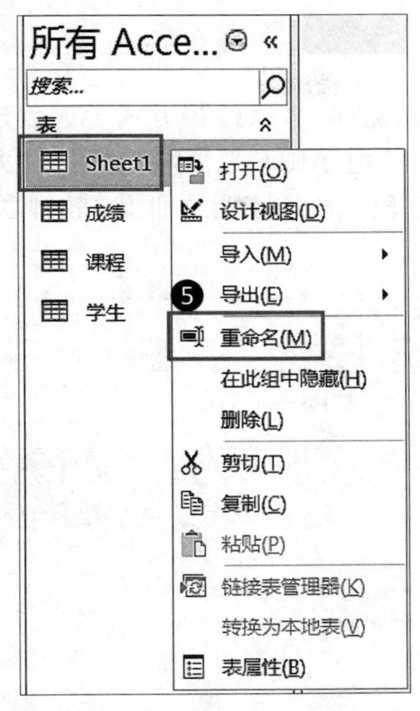

图 2-17 导入方式导入外部数据创建"教师"表(五)

在导入方式创建"学生联系方式"表的过程中,会在"学生联系方式"表中自动生成"ID"字段,暂不处理这个"ID"字段。导入后的效果如图 2-18 所示。

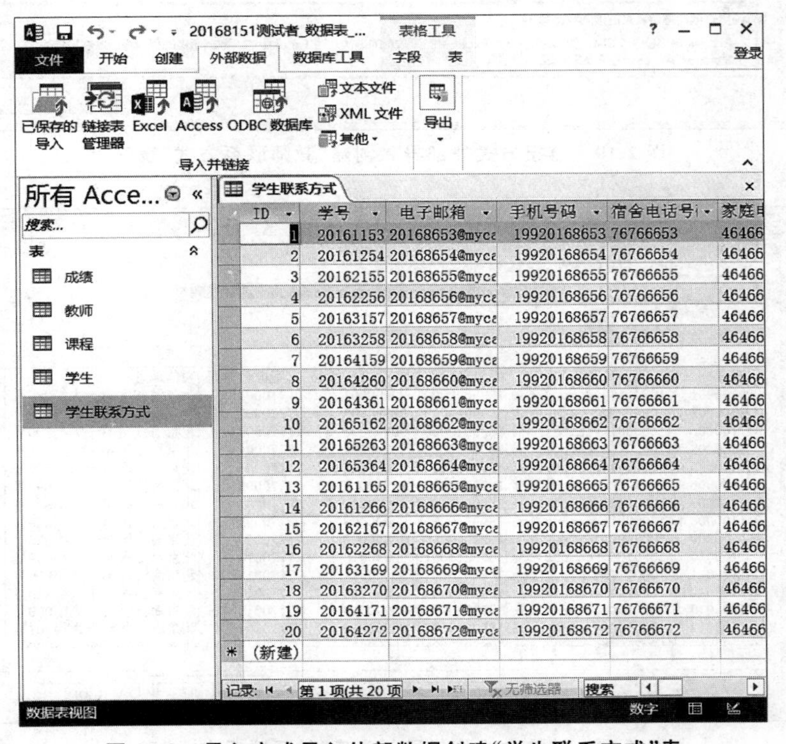

ID	学号	电子邮箱	手机号码	宿舍电话号	家庭电
1	20161153	20168653@myca	19920168653	76766653	46466
2	20161254	20168654@myca	19920168654	76766654	46466
3	20162155	20168655@myca	19920168655	76766655	46466
4	20162256	20168656@myca	19920168656	76766656	46466
5	20163157	20168657@myca	19920168657	76766657	46466
6	20163258	20168658@myca	19920168658	76766658	46466
7	20164159	20168659@myca	19920168659	76766659	46466
8	20164260	20168660@myca	19920168660	76766660	46466
9	20164361	20168661@myca	19920168661	76766661	46466
10	20165162	20168662@myca	19920168662	76766662	46466
11	20165263	20168663@myca	19920168663	76766663	46466
12	20165364	20168664@myca	19920168664	76766664	46466
13	20161165	20168665@myca	19920168665	76766665	46466
14	20161266	20168666@myca	19920168666	76766666	46466
15	20162167	20168667@myca	19920168667	76766667	46466
16	20162268	20168668@myca	19920168668	76766668	46466
17	20163169	20168669@myca	19920168669	76766669	46466
18	20163270	20168670@myca	19920168670	76766670	46466
19	20164171	20168671@myca	19920168671	76766671	46466
20	20164272	20168672@myca	19920168672	76766672	46466
(新建)					

图 2-18 导入方式导入外部数据创建"学生联系方式"表

3. “教师联系方式”表

在“高校学生信息系统”数据库中，以链接方式导入创建“教师联系方式”表。“教师联系方式”表中应包含“编号”、“电子邮箱”、“手机号码”、“办公电话号码”、“家庭电话号码”、“通信地址”、“备注”等字段。相应素材文件是“教师联系方式.xlsx”。导入过程如图 2-19～图 2-24 所示。

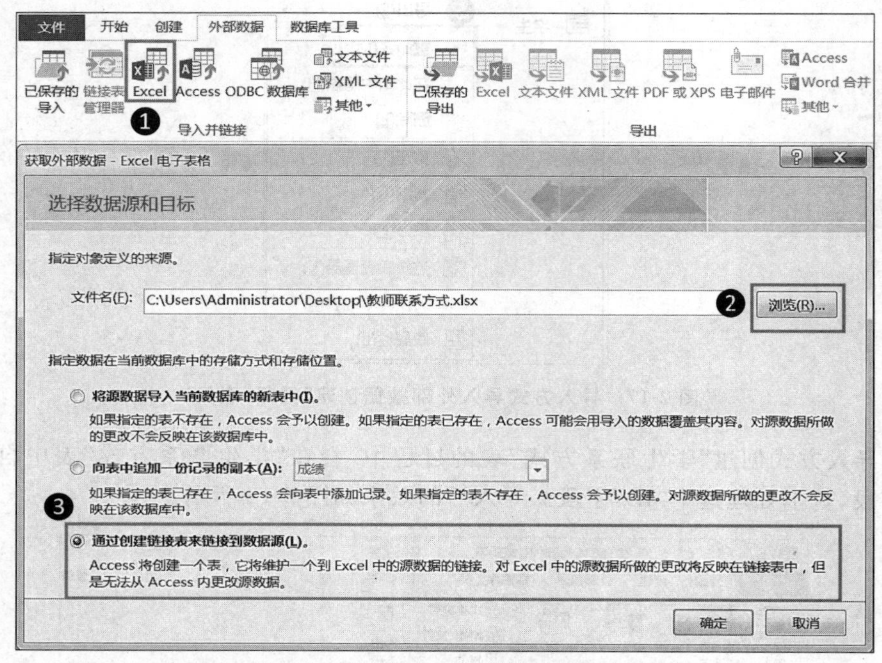

图 2-19 链接方式外部导入创建“教师联系方式”表(一)

图 2-20 链接方式外部导入创建“教师联系方式”表(二)

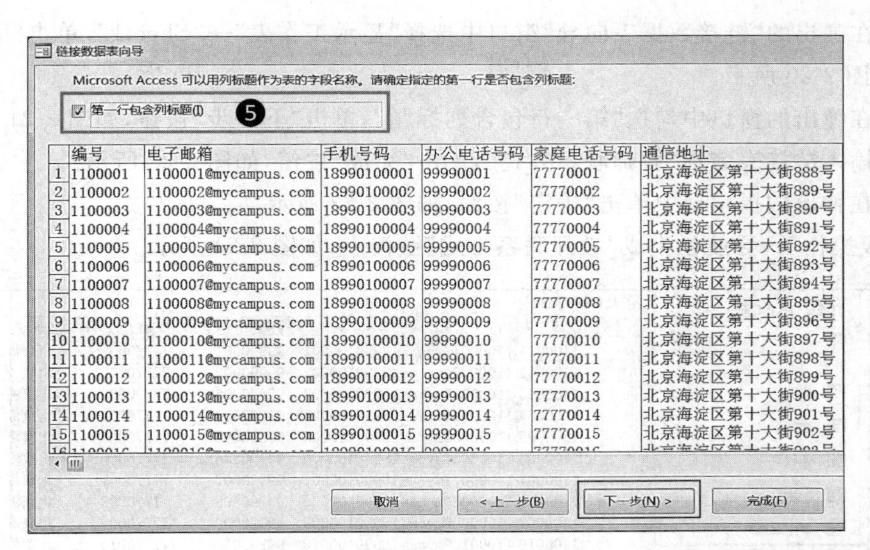

	编号	电子邮箱	手机号码	办公电话号码	家庭电话号码	通信地址
1	1100001	1100001@mycampus.com	18990100001	99990001	77770001	北京海淀区第十大街888号
2	1100002	1100002@mycampus.com	18990100002	99990002	77770002	北京海淀区第十大街889号
3	1100003	1100003@mycampus.com	18990100003	99990003	77770003	北京海淀区第十大街890号
4	1100004	1100004@mycampus.com	18990100004	99990004	77770004	北京海淀区第十大街891号
5	1100005	1100005@mycampus.com	18990100005	99990005	77770005	北京海淀区第十大街892号
6	1100006	1100006@mycampus.com	18990100006	99990006	77770006	北京海淀区第十大街893号
7	1100007	1100007@mycampus.com	18990100007	99990007	77770007	北京海淀区第十大街894号
8	1100008	1100008@mycampus.com	18990100008	99990008	77770008	北京海淀区第十大街895号
9	1100009	1100009@mycampus.com	18990100009	99990009	77770009	北京海淀区第十大街896号
10	1100010	1100010@mycampus.com	18990100010	99990010	77770010	北京海淀区第十大街897号
11	1100011	1100011@mycampus.com	18990100011	99990011	77770011	北京海淀区第十大街898号
12	1100012	1100012@mycampus.com	18990100012	99990012	77770012	北京海淀区第十大街899号
13	1100013	1100013@mycampus.com	18990100013	99990013	77770013	北京海淀区第十大街900号
14	1100014	1100014@mycampus.com	18990100014	99990014	77770014	北京海淀区第十大街901号
15	1100015	1100015@mycampus.com	18990100015	99990015	77770015	北京海淀区第十大街902号

图 2-21　链接方式外部导入创建“教师联系方式”表(三)

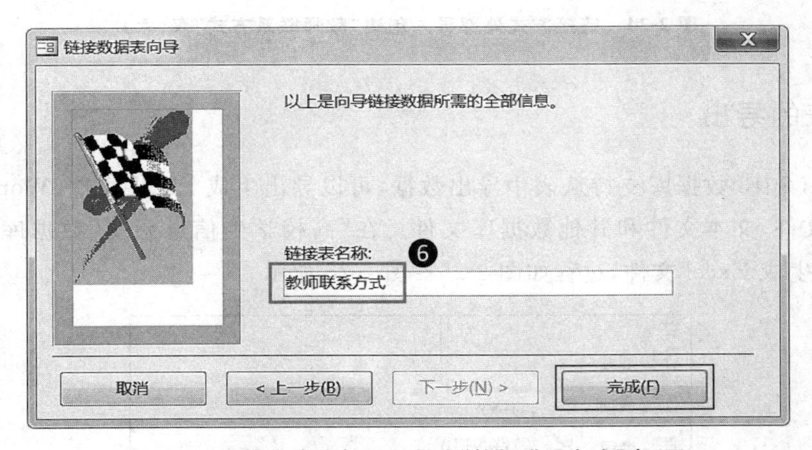

图 2-22　链接方式外部导入创建“教师联系方式”表(四)

图 2-23　链接方式外部导入创建“教师联系方式”表(五)

❶ 选择“外部数据”选项卡,在“导入并链接”群组中选择 Excel。

❷ 在“获取外部数据”窗口中单击“浏览”按钮,选择相应素材文件“教师联系方式.xlsx”。

❸ 选择“通过创建链接表来链接到数据源”选项,单击“确定”按钮,如图 2-19 所示。

❹ 在弹出的“链接数据表向导”窗口中选择“显示工作表”→“Sheet1”，单击“下一步”按钮，如图 2-20 所示。

❺ 在弹出的窗口中勾选“第一行包含列标题”，单击“下一步”按钮，如图 2-21 所示。

❻ 输入链接表名称“教师联系方式”，单击“完成”按钮，如图 2-22 所示。

❼ 在弹出的提示框中单击“确定”按钮，如图 2-23 所示。

完成操作后，导航栏生成“教师联系方式”链接表，如图 2-24 所示。

所有 Acce...
搜索...
表
成绩
教师
课程
学生
学生联系方式
教师联系方式

教师联系方式

编号	电子邮箱	手机号码	办公电话号	家庭电话号	通信
1100001	1100001@mycan	18990100001	99990001	77770001	北京海
1100002	1100002@mycan	18990100002	99990002	77770002	北京海
1100003	1100003@mycan	18990100003	99990003	77770003	北京海
1100004	1100004@mycan	18990100004	99990004	77770004	北京海
1100005	1100005@mycan	18990100005	99990005	77770005	北京海
1100006	1100006@mycan	18990100006	99990006	77770006	北京海
1100007	1100007@mycan	18990100007	99990007	77770007	北京海
1100008	1100008@mycan	18990100008	99990008	77770008	北京海
1100009	1100009@mycan	18990100009	99990009	77770009	北京海
1100010	1100010@mycan	18990100010	99990010	77770010	北京海
1100011	1100011@mycan	18990100011	99990011	77770011	北京海

图 2-24　链接方式外部导入创建“教师联系方式”表（六）

2.2.5　表的导出

Access 2013 数据库支持从表中导出数据，可以导出生成 Excel 文件、Word RTF 文件、XML 文件、文本文件和其他数据库文件。在“高校学生信息系统”数据库中，将“教师”表导出生成 Excel 文件，过程如图 2-25～图 2-28 所示。

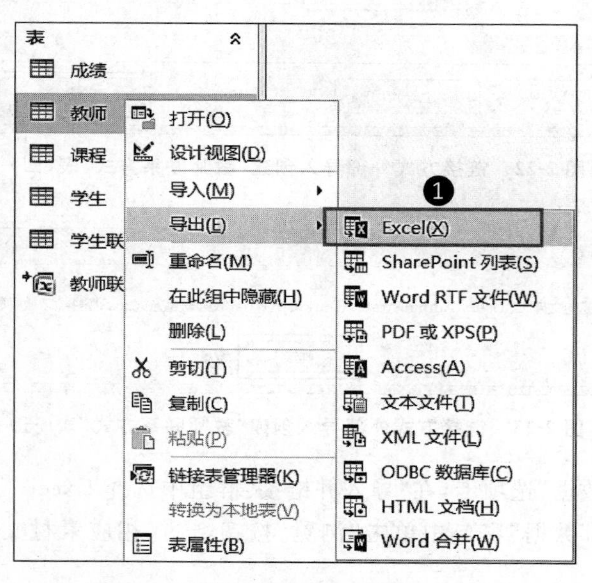

图 2-25　将“教师”表导出创建 Excel（一）

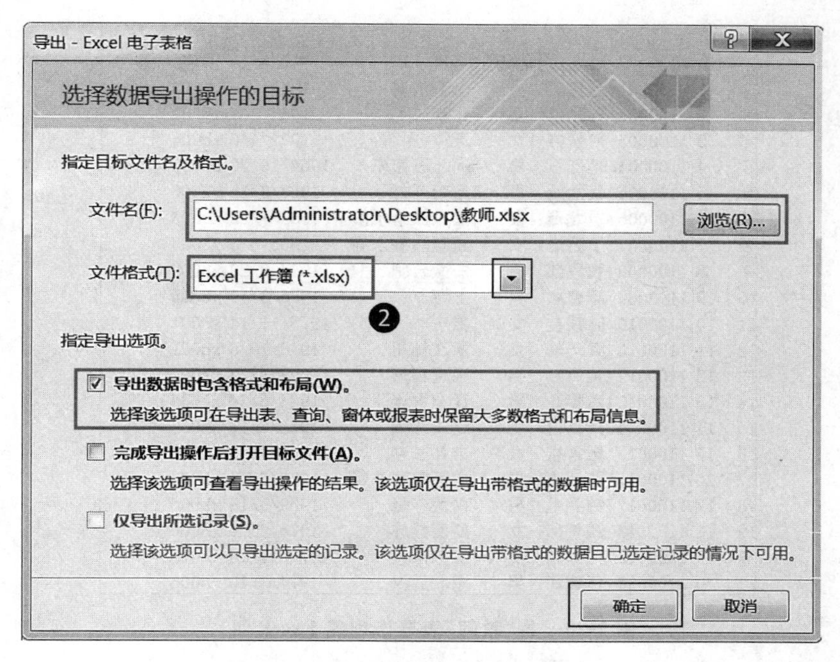

图 2-26　将"教师"表导出创建 Excel(二)

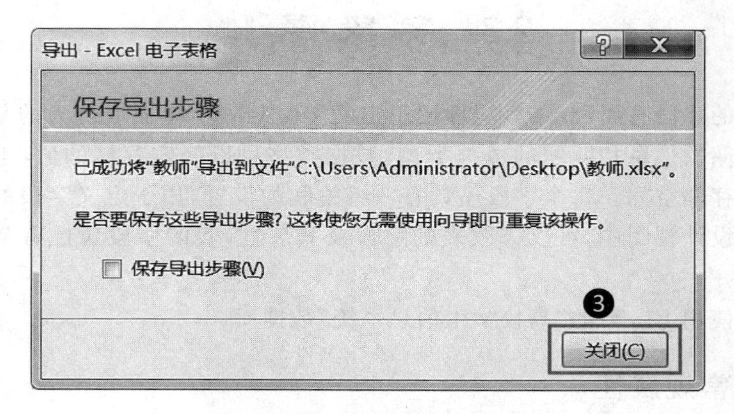

图 2-27　将"教师"表导出创建 Excel(三)

❶ 在导航栏中右击"教师"表,在弹出的菜单中选择"导出"中的"Excel(X)",如图 2-25 所示。

❷ 在"导出"窗口中单击"浏览"按钮,选择保存路径并设置文件名。在"文件格式"中单击下拉按钮,选择"Excel 工作簿(*.xlsx)"选项。勾选"导出数据时包含格式和布局(W)"选项,单击"确定"按钮,如图 2-26 所示。

❸ 单击"关闭"按钮,完成操作,如图 2-27 所示。在导出的相应目录中找到导出生成的 Excel 文件,打开查看,验证导出操作正确,效果如图 2-28 所示。

	A	B	C	D	E	F	G	H
1	ID	编号	姓名	性别	籍贯	出生日期	系部	备注
2	1	1100001	吕史姜	男	山东济南	1970/1/1	xb002	
3	2	1100002	苏顾范	女	北京	1966/3/1	xb007	
4	3	1100003	卢侯方	女	天津	1972/4/6	xb004	
5	4	1100004	蒋邵石	男	河北石家庄	1968/10/20	xb006	
6	5	1100005	蔡孟姚	男	河南开封	1967/2/19	xb006	
7	6	1100006	贾龙谭	女	黑龙江哈尔滨	1982/7/22	xb003	
8	7	1100007	丁万廖	女	新疆乌鲁木齐	1988/6/5	xb005	
9	8	1100008	魏段邹	男	安徽合肥	1974/9/29	xb002	
10	9	1100009	薛曹熊	男	上海	1976/9/10	xb005	
11	10	1100010	叶钱金	女	重庆	1975/11/14	xb001	
12	11	1100011	阎汤陆	女	浙江杭州	1978/10/5	xb001	
13	12	1100012	余尹郝	男	福建福州	1973/3/3	xb007	
14	13	1100013	潘黎孔	男	辽宁大连	1984/6/26	xb004	
15	14	1100014	杜易白	女	辽宁沈阳	1981/6/13	xb002	
16	15	1100015	戴常崔	女	吉林长春	1977/9/3	xb007	
17	16	1100016	夏武康	男	内蒙呼和浩特	1970/6/11	xb004	
18	17	1100017	钟乔毛	男	内蒙赤峰	1969/5/15	xb006	
19	18	1100018	汪贺邱	女	广西桂林	1975/2/26	xb006	
20	19	1100019	田赖秦	女	江苏南京	1970/11/18	xb003	
21	20	1100020	任龚江	男	湖北武汉	1974/3/10	xb005	

图 2-28 将“教师”表导出创建 Excel(四)

2.3 字段属性

数据表中的字段有属性,字段属性用于定义字段某一个特征或行为的某个方面。字段具有与要存储的信息相匹配的数据类型,数据类型可以确定存储的值,也可以确定为每个值预留的存储空间。每个字段还具有一组关联的设置,用于定义字段的外观或行为特征。在表的设计视图中,可以修改表的字段及其属性,表的字段属性有常规和查阅属性两种。

本节继续使用上一节的“高校学生信息系统”数据库。

2.3.1 字段常规属性

字段的常规属性主要包括大小、格式、输入掩码、标题、默认值、验证规则、验证文本、索引等。字段常规属性的设置随相应字段的数据类型不同而存在差异。

在“高校学生信息系统”数据库中修改“学生”表各字段。

检查“学生”表各字段,以保留“学号”、“姓名”、“性别”、“出生日期”、“班级”、“系部”、“专业”、“政治面目”、“籍贯”、“生源地”、“备注”,将上述各字段属性“常规”页面中“标题”的值清空,在导航栏双击打开“学生”表数据表视图,观察标题显示,标题将显示字段名。若在标题栏写入非字段名,此时将显示“标题”项的设定值,因此,在实践应用中,若需要显示的标题与字段名不同时,应单独设定“标题”,若需要显示的标题与字段名相同时,只需要清空“标题”值即可,标题位置将显示字段名。

1. 主键、数据类型、字段大小、输入掩码和标题

在 Access 2013 数据库表中，可以使用一个或多个字段组合作为表的主键，主键字段的值能够唯一标识表中的一行数据记录。下面以“学生”表中的“学号”字段举例，详细说明主键、数据类型、字段大小、输入掩码和标题。

“学生”表的主键是“学号”字段，设置该字段的“数据类型”为“短文本”，“字段大小”为 8 位，“输入掩码”是 00000000，表示必须输入 8 位数字字符，“标题”值设定为“学号”(字段名)。

设置过程如图 2-29～图 2-32 所示。

❶ 在导航栏中右击“学生”表，在弹出的菜单中选择“设计视图”选项，打开“学生”表的设计视图，如图 2-29 所示。

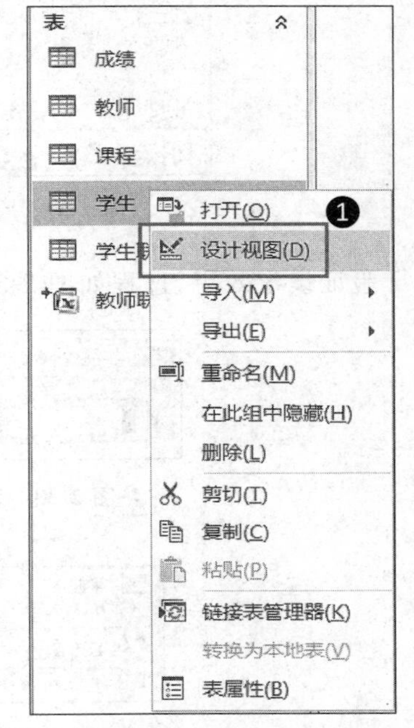

图 2-29　打开“学生”表“设计视图”

❷ 在“学生”表的“设计视图”中右击“学号”字段名，在弹出的菜单中选择“主键”选项，给“学生”表用“学号”字段设置主键。在“学生”表的“设计视图”中，将“数据类型”下拉列表中的“学号”字段改为“短文本”，如图 2-30 所示。

❸ 保持“学号”字段的选中状态，在“字段属性”的“常规”页面中设置“字段大小”为“8”位；“输入掩码”为 00000000，以使“学号”字段只能输入 8 位数字字符；在“标题”栏中填入“学号”(字段名)。如图 2-31 所示。单击“保存”按钮，完成操作。如图 2-32 所示。

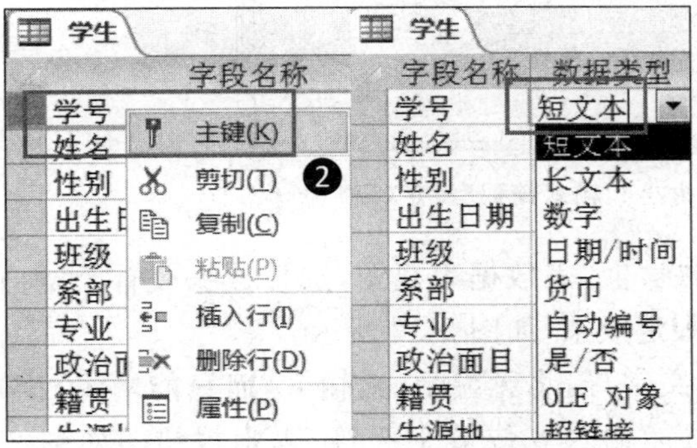

图 2-30　设置“学生”表“学号”字段的主键和数据类型

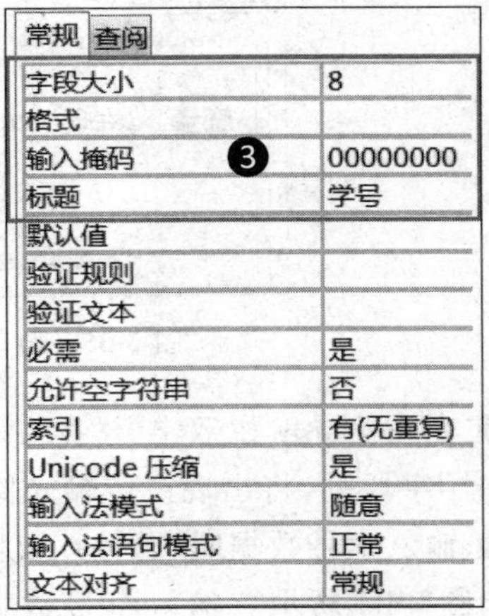

图 2-31　“学生”表“学号”字段属性的常规设置

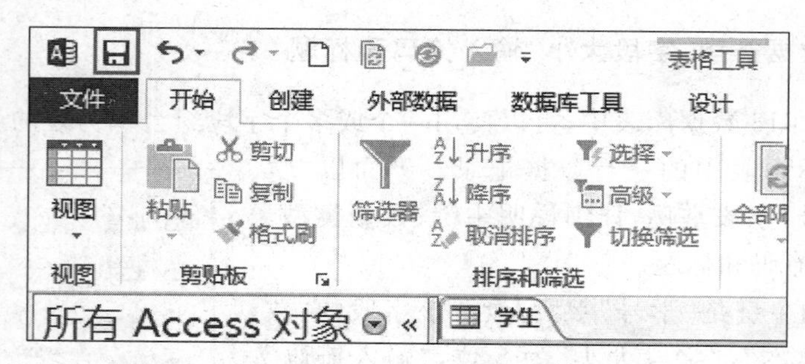

图 2-32 "学生"表"学号"字段属性常规设置保存

验证设定效果，过程如图 2-33～图 2-35 所示。

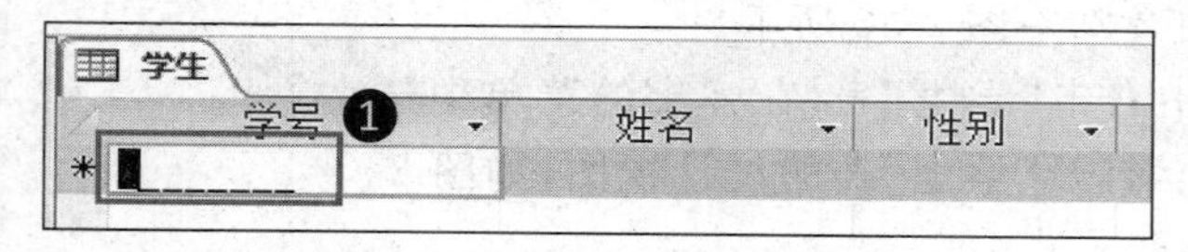

图 2-33 验证"字段大小和输入掩码"设定(一)

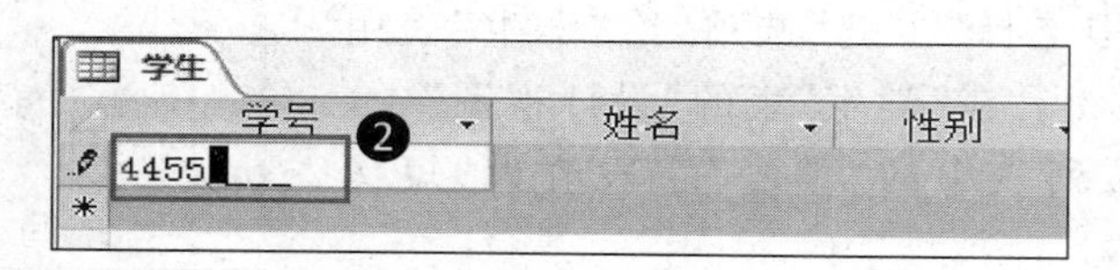

图 2-34 验证"字段大小和输入掩码"设定(二)

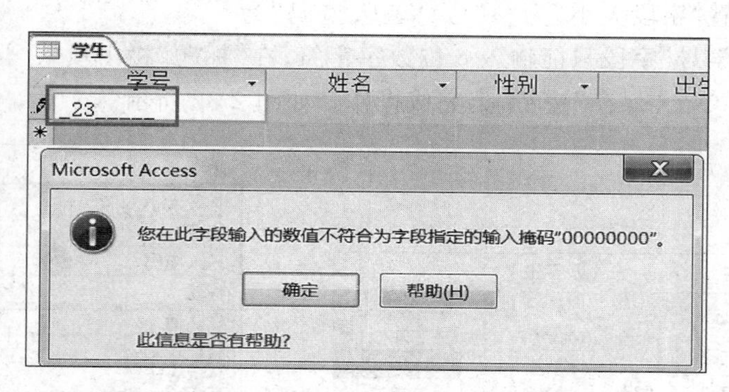

图 2-35 验证"字段大小和输入掩码"设定(三)

❶ 在左侧导航栏双击"学生"表，打开"学生"表数据表视图，选择数据表首个空白行的"学号"字段列，将出现设定输入掩码的限定效果，如图 2-33 所示。

❷ 输入学号数据时，若输入汉字或英文字母，将无显示、无输入，而只能输入数字字符。如图 2-34 所示。输入学号数据时，只能输入 8 位数字字符，否则报错。如图 2-35 所示。

在"课程"表中设定"课程编号"字段为主键，在"成绩"表中设定"学号"和"课程编号"两个字段为主键，在"学生联系方式"表中设定"学号"字段为主键，在"教师"表中设定"编号"字段为主键。在上述表中若有自动生成的ID字段,删除即可。

2. 必需、验证规则和验证文本

以"学生"表"性别"字段举例详细说明验证规则和验证文本。

"性别"字段的"数据类型"为"短文本",设置该字段的"标题"为"性别","验证规则"为"'男'Or'女'","验证文本"为"性别只能为'男'或'女'","验证规则"表示所有输入内容都必须在该规则设定范围内,如果输入非法数据,将按"验证文本"的设定来显示提示信息。过程如图2-36～图2-38所示。

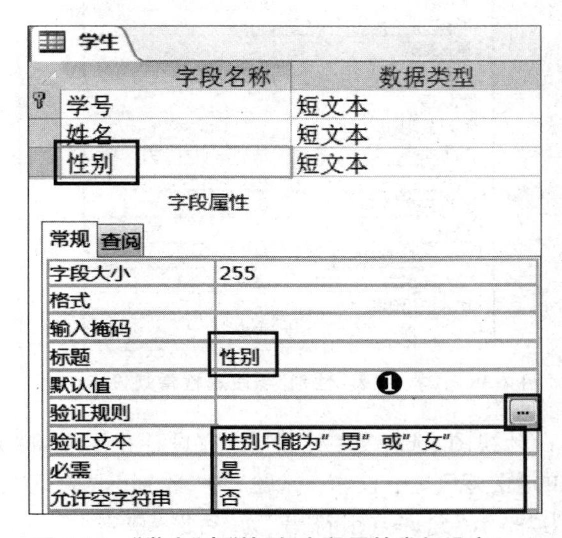

图2-36 "学生"表"性别"字段属性常规设定(一)

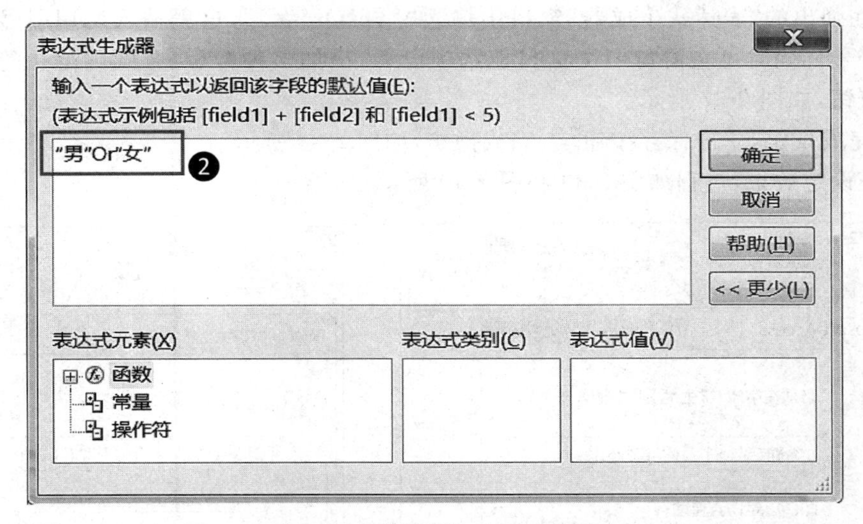

图2-37 "学生"表"性别"字段属性常规设定(二)

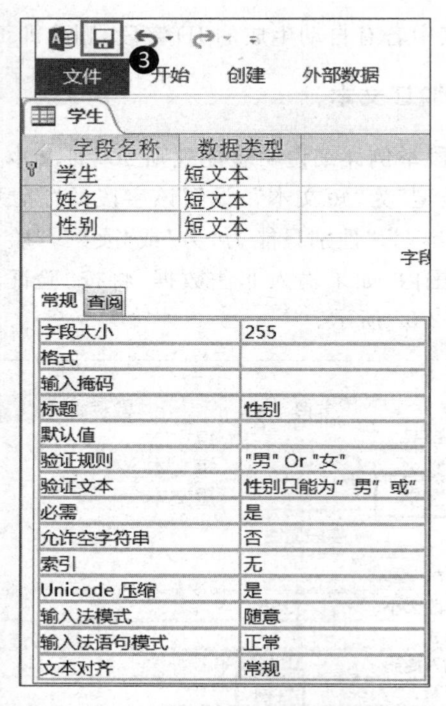

图 2-38　“学生”表“性别”字段属性常规设定(三)

❶ 打开“学生”表设计视图,选择“性别”字段,在设计视图中将“数据类型”设定为“短文本”,在“字段属性”的“常规”页中设置“标题”为“性别”,“验证文本”为“性别只能为‘男’或‘女’”,“必需”为“是”,“允许空字符串”为“否”。单击“验证规则”右侧扩展按钮,如图 2-36 所示。

❷ 在弹出的“表达式生成器”窗口中输入“‘男’Or‘女’”,这里输入所用引号要用英文半角符号。同时可在窗口中浏览其他选项设置,例如多种常量、公式的运用等。单击“确定”按钮,如图 2-37 所示。

❸ 完成设定,单击保存按钮,完成操作,如图 2-38 所示。

验证设定效果,过程如图 2-39 和图 2-40 所示。

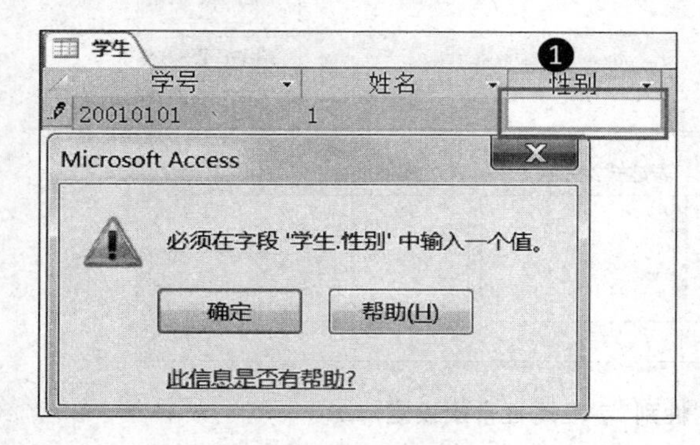

图 2-39　验证“必需、验证规则和验证文本”设定(一)

图 2-40　验证“必需、验证规则和验证文本”设定(二)

❶ 在导航栏双击“学生”表，打开“学生”表数据表视图，选择数据表首个空白行，由左到右依次逐个输入相应数据，到“性别”字段时，不输入数据，将弹出对话框提示报错，符合“必需”设定要求，需要输入相应数据，如图 2-39 所示。

❷ 在“性别”字段输入“飞行”(即非法数据)，将弹出对话框提示报错，要求输入的数据只能是“男”或“女”，如图 2-40 所示。

3. 举例说明更多设定

(1) 以“学生”表的其他字段为例

打开“姓名”的“字段属性”窗口，将“常规”页面的“标题”设定为“姓名”(字段名)。

将“出生日期”字段的“数据类型”改为“日期/时间”，在“字段属性”窗口的“常规”页面中设定“格式”为“短日期”，“标题”设定为“出生日期”(字段名)，如图 2-41 所示。

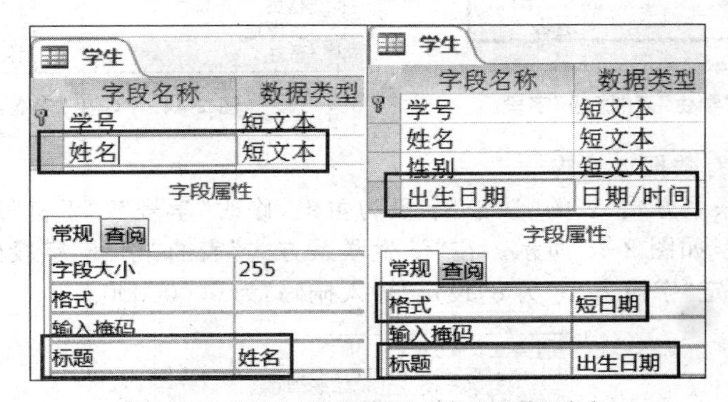

图 2-41 “学生”表“姓名”、“出生日期”字段

验证日期设定效果，如图 2-42 所示。

图 2-42 验证日期设定效果

在导航栏双击“学生”表，打开“学生”表的数据表视图，选择数据表首个空白行，单击“出生日期”字段空白处，进入编辑状态，将出现日期选择图标，此时可输入日期，也可单击选择日期，如图 2-42 所示。

将“班级”字段的“数据类型”设置为“短文本”。在“字段属性”的窗口“常规”页面中设定“字段大小”为 6。为使“班级”字段只能输入 6 位数字字符，设定“输入掩码”为 000000。将“标题”设定为“班级”，如图 2-43 所示。

根据数据库减少冗余和按主题分别建表的通常规则，“学生”表“政治面目”字段只存储相应代码，“学生”表各字段如图 2-44 所示。

学生

字段名称	数据类型
出生日期	日期/时间
班级	短文本

字段属性

常规 查阅

字段大小	6
格式	
输入掩码	000000
标题	班级
默认值	

图 2-43 “学生”表“班级”字段

学生

字段名称	数据类型
学号	短文本
姓名	短文本
性别	短文本
出生日期	日期/时间
班级	短文本
系部	短文本
专业	短文本
政治面目	短文本
籍贯	短文本
生源地	短文本
备注	附件

图 2-44 “学生”表各字段

(2) 修改已有数据表结构

设置“学生联系方式”表的“学号”字段为主键，修改“学号”、“手机号码”字段的数据类型为“短文本”，如图 2-45 所示。在“学生联系方式”表的“学号”字段的“字段属性”的“常规”页面中设定“字段大小”为 8，设定“输入掩码”为 00000000。

学生联系方式

字段名称	数据类型
学号	短文本
电子邮箱	短文本
手机号码	短文本
宿舍电话号码	短文本
家庭电话号码	短文本
在校通信地址	短文本
家庭通信地址	短文本
备注	短文本
QQ	短文本
MSN	短文本
飞信	短文本

常规 查阅

字段大小	8
格式	
输入掩码	00000000
标题	
默认值	
验证规则	
验证文本	
必需	是
允许空字符串	是
索引	有(无重复)
Unicode 压缩	否
输入法模式	开启
输入法语句模式	无转化
文本对齐	常规

图 2-45 “学生联系方式”表各字段

设置“课程”表各字段，以“课程编号”字段作为主键，如图 2-46 所示。

设置“教师”表各字段，以“编号”字段作为主键。修改“编号”字段的数据类型为“短文本”。在“性别”字段的“常规”属性中，将“验证规则”设置为“‘男’Or‘女’”，“验证文本”设置为“性别只能为‘男’或‘女’”。“出生日期”字段的“数据类型”为“日期/时间”，“常规”属性中的“格式”为“短日期”。设定过程与“学生”表中同名字段的设定相似，不再赘述，如图 2-47 所示。

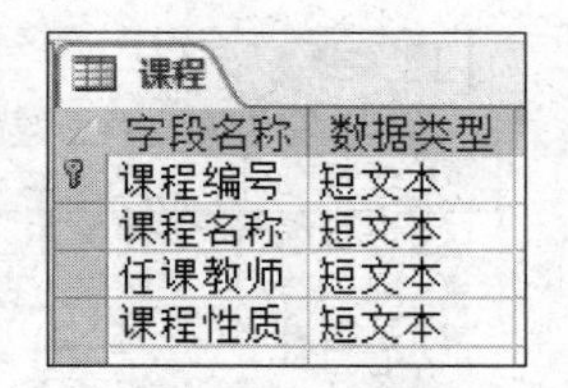

课程

字段名称	数据类型
课程编号	短文本
课程名称	短文本
任课教师	短文本
课程性质	短文本

图 2-46 “课程”表各字段

教师

字段名称	数据类型
编号	短文本
姓名	短文本
性别	短文本
籍贯	短文本
出生日期	日期/时间
系部	短文本
备注	短文本

字段属性

常规 查阅

字段大小	255
格式	
输入掩码	
标题	
默认值	
验证规则	"男" Or "女"
验证文本	性别只能为" 男" 或" 女"
必需	否
允许空字符串	是
索引	无
Unicode 压缩	否
输入法模式	开启
输入法语句模式	无转化
文本对齐	常规

教师

字段名称	数据类型
编号	短文本
姓名	短文本
性别	短文本
籍贯	短文本
出生日期	日期/时间
系部	短文本
备注	短文本

字段属性

常规 查阅

格式	短日期
输入掩码	
标题	
默认值	
验证规则	
验证文本	
必需	否
索引	无
输入法模式	关闭
输入法语句模式	无转化
文本对齐	常规
显示日期选取器	为日期

图 2-47 “教师”表各字段

设置“成绩”表各字段，将“学号”和“课程编号”两个字段共同设定为主键。“学号”字段设置为“短文本”数据类型，“常规”属性中的“字段大小”为 8，“输入掩码”为 00000000。“成绩”字段为“数字”数据类型，“常规”属性中的“字段大小”选择“整型”，“小数位数”为 0，“验证规则”为＞＝0(用英文半角符号)。“是否补考”字段的“数据类型”为“是/否”，在“常规”属性中设定“格式”为“真/假”，“默认值”为 False，“验证规则”为 True Or False。设定过程与“学生”表相似，过程不再赘述，如图 2-48 和图 2-49 所示。

以上介绍了数据表字段属性的常规设置。设置数据表时，应考虑数据表内各字段的数据类型，以使数据库系统更加丰富实用。在“窗体”中，将图片作为数据存入数据库系统“学生”表的“照片”字段。为给“窗体”相关内容创造学习训练条件，请在此修改“学生”表，将“备注”字段改为“照片”字段，用“附件”作为“数据类型”，可以向其中添加相应的学生照片的图片,例如JPG格式照片文件。这样就更加丰富了系统数据,使系统更加实用和有效。

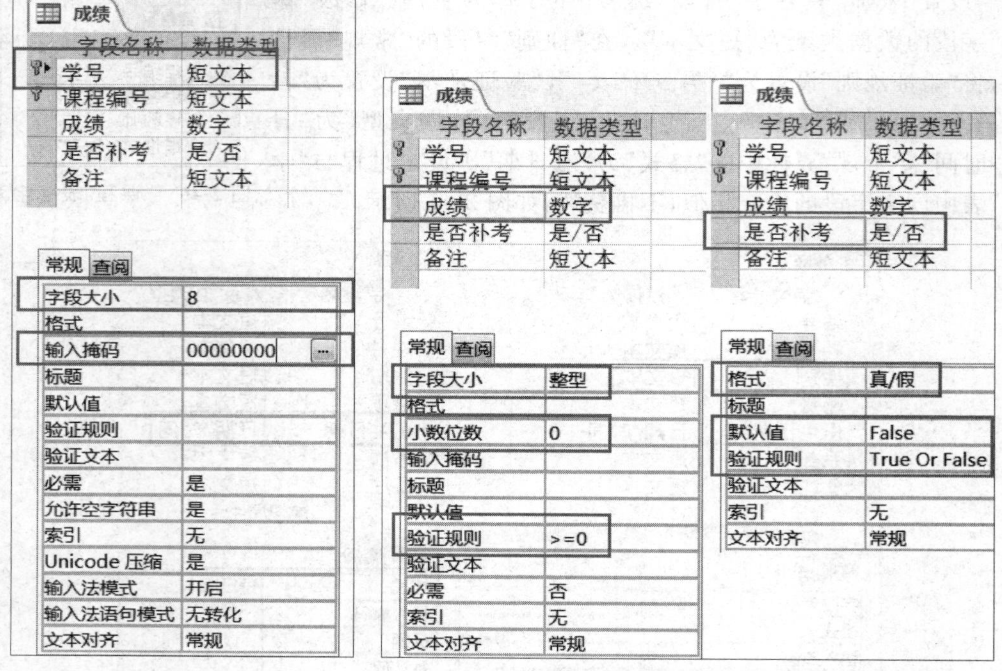

图 2-48 "成绩"表各字段(一)　　图 2-49 "成绩"表各字段(二)

2.3.2 字段查阅属性

对字段创建"查阅"页面的"显示控件"后,向数据表输入数据时,可以从一个列表中选择数据。这样既能够加快数据输入速度,又能够保证输入数据的正确性。

Access 2013 在表设计视图的字段属性"查阅"页面中有"显示控件"项,它包含选定字段可用控件的下拉列表。

对"数据类型"为"文本"或"数字"的字段,"显示控件"可设置为"文本框"、"列表框"、"组合框"。对"数据类型"为"是/否"的字段,"显示控件"可设置为"复选框"、"文本框"、"组合框"。

一般情况下,默认设置是文本框。通常大多数无特殊要求的字段都采用文本框,打开数据表时,由用户直接输入数据或修改数据。

列表框显示值或显示选项列表。列表框包含数据行,数据行可以有一个或多个列,这些列可以设定,以显示或不显示标题,可以设定多列的列宽。如果列表中包含的行数超过控件中可以显示的行数,则在控件中显示滑动条。允许自行编辑列表框以外的数据,允许多值,但设定后不可逆。

组合框兼具文本框和列表框的功能。组合框可以修改行数,可以设定多列的列宽,可以限定在列表中选取数据,允许多值但设定后不可逆。组合框融合了文本框和列表框的功能,可根据需要决定是否采用组合框的设定。

"行来源类型"可以是"表/查询"、"值列表"、"字段列表"。当"行来源类型"是"表/查询”时，“行来源”可以选择数据库中的某个表或查询，常见的是代码表。此外，也可以选择输入 SQL 查询语句，例如“SELECT 系部代码.代码，系部代码.名称 FROM 系部代码;”(语句内符号皆为英文半角符号)。当“行来源类型”是“值列表”时，“行来源”可以输入相应数据，例如“电子信息工程系;计算机科学与技术系;通信工程系;行政管理系;信息安全系”(分号用英文半角符号)。当“行来源类型”是“字段列表”时，“行来源”可以选择某个数据表，以从该表中选取字段名作为数据列表。

下面以功能较强且常用的两种设定方式详细讲解，一种是“显示控件”为“组合框”、“行来源类型”为“值列表”，另一种是“显示控件”为“组合框”、“行来源类型”为“表/查询”。

1. 值列表

打开“高校学生信息系统”，为“学生”表“系部”字段添加“电子信息工程系;计算机科学与技术系;通信工程系;行政管理系;信息安全系”的“值列表”选项。过程如图 2-50 和图 2-51 所示。

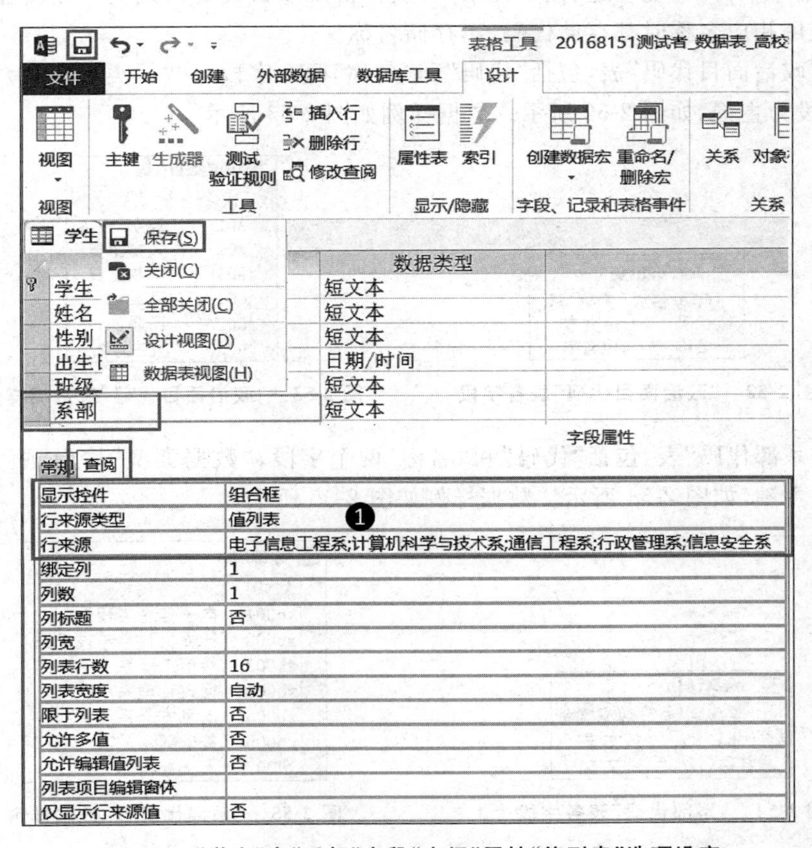

图 2-50 “学生”表“系部”字段“查阅”属性“值列表”选项设定

❶ 打开“学生”表的设计视图，选择“系部”字段。单击“系部”字段属性的“查阅”页面，在“显示控件”的下拉列表中选择“组合框”选项。在“行来源类型”中选择下拉列表中

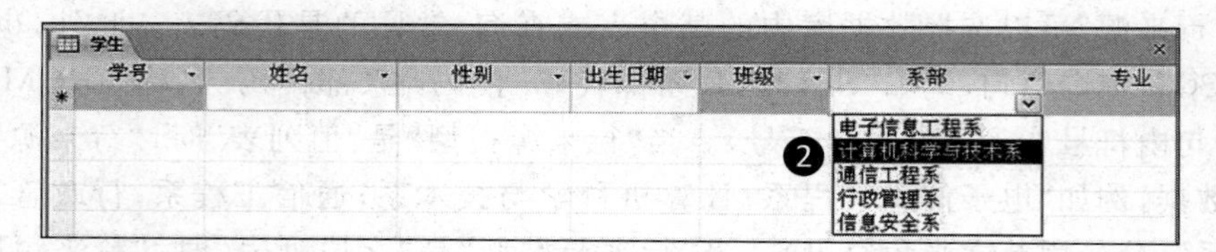

图 2-51 “学生”表“系部”字段“查阅”属性“值列表”选项效果

的“值列表”选项。在“行来源”中输入“电子信息工程系;计算机科学与技术系;通信工程系;行政管理系;信息安全系”(分号用英文半角符号)。单击保存按钮,完成保存操作,如图 2-50 所示。

❷ 打开“学生”表的数据表视图,打开“系部”字段(列)中空白记录的下拉列表,查看所设定的值列表数据,如图 2-51 所示。

2. 表/查询

在数据库中,为围绕主题、减少冗余,一般将常用项目设定为代码。在所创建的代码表以外,使用相应名称时都存储代码,不存储名称。

创建“政治面目代码”表,包括“代码”和“名称”两个字段,“数据类型”均为“短文本”,“代码”字段为主键,如图 2-52 所示。数据样例如图 2-53 所示。

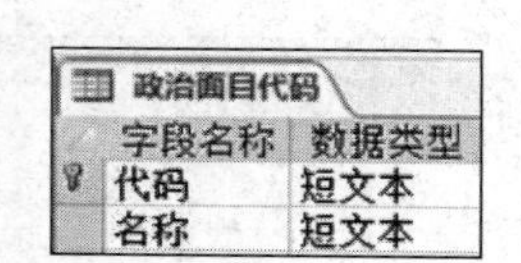

政治面目代码

字段名称	数据类型
代码	短文本
名称	短文本

图 2-52 “政治面目代码”表各字段

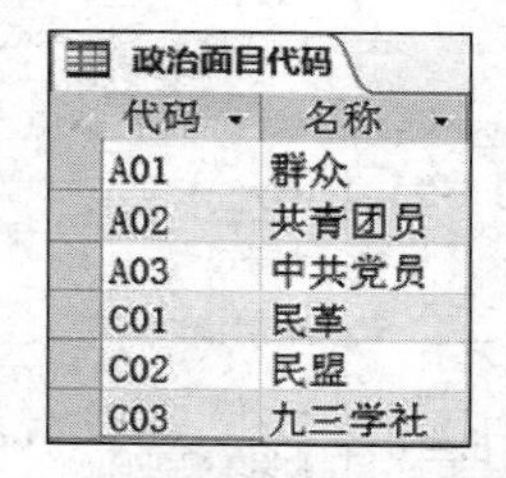

政治面目代码

代码	名称
A01	群众
A02	共青团员
A03	中共党员
C01	民革
C02	民盟
C03	九三学社

图 2-53 “政治面目代码”表数据样例

创建“系部代码”表,包括“代码”和“名称”两个字段,“数据类型”均为“短文本”,“代码”字段为主键,如图 2-54 所示。数据样例如图 2-55 所示。

系部代码

字段名称	数据类型
代码	短文本
名称	短文本

图 2-54 “系部代码”表各字段

系部代码

代码	名称
xb001	电子信息工程系
xb002	计算机科学与技术系
xb003	通信工程系
xb004	行政管理系
xb005	信息安全系
xb006	基础部
xb007	人文社科部

图 2-55 “系部代码”表数据样例

创建“专业代码”表,包括“代码”、“名称”和“所属系部”三个字段,“数据类型”均为“短文本”,“代码”字段为主键,“所属系部”字段充分利用“系部代码”表的数据,在“所属系部”字段的“查阅”属性中,“显示控件”选用“组合框”,“行来源类型”选用“表/查询”,

“行来源”选用“系部代码”表，“列数”用“2”表示组合框共有两列数据，“列标题”值用“是”表示组合框有列标题，“列宽”值用“2cm;4cm”表示组合框两个列的列宽，如图 2-56 所示。数据样例如图 2-57 所示。

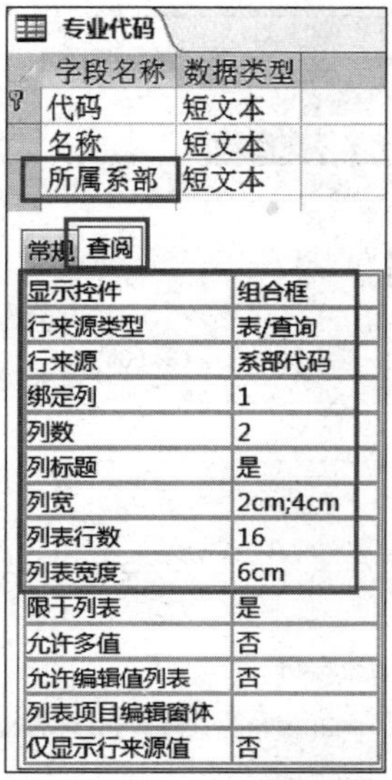

专业代码

字段名称	数据类型
代码	短文本
名称	短文本
所属系部	短文本

常规 查阅

显示控件	组合框
行来源类型	表/查询
行来源	系部代码
绑定列	1
列数	2
列标题	是
列宽	2cm;4cm
列表行数	16
列表宽度	6cm
限于列表	是
允许多值	否
允许编辑值列表	否
列表项目编辑窗体	
仅显示行来源值	否

图 2-56 “专业代码”表各字段

专业代码

代码	名称	所属系部
zy0101	电子信息工程	xb001
zy0201	计算机科学与技术	xb002
zy0202	信息管理与信息系统	xb002
zy0301	通信工程	xb003
zy0401	行政管理	xb004
zy0402	保密管理	xb004
zy0501	信息与计算科学	xb005
zy0502	信息安全	xb005

图 2-57 “专业代码”表数据样例

在“高校学生信息系统”中，“学生”表“系部”字段用“系部代码”表的数据设置输入选项列表，在“学生”表的“系部”字段中只保存“系部代码”，不允许用户自行输入选项列表以外的值，适当设置下拉选项列表的各列列宽。过程如图 2-58 所示。

❶ 打开“学生”表的设计视图，选择“系部”字段。

❷ 选择“系部”字段属性的“查阅”页面。在“显示控件”的下拉选项中选择“组合框”选项。在“行来源类型”的下拉选项中选择“表/查询”选项。在“行来源”下拉选项中选择“系部代码”表，表示数据来自“系部代码”表(此处也可写入 SQL 查询语句“SELECT 系部代码.代码，系部代码.名称 FROM 系部代码;”，语句内符号均为英文半角符号，以空格为分隔)。要在选项列表中显示“系部代码”的两列数据，所以设定“列数”值为“2”。选择“列标题”下拉选项中的“是”，以便使下拉选项有列标题。“列宽”值用“2cm;4cm”(分号用英文半角符号)，表示设定下拉列表的两列列宽依次是 2cm、4cm。“列表宽度”设定为 6cm，与两列列宽之和相对应。在“限于列表”选项中选择“是”，以限定用户只能在下拉列表中选择数据或输入下拉列表中的数据，不能使用其他数据。在“允许多值”选项中选择“否”，不允许选择列表中的多个选项值，符合本数据库要求的每名学生只在一个系部。单击“保存”按钮，完成设定。

❶ 为检验设定效果，打开“学生”表的数据表视图，选择首个空白行“系部”字段，进入编辑状态，单击下拉按钮，显示数据列表，可以从中选择相应的数据。

❷ 若在编辑栏输入错误值，在按 Enter 键或 Tab 键切换至下一项时，将弹出对话框报错，并要求在列表项中选择值，如图 2-59 所示。

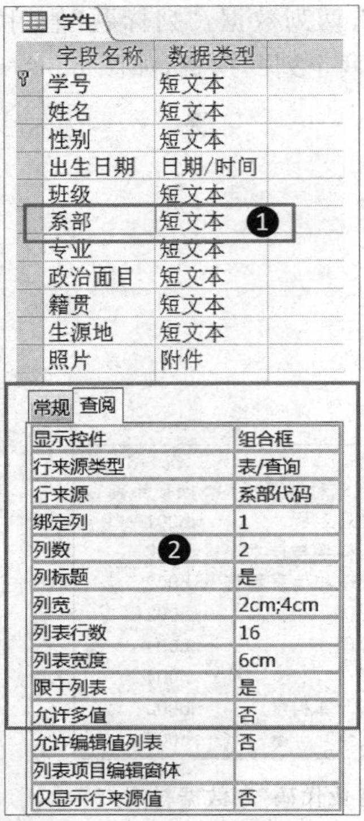

学生

字段名称	数据类型
学号	短文本
姓名	短文本
性别	短文本
出生日期	日期/时间
班级	短文本
系部	短文本 ❶
专业	短文本
政治面目	短文本
籍贯	短文本
生源地	短文本
照片	附件

常规 查阅

显示控件	组合框
行来源类型	表/查询
行来源	系部代码
绑定列	1
列数 ❷	2
列标题	是
列宽	2cm;4cm
列表行数	16
列表宽度	6cm
限于列表	是
允许多值	否
允许编辑值列表	否
列表项目编辑窗体	
仅显示行来源值	否

图 2-58 “学生”表“系部”字段“查阅”设定

图 2-59 “学生”表“系部”字段“查阅”设定效果

根据实际要求，“高校学生信息系统”数据库“学生”表“系部”字段的“查阅”属性“组合框”应该将“允许多值”设定为“否”，接下来说明的是设定方法。在“学生”表“系部”字段“查阅”选项设定过程中，若将“允许多值”选项改为“是”，则如图 2-60 所示，将弹出对话框提示

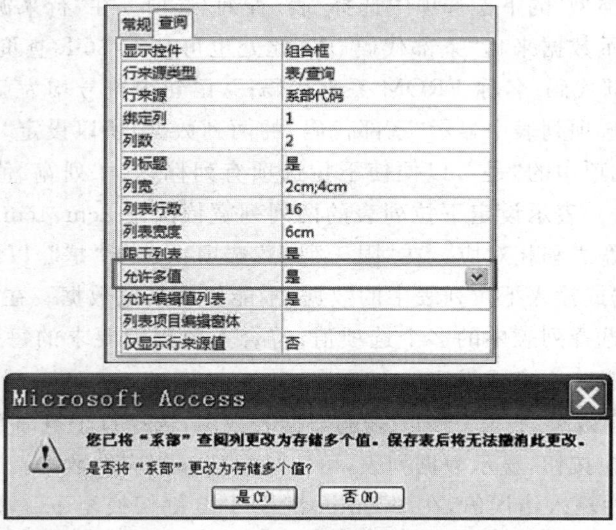

常规 查阅

显示控件	组合框
行来源类型	表/查询
行来源	系部代码
绑定列	1
列数	2
列标题	是
列宽	2cm;4cm
列表行数	16
列表宽度	6cm
限于列表	是
允许多值	是
允许编辑值列表	是
列表项目编辑窗体	
仅显示行来源值	否

Microsoft Access

您已将“系部”查阅列更改为存储多个值。保存表后将无法撤消此更改。

是否将“系部”更改为存储多个值？

是(Y) 否(N)

图 2-60 “学生”表“系部”字段“查阅”属性“允许多值”设定

确认。该设置将不可逆，即不能改回到“否”，修改后单击保存按钮，完成设定。以数据表视图方式打开“学生”表，可以选定多个系部代码值，将其填入“学生”表“系部”字段空白记录处，如图2-61所示。在此说明的只是设定方法，根据实际要求，“高校学生信息系统”数据库“学生”表“系部”字段的“查阅”属性“组合框”应该将“允许多值”设定为“否”。

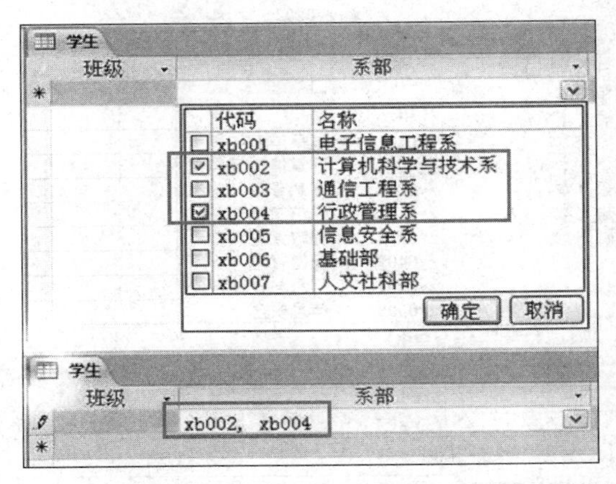

图2-61　“学生”表“系部”字段“查阅”属性“允许多值”效果

在“高校学生信息系统”数据库中，用同样方法设定“学生”表的“性别”、“专业”、“政治面目”字段的“查阅”属性，以使这三个字段都可以用选择列表项的方式输入有效数据。“学生”表“性别”字段“查阅”属性“值列表”的设定和效果如图2-62所示。“学生”表“专

学生

字段名称	数据类型
学号	短文本
姓名	短文本
性别	短文本
出生日期	日期/时间
班级	短文本
系部	短文本
专业	短文本
政治面目	短文本
籍贯	短文本
生源地	短文本
照片	附件

常规　查阅

显示控件	组合框
行来源类型	值列表
行来源	男;女
绑定列	1
列数	1
列标题	否
列宽	1cm
列表行数	16
列表宽度	1cm
限于列表	是
允许多值	否
允许编辑值列表	否
列表项目编辑窗体	
仅显示行来源值	否

学生　姓名　性别　男　女

学生　姓名　性别　男

学生　姓名　性别　出生日期　班级　系部　测试

Microsoft Access

您输入的文字不在列表项中。

从列表中选择一个项目，或输入符合于其中任何项目的文字。

确定

图2-62　“学生”表“性别”字段“查阅”属性“值列表”的设定和效果

业”字段“查阅”属性“表/查询”的设定和效果如图 2-63 所示。“学生”表“政治面目”字段“查阅”属性“表/查询”的设定和效果如图 2-64 所示。

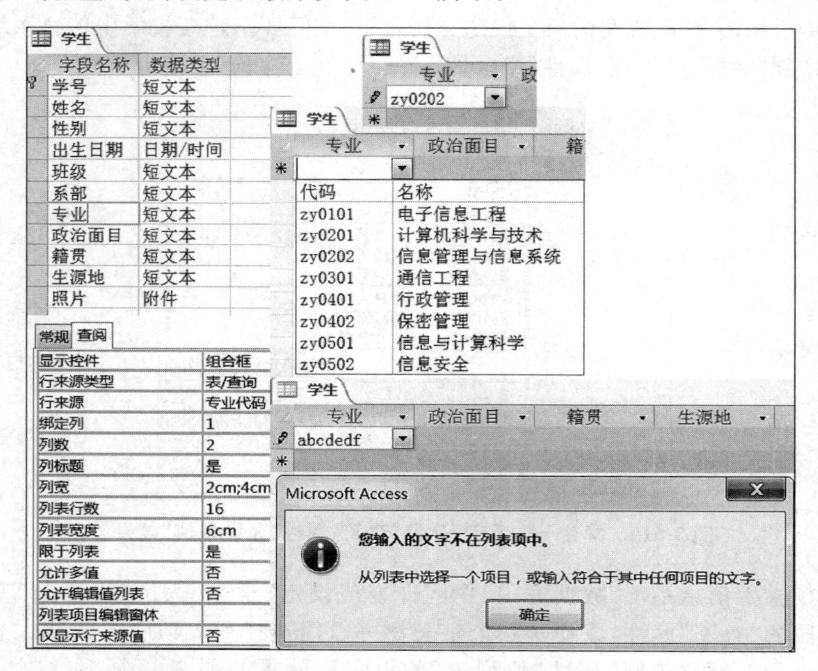

图 2-63 “学生”表“专业”字段“查阅”属性的设定和效果

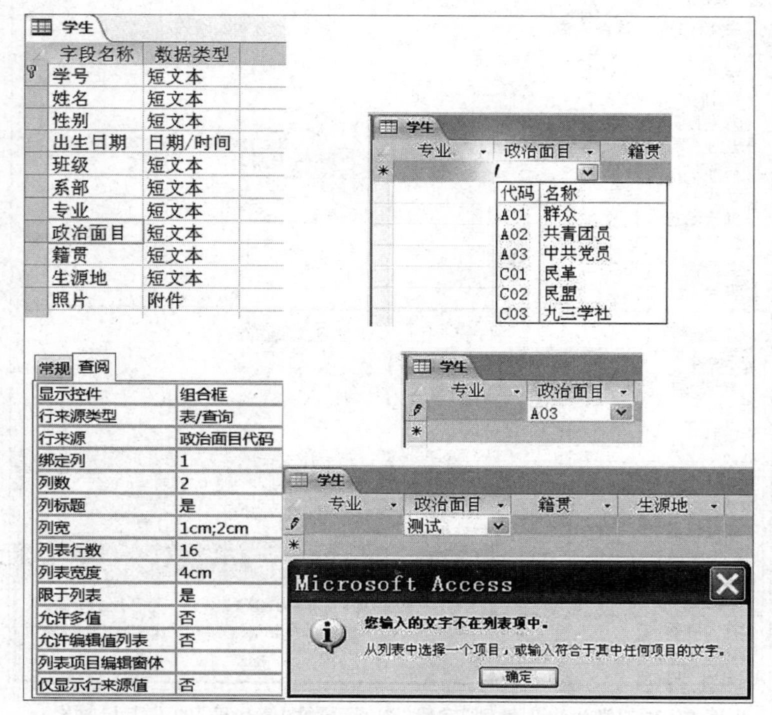

图 2-64 “学生”表“政治面目”字段“查阅”属性的设定和效果

为满足后续“成绩”表设定时的需要，修改“课程”表，如图 2-65～图 2-67 所示。为“课程”表填入数据，如图 2-68 所示。为“学生”表填入数据，如图 2-69 所示。

在“高校学生信息系统”数据库中，其他数据表字段的查阅属性可参考如下设置。

“成绩”表“课程编号”字段“查阅”属性的设定和效果，如图 2-70 所示。

课程

字段名称	数据类型
课程编号	短文本
课程名称	短文本
课程性质	短文本
所属系部	短文本
任课教师	短文本

常规 查阅

显示控件	组合框
行来源类型	表/查询
行来源	系部代码
绑定列	1
列数	2
列标题	是
列宽	2cm;4cm
列表行数	16
列表宽度	6cm
限于列表	是
允许多值	否
允许编辑值列表	是
列表项目编辑窗体	
仅显示行来源值	否

课程

所属系部	任课教师	单击以添加
xb001	1100006	
xb002	1100008	
xb002	1100008	
xb002	1100008	
xb003	1100019	
xb004	1100003	
xb005	1100007	
xb006	1100018	
xb007	1100015	

代码	名称
xb001	电子信息工程系
xb002	计算机科学与技术系
xb003	通信工程系
xb004	行政管理系
xb005	信息安全系
xb006	基础部
xb007	人文社科部

图 2-65 “课程”表“所属系部”字段“查阅”属性的设定和效果

课程

字段名称	数据类型
课程编号	短文本
课程名称	短文本
课程性质	短文本
所属系部	短文本
任课教师	短文本

常规 查阅

显示控件	组合框
行来源类型	表/查询
行来源	教师
绑定列	1
列数	2
列标题	是
列宽	2cm;3cm
列表行数	11
列表宽度	5cm
限于列表	是
允许多值	否
允许编辑值列表	否
列表项目编辑窗体	
仅显示行来源值	否

课程

所属系部	任课教师	单击以添加
xb001	1100006	
xb002	1100008	
xb002	1100008	
xb002	1100008	
xb003	1100019	
xb004	1100003	
xb005	1100007	
xb006	1100018	
xb007	1100015	

编号	姓名
1100011	阎汤陆
1100012	余尹郝
1100013	潘黎孔
1100014	杜易白
1100015	戴常崔
1100016	夏武康
1100017	钟乔毛
1100018	汪贺邱
1100019	田赖秦
1100020	任龚江

图 2-66 “课程”表“任课教师”字段“查阅”属性的设定和效果

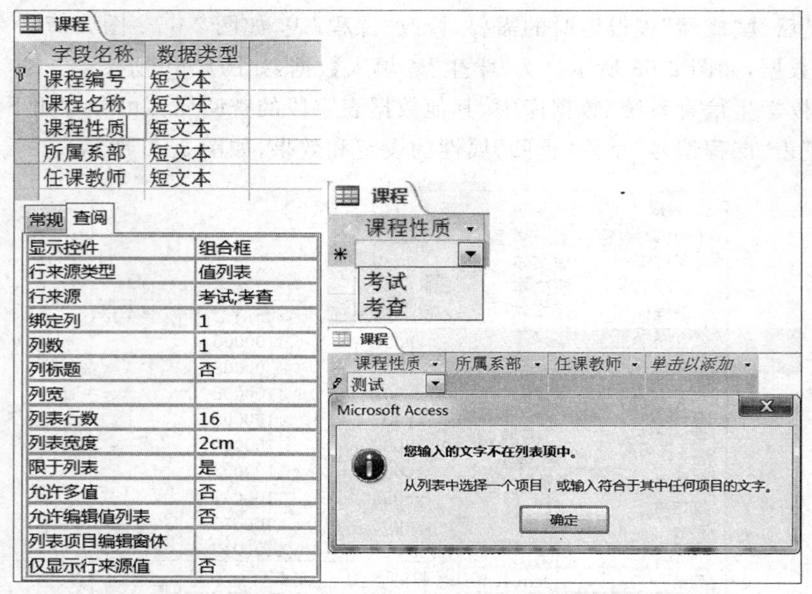

图 2-67 “课程”表“课程性质”字段“查阅”属性的设定和效果

课程编号	课程名称	课程性质	所属系部	任课教师
kc012203	数字逻辑电路	考查	xb001	1100006
kc021106	数据库应用技术	考查	xb002	1100008
kc021203	面向对象程序设计	考查	xb002	1100008
kc022205	可视化程序设计	考查	xb002	1100008
kc031102	计算机网络	考试	xb003	1100019
kc041115	行政管理	考试	xb004	1100003
kc051109	信息保护	考查	xb005	1100007
kc061201	高等数学	考试	xb006	1100018
kc072101	大学英语	考试	xb007	1100015

图 2-68 “课程”表数据记录效果

学号	姓名	性别	出生日期	班级	系部	专业	政治面目	籍贯	生源地	0
20161153	周阿未	男	1999/12/10	201611	xb001	zy0101	A01	山东济南	山东	(0)
20161165	朱耶袁	男	1998/6/8	201611	xb001	zy0101	A03	辽宁大连	辽宁	(0)
20161254	胡尔才	男	1998/5/20	201612	xb001	zy0101	A02	北京	北京	(0)
20161266	高碣邓	女	1998/2/2	201612	xb001	zy0101	A01	辽宁沈阳	辽宁	(0)
20162155	王安郑	女	1998/4/14	201621	xb002	zy0201	A03	天津	天津	(0)
20162167	林斯许	男	1996/9/8	201621	xb002	zy0201	C02	吉林长春	吉林	(0)
20162256	张彼谢	男	1998/4/11	201622	xb002	zy0201	C01	河北石家庄	北京	(0)
20162268	何者傅	女	1999/8/28	201622	xb002	zy0201	A03	内蒙呼和浩特	内蒙	(0)
20162350	徐楚储	女	1999/6/1	201623	xb002	zy0202	A02	吉林四平	吉林	(0)
20163157	刘乃韩	女	1997/7/18	201631	xb003	zy0301	C02	河南开封	河南	(0)
20163169	郭耳沈	女	2000/10/17	201631	xb003	zy0301	A02	河南焦作	海南	(0)
20163258	胡尔才	男	1998/7/13	201632	xb003	zy0301	C03	黑龙江哈尔滨	黑龙江	(0)
20163270	马也曾	男	1998/12/15	201632	xb003	zy0301	A03	广西桂林	关系	(0)
20164159	陈殆唐	女	1997/10/14	201641	xb004	zy0401	A01	新疆乌鲁木齐	新疆	(0)
20164171	罗乎吕	女	1998/7/16	201641	xb004	zy0401	A03	江苏南京	江苏	(0)
20164260	杨得冯	男	1997/9/2	201642	xb004	zy0401	A02	安徽合肥	安徽	(0)
20164272	梁弗彭	女	1999/3/1	201642	xb004	zy0401	A02	湖北武汉	湖北	(0)
20164361	黄阖于	女	1998/12/18	201643	xb004	zy0402	A02	上海	上海	(0)
20165162	吴另董	女	1998/1/15	201651	xb005	zy0501	A03	重庆	重庆	(0)
20165263	徐其萧	男	1997/10/12	201652	xb005	zy0502	A02	浙江杭州	陕西	(0)
20165364	孙之程	男	1998/9/10	201653	xb005	zy0502	A02	福建福州	福建	(0)
*										(0)

图 2-69 “学生”表数据记录效果

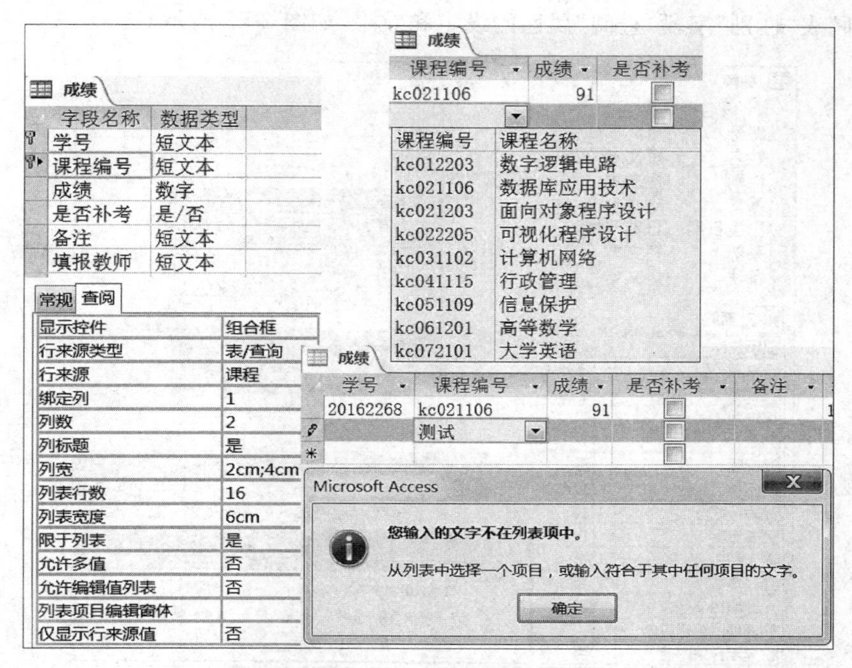

图 2-70 “成绩”表“课程编号”字段“查阅”属性的设定和效果

在“成绩”表中添加“填报教师”字段，“填报教师”字段“查阅”属性的设定和效果如图 2-71 所示。

成绩

字段名称	数据类型
学号	短文本
课程编号	短文本
成绩	数字
是否补考	是/否
备注	短文本
填报教师	短文本

常规 查阅

显示控件	组合框
行来源类型	表/查询
行来源	教师
绑定列	1
列数	2
列标题	是
列宽	2cm;4cm
列表行数	16
列表宽度	6cm
限于列表	是
允许多值	否
允许编辑值列表	是
列表项目编辑窗体	
仅显示行来源值	否

填报教师	单击以
1100006	
1100008	
1100006	
1100008	

编号	姓名
1100001	吕史姜
1100002	苏顾范
1100003	卢侯方
1100004	蒋邵石
1100005	蔡孟姚
1100006	贾龙谭
1100007	丁万廖
1100008	魏段邹
1100009	薛曹熊
1100010	叶钱金
1100011	阎汤陆
1100012	余尹郝
1100013	潘黎孔
1100014	杜易白
1100015	戴常崔

图 2-71 “成绩”表“填报教师”字段“查阅”属性的设定和效果

"教师"表"性别"字段"查阅"属性的设定和效果，如图 2-72 所示。

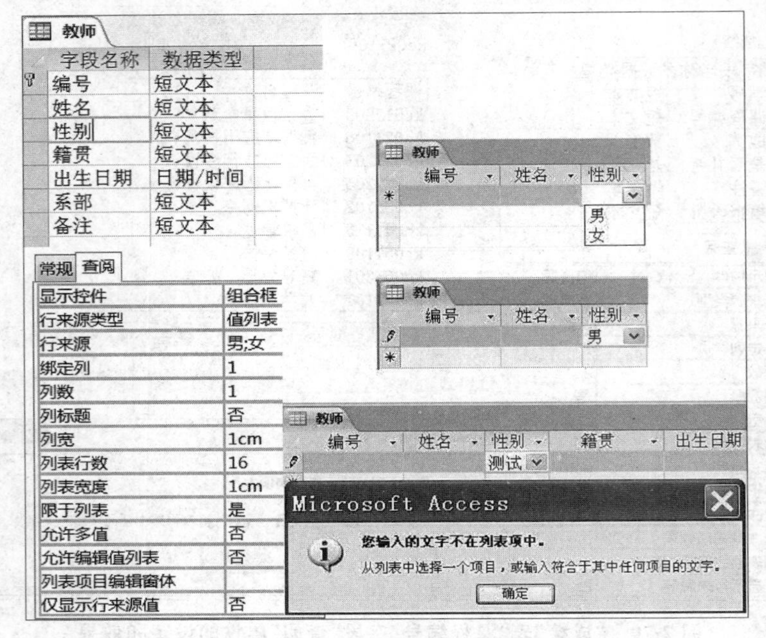

图 2-72 "教师"表"性别"字段"查阅"属性的设定和效果

"教师"表"系部"字段"查阅"属性的设定和效果，如图 2-73 所示。

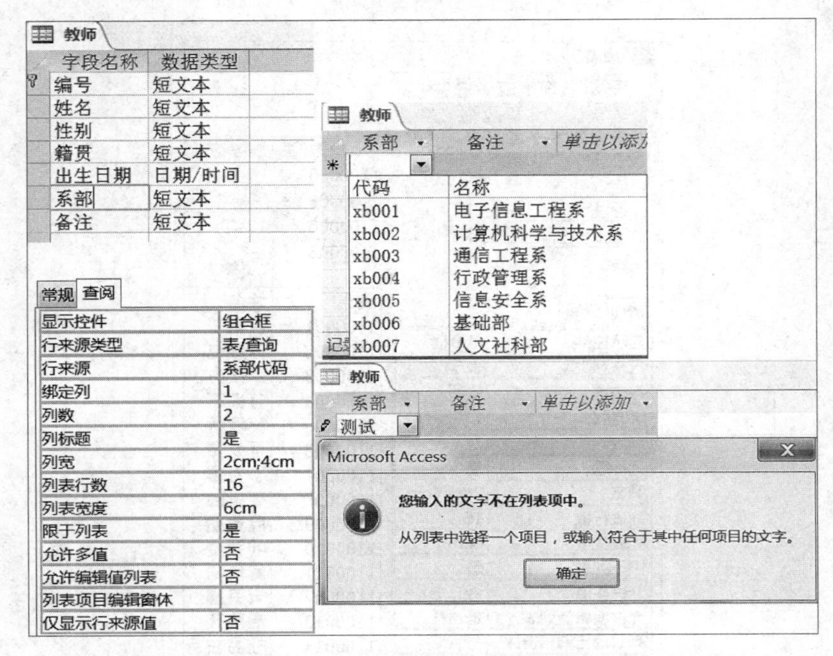

图 2-73 "教师"表"系部"字段"查阅"属性的设定和效果

其他数据表或字段的属性和格式，可以根据需要设定，但应注意各表中字段的关联。

2.4　表的操作

在数据库中，数据表多以数据表视图和设计视图方式打开。在保存有较多记录的数据表中，可以使用查找、替换、排序和筛选等功能。

2.4.1　数据记录

数据库中保存的信息以表的形式存储，数据表的数据由行方向上的记录组成，每条记录由各列对应的各字段数据组成，记录和字段通常也分别称为行和列。

在数据表中添加、编辑、查看、修改、追加数据记录等的操作，与 Word、Excel 中的操作相似，符合用户使用 Office 的习惯。

1. 添加数据记录

在 Access 2013 中，向数据表中添加数据，可以在数据表视图中进行。如果是无数据记录的空表，则可按次序逐个输入相应数据，用鼠标选择下一个空白处，更多的是用 Enter 键或 Tab 键跳转到下一个空白处输入数据。

在数据表中添加记录时，应注意保持所输入数据符合相应字段的数据类型、属性、格式要求。若字段属性有掩码设置，则所输入数据格式应符合掩码设定的要求。若字段已设置值列表等选项，可使用鼠标选择完成输入操作。

2. 修改数据记录

将光标定位到要修改记录的相应字段处，相应数据将处于编辑状态，输入值以修改数据，所输入数据应符合相应字段设置的“验证规则”等属性要求。

3. 删除数据记录

将光标定位在要删除记录行的任意位置，右击该位置，弹出快捷菜单选项，单击“删除记录”选项，即可完成删除记录的操作，如图 2-74 所示。

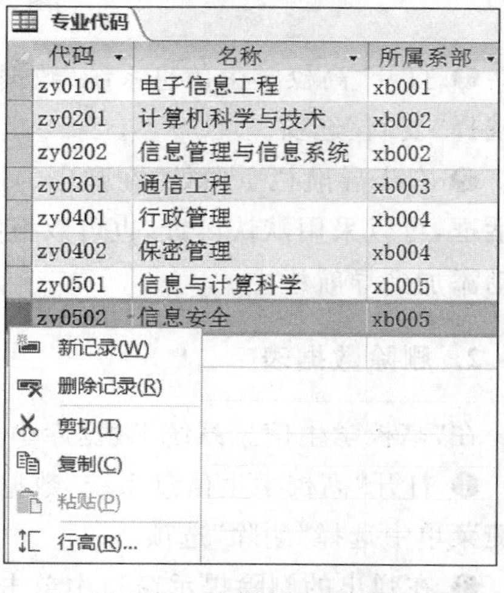

专业代码

代码	名称	所属系部
zy0101	电子信息工程	xb001
zy0201	计算机科学与技术	xb002
zy0202	信息管理与信息系统	xb002
zy0301	通信工程	xb003
zy0401	行政管理	xb004
zy0402	保密管理	xb004
zy0501	信息与计算科学	xb005
zy0502	信息安全	xb005

新记录(W)
删除记录(R)
剪切(T)
复制(C)
粘贴(P)
行高(R)...

图 2-74　表删除记录操作

2.4.2　表的操作

1. 复制数据表

在“高校学生信息系统”数据库中复制“学生”表，过程如图 2-75 所示。

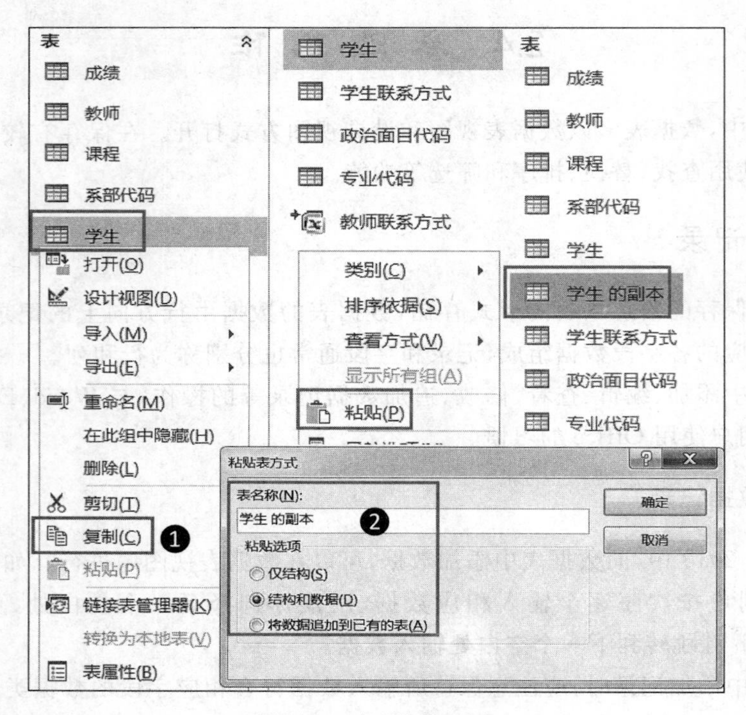

图 2-75 复制“学生”表

❶ 打开“高校学生信息系统”数据库，在导航栏处右击“学生”表，在弹出的快捷菜单中选择“复制”选项。

❷ 右击导航栏空白处，在弹出的快捷菜单中选择“粘贴”选项，将弹出“粘贴表方式”对话框，可以采用默认设置，也可以根据需要更改，单击“确定”按钮。复制生成的新表将自动添加到导航栏中。

2. 删除数据表

在“高校学生信息系统”数据库中删除“学生 的副本”表，过程如图 2-76 所示。

❶ 打开“高校学生信息系统”数据库，在左侧导航中右击“学生 的副本”表，在弹出的快捷菜单中选择“删除”选项。

❷ 在弹出的删除提示窗口中单击“是”按钮，完成操作。

3. 重命名数据表

在“高校学生信息系统”数据库中重命名“学生 的副本”表，过程如图 2-77 所示。

❶ 打开“高校学生信息系统”数据库，在左侧导航中右击“学生 的副本”表，在弹出的快捷菜单中选择“重命名”选项。此表名处于选中的编辑状态，为其重命名为“学生_备份”。单击空白处生效，完成操作。

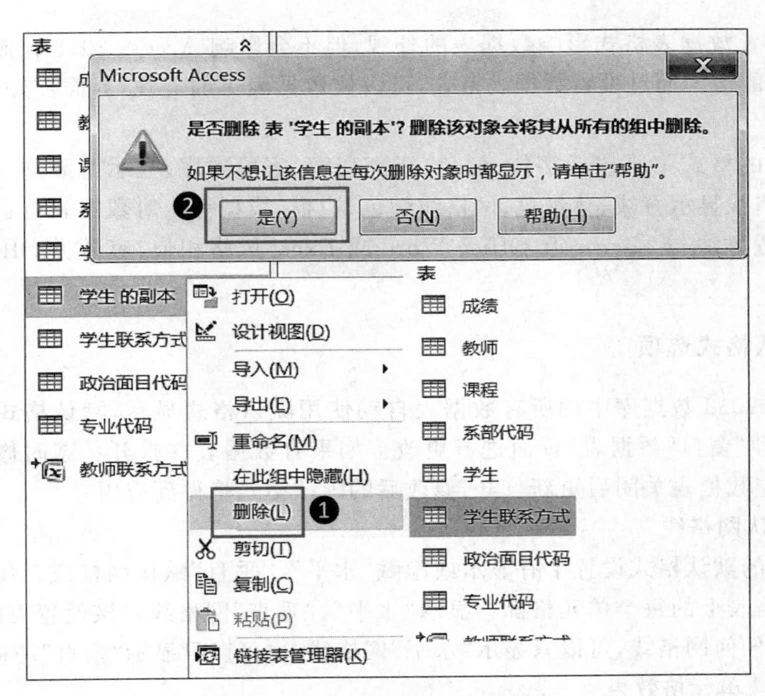

图 2-76 删除"学生 的副本"表

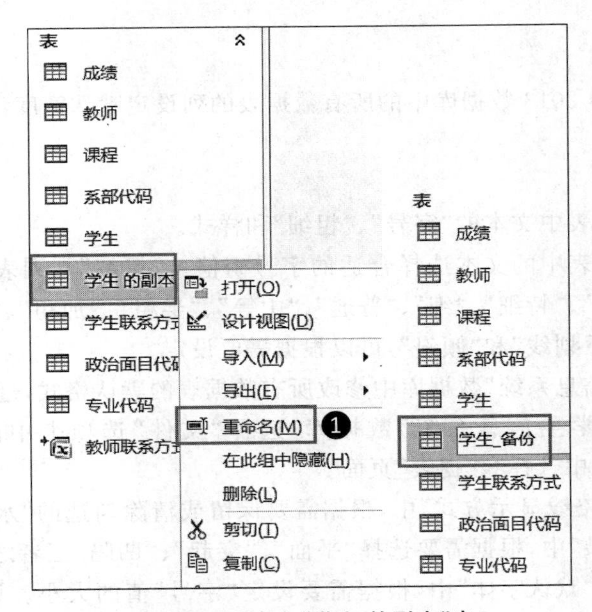

图 2-77 重命名"学生 的副本"表

2.4.3 格式设置

Access 2013 提供了用于显示和打印数据表的多种选项。当数据表中存储记录后，可以通过设置数据表格式影响数据表的外观,但不会影响 Access 2013 存储数据的方式和存储数据的值。通过设置数据表格式,可以使数据表更加美观,界面友好,有利于浏览数据记录。

数据表的格式主要包括字体、颜色、行高列宽、字段次序、显示隐藏列、冻结列、单元格效果、网格线显示方式、背景色、网格线颜色、边框、线型等。对数据表可进行上述格式的修改,设置方法与 Microsoft Office Word 或 Excel 风格相似,容易为 Office 用户熟悉掌握。

1. 默认格式选项

Access 2013 数据库中的所有数据表自动使用默认格式显示,默认格式设置可以在"Access 选项"窗口"数据表"页面进行更改。如果有数据表在打开状态时修改了默认格式,可将相应数据表关闭后重新打开,修改后的默认格式将得到应用。

(1) 默认网格线

数据表的默认格式设置中有显示或隐藏"水平"、"垂直"默认网格线。使用默认网格线设置,数据表上的每个单元格都会显示"水平"、"垂直"网格线。该设置可以修改,改后可以不显示任何网格线,可以只显示"水平"网格线,也可以只显示"垂直"网格线。

(2) 默认单元格效果

此单元格效果描述各个单元格的样式,默认设置为"平面",但可以改为"凸起"或"凹陷"外观效果。

(3) 默认列宽

此项为 Access 2013 数据库中的所有数据表的列设定默认宽度,可以输入值,修改默认列宽。

(4) 默认字体

此项设置数据表中文本的"字号"、"粗细"和样式。

"字号"为数据表中的文本选择合适的字号磅值。"粗细"从列表中选择文本显示的粗细程度,包括"淡"、"特细"、"细"、"普通"、"中等"、"半粗"、"加粗"、"特粗"、"浓"。样式包括文本显示的"下划线"和"倾斜",可以根据需要设定。

在"高校学生信息系统"数据库中修改所有数据表的默认格式,过程如图 2-78 所示。

❶ 打开"高校学生信息系统"数据库,选择"文件"选项卡中的"选项"选项。在"Access 选项"窗口中选择"数据表"页面。

❷ 在"默认网格线显示方式"中,根据需要保留或清除勾选的"水平"和"垂直"选项。在"默认单元格效果"中,根据需要选择"平面"、"突起"、"凹陷"三者之一。在"默认列宽"处设定相应值。在"默认字体"中,根据需要设定"字号"值的大小。设定"粗细"的程度,即在"淡"、"特细"、"细"、"普通"、"中等"、"半粗"、"加粗"、"特粗"、"浓"的列表选项中选择其一。根据需要决定是否勾选"下划线"、"倾斜"选项。

2. 设置数据表格式

在 Access 2013 数据库中表设置数据表格式,可以使用"设置数据表格式"窗口。

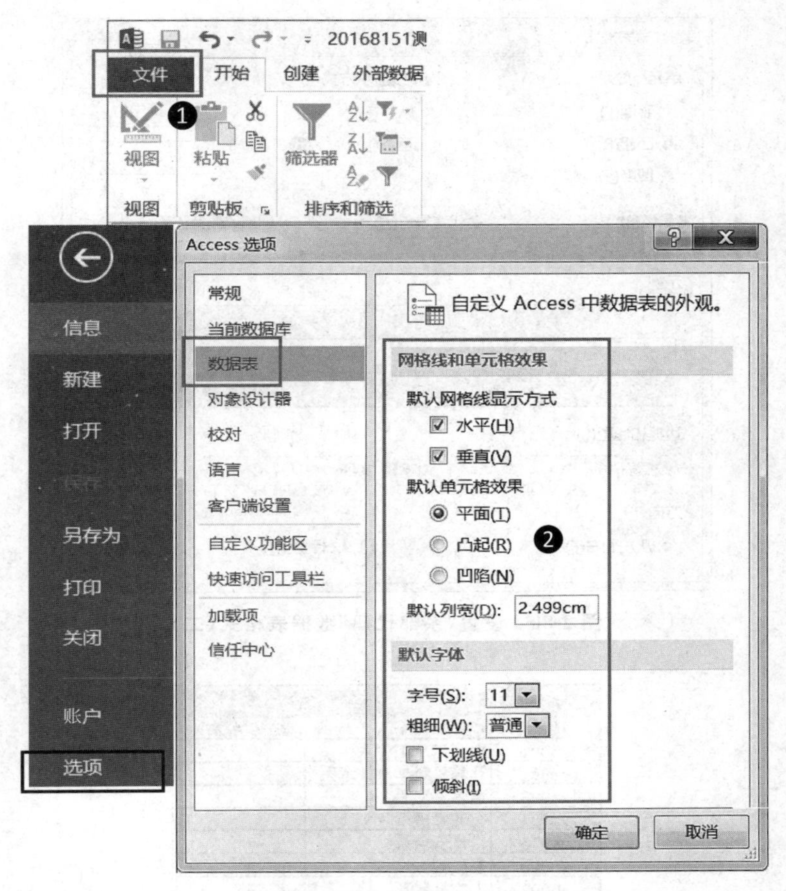

图 2-78 "Access 选项"窗口"数据表"页面

在"高校学生信息系统"数据库中设置"系部代码"表格式,过程如图 2-79~图 2-81 所示。

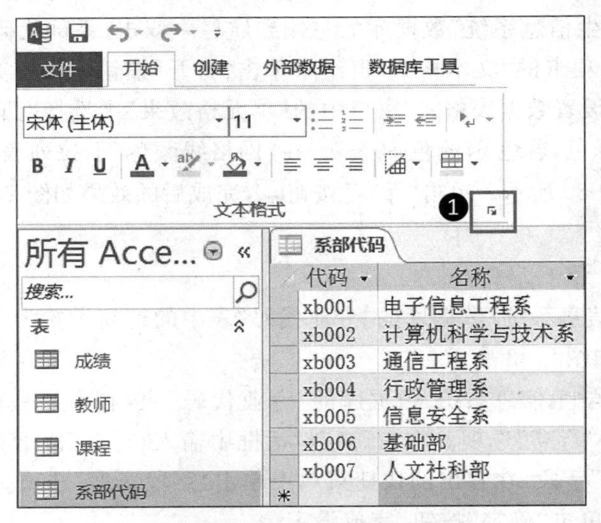

图 2-79 设置"系部代码"数据表格式(一)

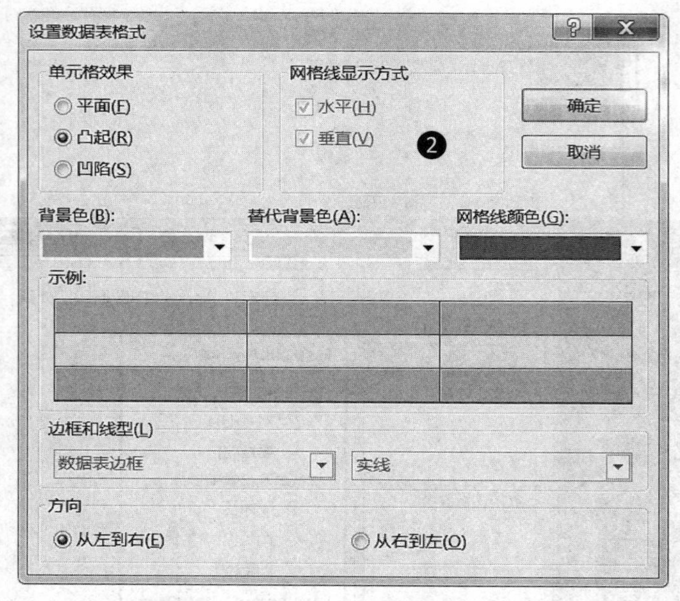

图 2-80 设置“系部代码”数据表格式(二)

系部代码

代码	名称	单击以添加
xb001	电子信息工程系	
xb002	计算机科学与技术系	
xb003	通信工程系	
xb004	行政管理系	
xb005	信息安全系	
xb006	基础部	
xb007	人文社科部	
*		

图 2-81 设置“系部代码”数据表格式(三)

❶ 在“高校学生信息系统”数据库的左侧导航栏中双击“系部代码”表，打开其数据表视图。在“开始”选项卡的“文本格式”群组中单击“打开”按钮。如图 2-79 所示。

❷ 在打开的“设置数据表格式”窗口中的“单元格效果”中选择“凸起”。“替代背景色”下拉列表中选择“绿色，着色 6，淡色 80%”。在“网格线颜色”下拉列表中选择“红色”，单击“确定”按钮，如图 2-80 所示。单击“保存”按钮，完成后的效果如图 2-81 所示。

3. 行高和列宽

将“高校学生信息系统”数据库的“专业代码”表中的行高设置为 15，“代码”字段列宽设置为 10。过程如图 2-82 所示。

❶ 打开“高校学生信息系统”数据库的“专业代码”表，右击某一行数据记录，在弹出的快捷菜单中选择“行高”选项。在“行高”对话框中输入“行高”值 15，单击“确定”按钮。

❷ 右击“代码”字段，在弹出的快捷菜单中单击“字段宽度”选项。在“列宽”对话框中输入“列宽”值 10，单击“确定”按钮，完成设定。

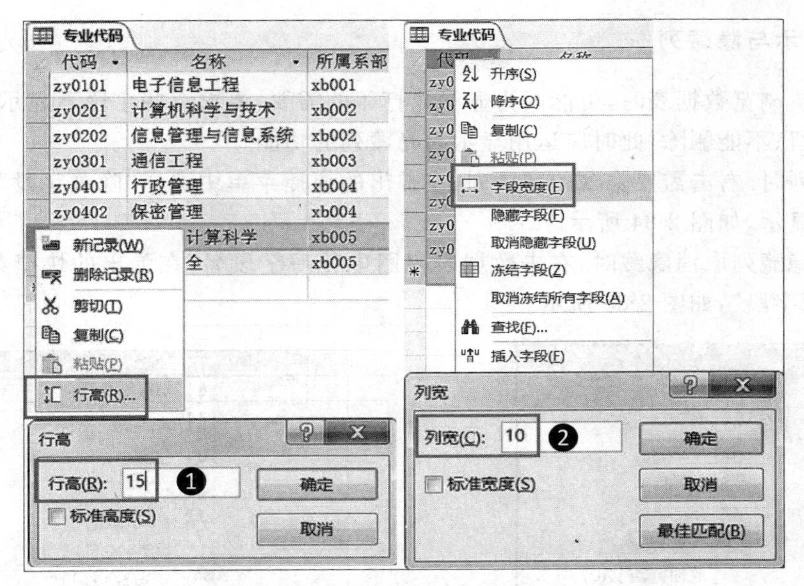

图 2-82 “专业代码”表修改行高和列宽

4. 字段显示次序

默认字段排列次序是数据表设计视图中各字段的前后次序。修改显示次序，用鼠标拖动相应字段到其他位置即可。

在“高校学生信息系统”数据库的“专业代码”表中，将“所属系部”字段显示位置调整到首列位置。打开“专业代码”表的数据表视图，用鼠标选择“所属系部”字段列，将“所属系部”字段拖动到最左列。完成后，“专业代码”表的数据表视图显示效果“所属系部”字段虽然出现在首列，但不影响“专业代码”表设计视图中的次序，如图 2-83 所示。若在“专业代码”表的设计视图中修改次序，在设计视图中次序变动的同时，数据表视图也会随之更改次序，此时设计视图和数据表视图中的显示次序将保持一致。

专业代码

字段名称	数据类型
代码	短文本
名称	短文本
所属系部	短文本

专业代码

所属系部	代码	名称
xb001	zy0101	电子信息工程
xb002	zy0201	计算机科学与技术
xb002	zy0202	信息管理与信息系统
xb003	zy0301	通信工程
xb004	zy0401	行政管理
xb004	zy0402	保密管理
xb005	zy0501	信息与计算科学
xb005	zy0502	信息安全

图 2-83 “专业代码”数据表字段次序

5. 显示与隐藏列

打印或浏览数据表时，可能因为显示或打印的需要，要求有些字段不显示，但这些字段仍需保留、不能删除，此时应运用显示与隐藏列的功能。

隐藏列时，右击需要隐藏的字段列，在弹出的快捷菜单中选择“隐藏字段”，该字段将被隐藏不显示，如图 2-84 所示。

要对隐藏列取消隐藏时，右击数据表视图中任一字段名，在弹出的快捷菜单中选择“取消隐藏字段”，如图 2-85 所示。

图 2-84　在“课程”数据表中隐藏字段

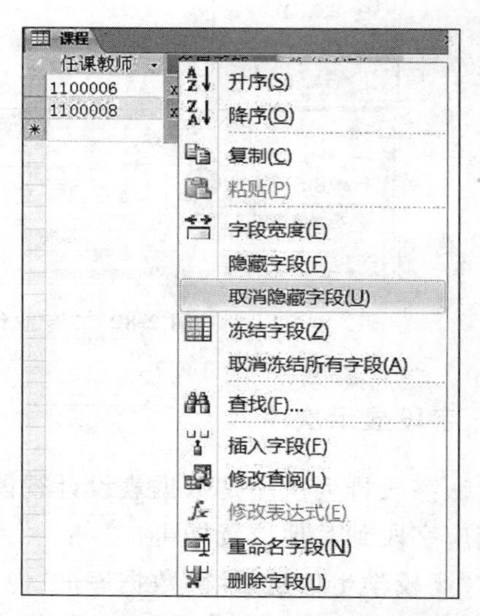

图 2-85　在“课程”数据表中取消隐藏字段

6. 冻结列

如果数据表的字段列比较多，浏览数据表时，可能需要固定某些字段列，以便浏览查看数据，此时需要冻结列。

打开“学生联系方式”表的数据表视图，右击“学号”字段列，在弹出的快捷菜单中有“冻结字段”和“取消冻结字段”选项。如图 2-86 所示。

图 2-86　数据表冻结与取消冻结“学号”字段

2.4.4 查找和替换

随着数据库系统的应用，数据记录会不断累积增长，在存储较多数据甚至海量记录的庞大数据库中，查找特定数据或替换特定数据将成为很费时的操作。Access 2013 提供了查找和替换功能。

“查找”群组位于“开始”选项卡中，如图 2-87 所示。

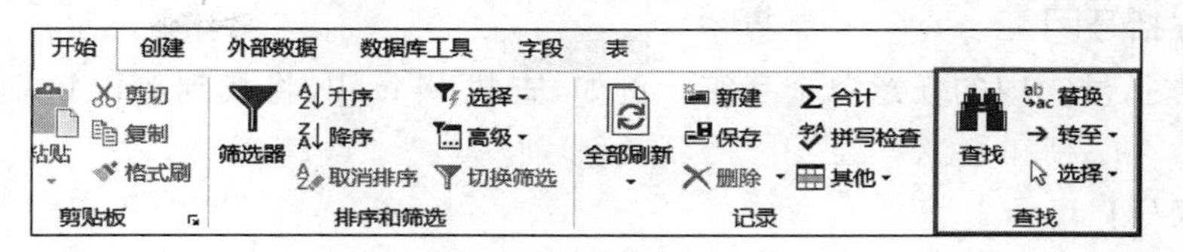

图 2-87 “开始”选项卡中的“查找”群组

1. 查找和替换

查找和替换对话框如图 2-88 所示。

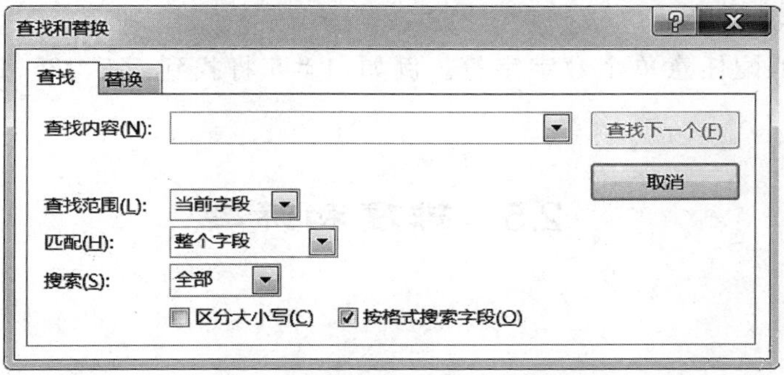

图 2-88 “查找和替换”对话框

在“查找和替换”对话框中选择“查找”或“替换”页面。“查找范围”可根据应用需要设定为“当前字段”或“当前文档”。“匹配”设定匹配模式，可根据需要设定为“整个字段”、“字段任何部分”和“字段开头”三个选项之一。“搜索”设定搜索方向，可以设定为“全部”、“向上”和“向下”三者之一。“区分大小写”用于设定是否区分大小写。完成全部设定后，可单击“查找下一个”按钮，或按 ALT+F 键执行操作。

2. 通配符

Access 2013 除能进行一般的查找外，还可使用通配符进行查找。

通配符是一种特殊含义的字符，用于模糊搜索，查找时可以使用通配符代替一个或多个实际字符。所有通配符都使用英文半角符号，其中 * 和? 的应用较为常见。

对 Access 2013 的通配符说明如下：

(1) 星号 *

使用星号可以代替 0 个或任意多个字符，可以在字符串中的任意位置使用星号。例如，查找以 NEW 开头的数据，可以用 NEW *。再如，查找 wh * 将找到 what、white 等。

(2) 问号?

使用问号可以代替 1 个字符，即匹配任意单个字符。例如，查找 po?，即查找以 po 开头并在其后接续 1 个字符结尾的数据，将找到 pow、pop 等。再如，查找 b? ll，将找到

ball、bell、bill 等。

(3) 方括号[]

匹配方括号[]内的任意单个字符。例如,查找 b[ie]ll,将找到 bill、bell,但不会找到 ball。

(4) 叹号!

与方括号[]搭配使用,将匹配方括号[]内字符以外的任意单个字符。例如,查找 b[!ie]ll,将找到 ball 和 bull,但不会找到 bill、bell。

(5) 横线-

匹配一定字符范围中的任意一个字符,使用中必须按升序指定字符范围,设定从 A 到 Z,不能从 Z 到 A。例如,查找 b[a-c]d,将找到 bad、bbd、bcd,但不能找到 bid。

(6) 井号#

井号用于匹配任意单个数字字符。例如,1#5 将找到 105、125、195,但不能找到 1a5、1t5。

2.5 排序和筛选

2.5.1 排序

数据库中的数据,可能存在一定规律。为便于高效查找和浏览数据记录,可以按照一定次序或规律排序。排序分为基于单字段的简单排序和基于多字段的高级排序两种。排序不影响数据记录的存储。

1. 简单排序

简单排序,即单字段排序,对数据表中的某一列数据按升序或降序排序。

对"高校学生信息系统"数据库"教师"表中的"姓名"字段进行简单排序,过程如图 2-89所示。

❶ 打开"高校学生信息系统"数据库,双击打开"教师"表,单击"姓名"字段标题右侧的下拉按钮。在弹出的快捷菜单中选择"升序"或"降序"排序方式。

❷ 还可以通过选择"开始"选项卡中"排序和筛选"群组中的"升序"、"降序"完成简单排序。

2. 高级排序

在很多应用中,只靠一个字段排序不能满足要求,或者在一个字段中存在重复的情况,这时需要用多字段排序,即高级排序,对数据表中的多个字段列排序。

打开"教师"表,按"性别"、"籍贯"、"系部"字段依次排序,过程如图 2-90 所示。

❶ 打开"高校学生信息系统"数据库,双击打开"教师"表,选择"开始"选项卡"排序和筛选"群组中的"高级"选项,在下拉列表中选择"高级筛选/排序"选项。

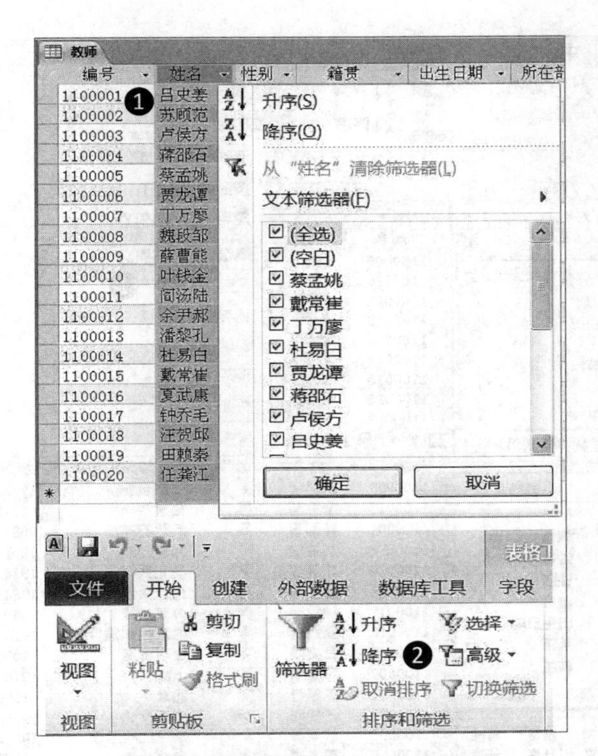

图 2-89 “教师”表“姓名”字段简单排序

❷ 在打开的“教师筛选 1”窗口中依次双击添加字段“性别”、“籍贯”、“系部”，在“排序”栏中分别都选择“升序”。在“开始”选项卡“排序和筛选”群组中单击“高级”下拉按钮，在下拉选项中选择“应用筛选/排序”选项。将自动回到“教师”表，并显示已设定的“高级排序”方式，可看到“性别”、“籍贯”、“所在部门”三个字段的标题栏右侧“箭头”标识。单击“保存”按钮，保存“教师”表高级排序设定，完成操作。关闭“教师筛选 1”窗口，如图 2-90 所示。

2.5.2 筛选

使用 Access 2013 数据库中的数据时，如果数据量比较庞大，在大量数据中查看部分记录时，定位比较困难，这时需要使用 Access 2013 的数据筛选功能。筛选能设定并筛选出满足某些条件的记录，不满足条件的记录将暂时隐藏起来，筛选不改变数据记录的存储。

Access 2013 筛选分为 4 种，窗体筛选、基于内容筛选、排除内容筛选、高级筛选。

1. 窗体筛选

对“高校学生信息系统”数据库中“学生”表的“姓名”字段设置筛选，过程如图 2-91～图 2-93 所示。

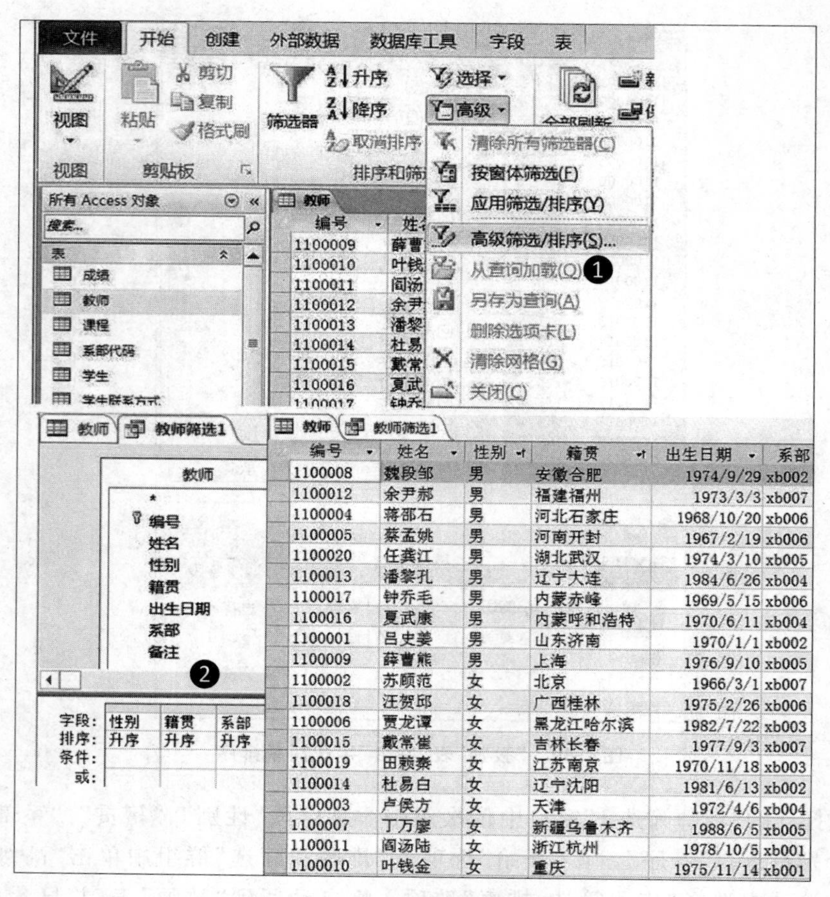

图 2-90 “教师”表高级排序

❶ 在“高校学生信息系统”数据库中双击打开“学生”表，选择“开始”选项卡“排序和筛选”群组中的“高级”选项，在下拉列表中选择“按窗体筛选”选项，如图 2-91 所示。

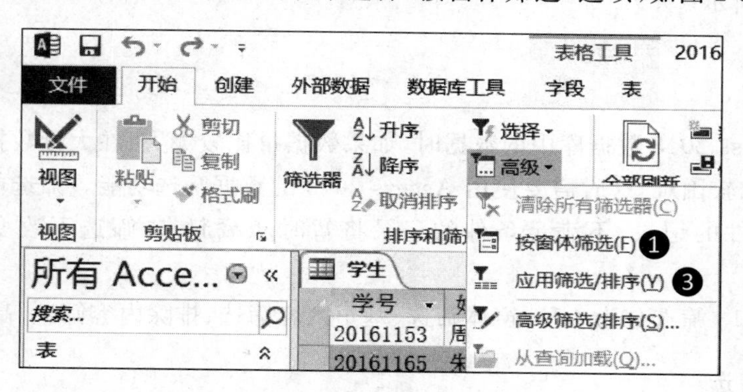

图 2-91 “学生”表窗体筛选（一）

❷ 此时表中数据都被隐藏，只剩一个空白行，表中每个字段都出现下拉按钮，在“姓

名”字段处单击下拉按钮，选择一个学生记录的姓名，例如“胡尔才”，如图 2-92 所示。

❸ 在“开始”选项卡的“排序和筛选”群组中单击“高级”下拉按钮，选择“应用筛选/排序”选项，如图 2-91 所示。

❹ 将显示出筛选的结果。打开“开始”选项卡“排序和筛选”群组，通过单击“切换筛选”，实现在“学生”表完整记录与“学生”表窗体筛选结果记录之间的切换。

❺ 单击保存按钮，保存“学生”表窗体筛选设置。关闭“学生”表重新打开该表后，仍可通过“切换筛选”按钮实现完整记录和筛选结果间的切换。要删除该筛选，单击“开始”选项卡“排序和筛选”群组中的“高级”下拉按钮，在选项中选择“清除所有筛选器”，如图 2-93 所示。

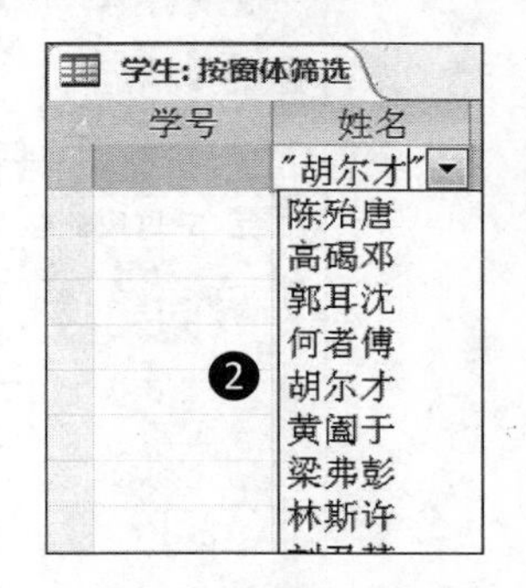

图 2-92 “学生”表窗体筛选(二)

图 2-93 “学生”表窗体筛选(三)

窗体筛选也可另存为查询对象。上述筛选过程若以查询方式保存，过程如图 2-94 所示。

❶、❷ 与图 2-91 及图 2-92 相同，不再赘述。

❸ 在“开始”选项卡“排序和筛选”群组中选择“高级”选项，在下拉列表中选择“另存为查询”选项。在“另存为查询”对话框中输入查询名称“学生表窗体筛选”，单击“确定”按钮。

❹ 导航栏出现“学生表窗体筛选”对象。双击打开“学生表窗体筛选”对象，显示出结果。

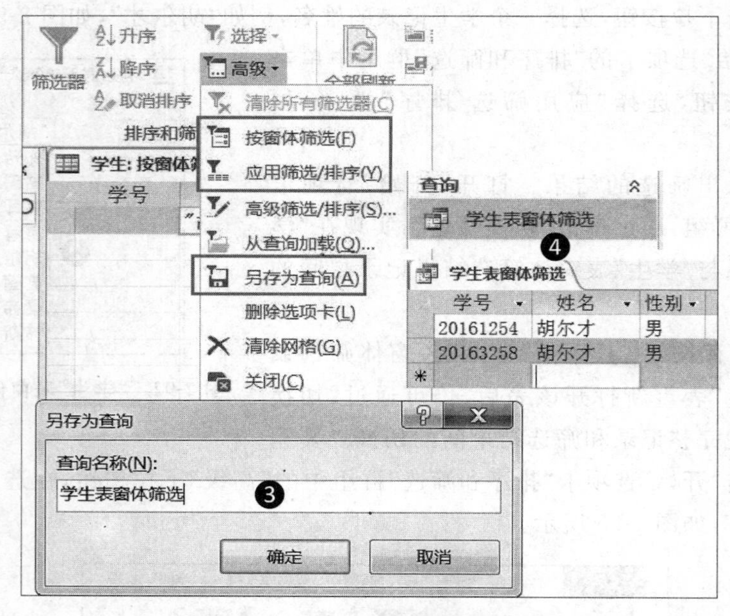

图 2-94 “学生”表窗体筛选保存为查询

2. 基于内容筛选

基于内容筛选，是对数据表中某个数据或某个数据中的部分内容设定筛选。可以采用“选择”方式，也可以采用“文本筛选器”方式。

打开“高校学生信息系统”数据库的“学生”表，用“选择”方式筛选“姓名”字段值为“胡尔才”的学生记录，过程如图 2-95 所示。

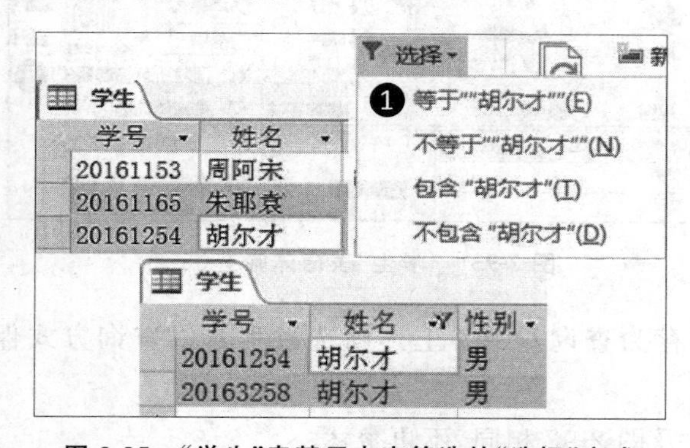

图 2-95 “学生”表基于内容筛选的“选择”方式

❶ 在“高校学生信息系统”数据库中双击打开“学生”表，在“姓名”字段列找到并单击“胡尔才”数据单元格。在“开始”选项卡的“排序和筛选”群组中单击“选择”下拉按钮，单击“等于‘胡尔才’”选项。若此前所选内容为部分内容，则此处单击“包含…”选项即可。单击“保存”按钮，完成设定，显示筛选结果。

打开“高校学生信息系统”数据库的“学生”表，用“文本筛选器”方式筛选“姓名”字段值为“胡尔才”的学生记录，过程如图 2-96 所示。

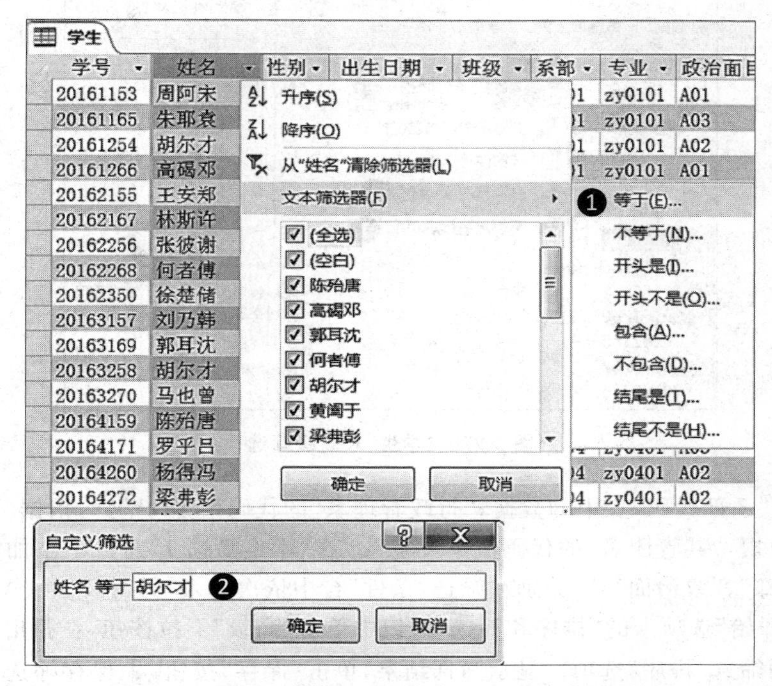

图 2-96 “学生”表基于内容筛选的“文本筛选器”方式

❶ 在“高校学生信息系统”数据库中，双击打开“学生”表，在“姓名”字段找到并右击“胡尔才”单元格，在弹出的快捷菜单中选择“文本筛选器”中的“等于…”选项。若设定为包含某个特定值的筛选，此处可选择“包含…”选项。

❷ 在弹出的“自定义筛选”对话框中输入值“胡尔才”，单击“确定”按钮。单击“保存”按钮，完成筛选设定。

3. 排除内容筛选

排除内容筛选与基于内容筛选功能相反，要求显示结果是排除特定内容以外的记录，或排除特定部分内容的记录。

排除内容筛选的设定过程与基于内容筛选的设定过程基本相似，只是在图 2-96 中根据需要选择“不等于”或“不包含”即可，不再赘述。

4. 高级筛选

打开“高校学生信息系统”数据库“学生”表，用高级筛选方式筛选“性别”字段值为“男”、“系部”字段值为“行政管理系”、“政治面目”字段值为“共青团员”的学生记录，过程如图 2-97 所示。

❶ 在“高校学生信息系统”数据库中双击打开“学生”表，在“开始”选项卡的“排序和筛选”群组中选择“高级”选项中的“高级筛选/排序”选项。

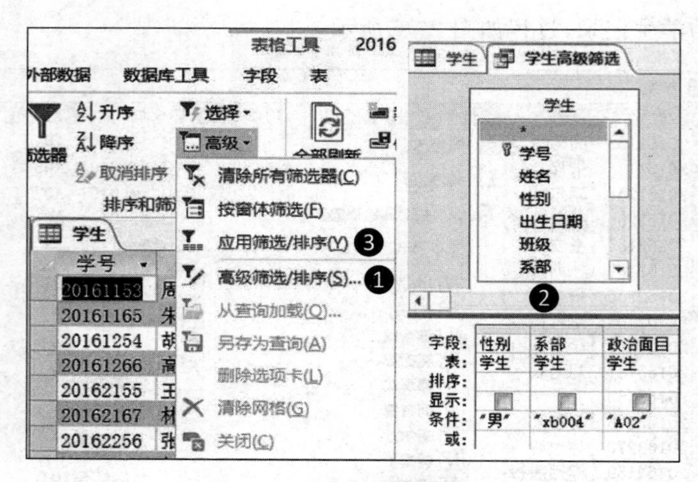

图 2-97 “学生”表高级筛选

❷ 根据“系部代码”表中的数据，“行政管理系”的代码值是 xb004，根据“政治面目代码”表中的数据，“共青团员”的代码值是“A02”。在“学生筛选 1”窗口中添加筛选的字段“性别”、“系部”、“政治面目”，分别在筛选“条件”行中依次输入“男”、xb004、A02。

❸ 在“开始”选项卡的“排序和筛选”群组中单击“高级”下拉按钮，在弹出的快捷菜单中单击“应用筛选/排序”选项。显示筛选结果，单击“保存”按钮，保存筛选。在“开始”选项卡的“排序和筛选”分组中单击“切换筛选”按钮，可以实现“学生”表在筛选结果和完整表记录之间的显示切换。

2.6 表间关系

为避免冗余，尽量使数据库中的每个表存储不同主题的数据。数据库中一般有多个表，这些表之间并不孤立，表间存在联系，即在相关表中设置共同字段，共同字段通常是两个表中同名的字段，并定义表间关系。表间关系使信息查询变得可行有效，减少数据冗余。在通常情况下，相互关联的字段包含数据表的主键，建立表间关系前，应先设定相应各表的主键。

2.6.1 创建关系

创建关系主要在“编辑关系”对话框中进行，“编辑关系”对话框有三个重要选项，分别是“实施参照完整性”、“级联更新相关字段”和“级联删除相关记录”。

建立表间关系时，一般需要设定参照完整性。更新、删除、插入一个表中的数据时，通过参照引用相互关联的表中数据，检查对表数据的操作是否正确。参照完整性要求关系中不允许引用不存在的数据，是相关联表之间的约束，如果在两个表之间建立了关联关系，则对一个表进行的操作要影响到与之关联的另一个表记录。例如，在“学生信息系统”数据库中，“成绩”表中所有记录的“学号”字段数据，都应在“学生”表中有相应学号值的记录，“学生”表中“专业”字段所存储的专业代码，在“专业代码”表中都应有相应记录存在，这样的关系在现实世界中并不少见，也容易理解。创建关系时，若没有勾选“实施参照完整性”，表间关系将不检验是否符合约束性。因此，一般会设定采用“实施参照完整性”。

勾选“级联更新相关字段”时，当主表中的记录更新后，相关联表的相关字段内容会自动更新。例如，若“专业代码”表“代码”字段与“学生”表“专业”字段建立关系，在勾选“级联更新相关字段”选项的情况下，修改更新“专业代码”表的一个“代码”记录，将自动更新“学生”表中的“专业”字段记录。

勾选“级联删除相关记录”时，当主表中删除记录后，相关联表中相关字段涉及的记录将自动删除。例如，若“专业代码”表中的“代码”字段与“学生”表中的“专业”字段建立关系，在勾选“级联删除相关记录”选项的情况下，删除“专业代码”表的一个“代码”记录，将自动删除“学生”表相应“专业”字段值所在的学生记录。

打开“高校学生信息系统”数据库，在相应表间创建表间关系，使数据库符合客观应用需要。过程如图 2-98～图 2-102 所示。

❶ 打开“高校学生信息系统”数据库，在“数据库工具”选项卡的“关系”群组中选择“关系”选项。

❷ 在自动弹出的“显示表”对话框中双击添加“学生”、“专业代码”表。若没有自动弹出“显示表”对话框，可以在“关系”面板中右击空白处，在弹出的快捷菜单中选择“显示表”，即可打开“显示表”对话框，然后添加“学生”和“专业代码”表，如图 2-98 所示。

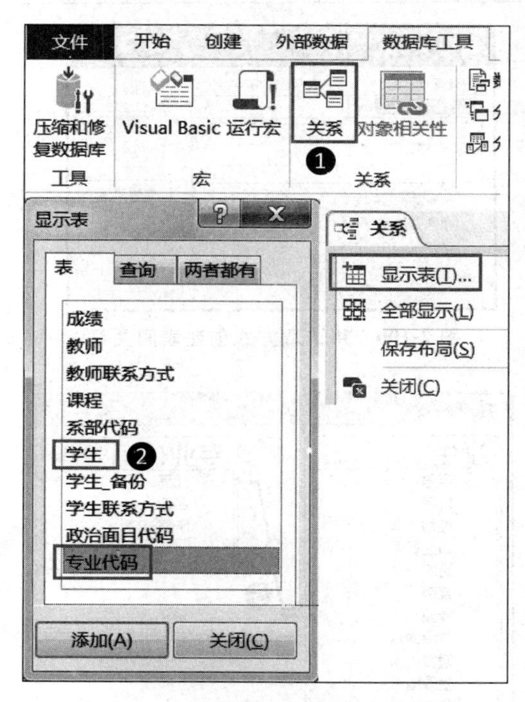

图 2-98 创建表间关系与显示表

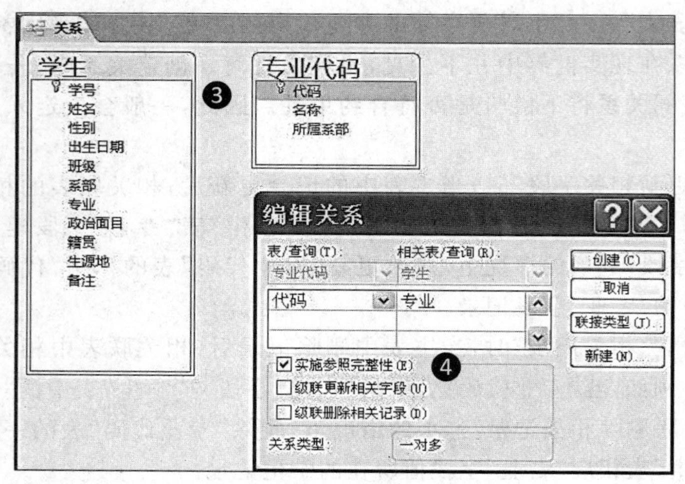

图 2-99 用拖曳方式创建表间关系

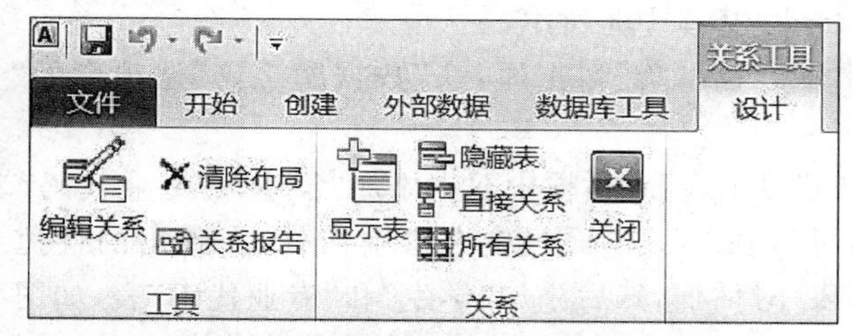

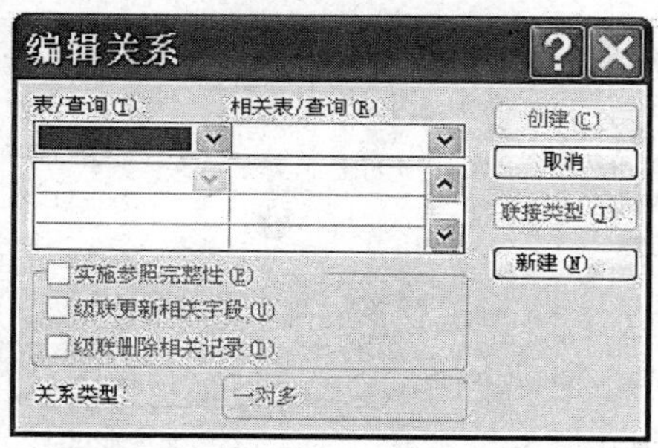

图 2-100 用选取方式创建表间关系

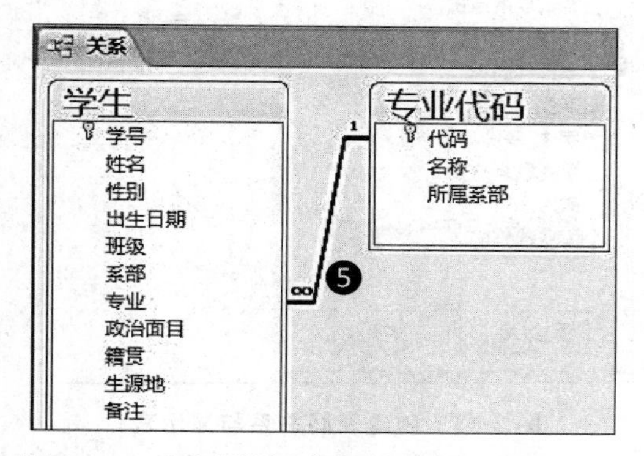

图 2-101 建立“学生”表与“专业代码”表间关系

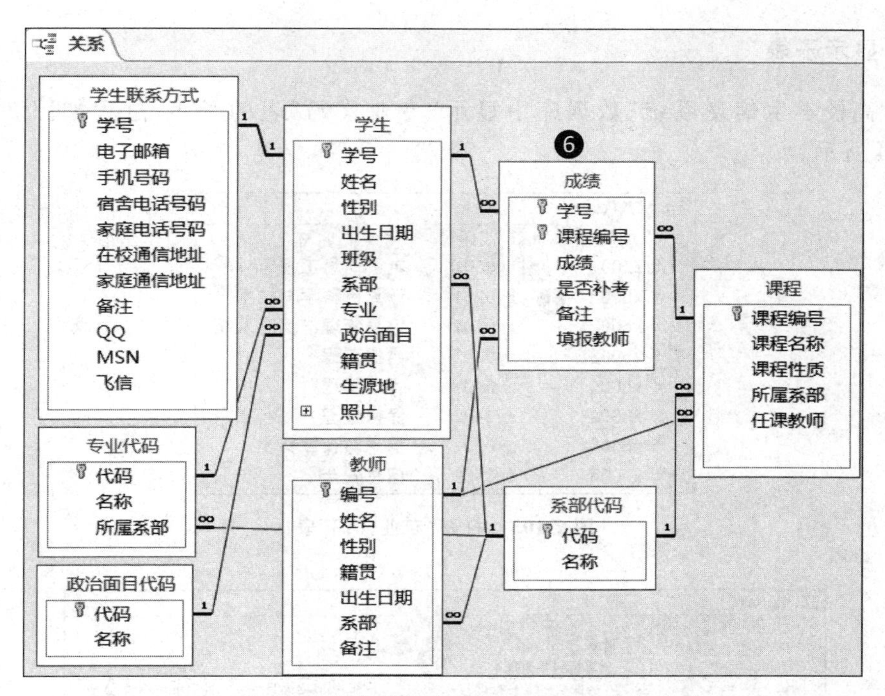

图 2-102　“高校学生信息系统”数据库各表间关系

❸ 创建“学生”和“专业代码”表间关系，在“关系”窗口中选择“专业代码”表的“代码”字段，拖动其至“学生”表“专业”字段。

❹ 在弹出的“编辑关系”对话框中勾选“实施参照完整性”选项，并在对话框中确认，左侧是“专业代码”表“代码”字段，右侧是“学生”表“专业”字段，建立“一对多”的关系，单击“创建”按钮建立关系，如图 2-99 所示。除用拖曳方式外，还可通过在“关系工具设计”选项卡“工具”群组中选择“编辑关系”选项，然后在弹出的“编辑关系”对话框中选择表和字段的方式创建关系，如图 2-100 所示。

❺ 完成操作，建立“学生”和“专业代码”表间关系，如图 2-101 所示。

❻ 在“显示表”窗口中以双击方式添加“成绩”、“教师”、“课程”、“学生联系方式”、“系部代码”、“政治面目代码”表，以相似的过程创建其他表间关系，过程不再详述。建立完各表间关系后，单击“保存”按钮，保存关系。各表间关系如图 2-102 所示。其中“学生”表“学号”字段与“学生联系方式”表“学号”字段是一对一关系（1～1），其他关系都是一对多关系（1～∞）。

2.6.2　子表

在 Access 2013 数据库中，建立一对多的表间关系后，若打开其关系中的“一”方，则“多”方将成为其子数据表，简称子表。

1. 显示子表

在“高校学生信息系统”数据库中显示“专业代码”表的子表，过程如图 2-103 和图 2-104 所示。

专业代码

所属系部	代码	名称
xb001	zy0101	电子信息工程
xb002	zy0201	计算机科学与技术
xb002	zy0202	信息管理与信息系统
xb003	zy0301	通信工程
xb004	zy0401	行政管理
xb004	zy0402	保密管理
xb005	zy0501	信息与计算科学
xb005	zy0502	信息安全

❶

图 2-103　打开“专业代码”表

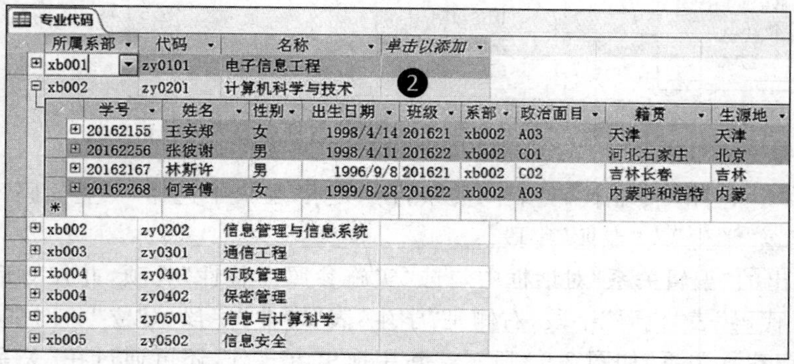

专业代码

所属系部	代码	名称	单击以添加
xb001	zy0101	电子信息工程	
xb002	zy0201	计算机科学与技术	

❷

学号	姓名	性别	出生日期	班级	系部	政治面目	籍贯	生源地
20162155	王安郑	女	1998/4/14	201621	xb002	A03	天津	天津
20162256	张彼谢	男	1998/4/11	201622	xb002	C01	河北石家庄	北京
20162167	林斯许	男	1996/9/8	201621	xb002	C02	吉林长春	吉林
20162268	何者傅	女	1999/8/28	201622	xb002	A03	内蒙呼和浩特	内蒙
*								

所属系部	代码	名称	单击以添加
xb002	zy0202	信息管理与信息系统	
xb003	zy0301	通信工程	
xb004	zy0401	行政管理	
xb004	zy0402	保密管理	
xb005	zy0501	信息与计算科学	
xb005	zy0502	信息安全	

图 2-104　打开“专业代码”表的子表

❶ 在“高校学生信息系统”数据库中双击打开“专业代码”表，单击“计算机科学与技术”所在行的左侧“+”号，打开子表，如图 2-103 所示。

❷ 打开子表的效果如图 2-104 所示。

因“高校学生信息系统”数据库中表间关系所限，“专业代码”表的子表是“学生”表相应数据，即浏览到哪些学生就读于这个专业。

2. 插入子表

在 Access 2013 数据库中，若所建立表间关系符合要求，因表间关系的设定，有的表对多个表构成一对多的关系，但不能在同一级显示多个子表，因此需要使用插入子表功能设定当前需要显示的子表。

在“高校学生信息系统”数据库中，因表间关系的设定，有的表对多个表构成一对多的关系，例如“系部代码”表对“课程”表、“学生”表、“教师”表、“专业代码”表都有一对多关系，因此可以选择插入子表。

在"高校学生信息系统"数据库中为"系部代码"表插入子表。过程如图 2-105～图 2-107 所示。

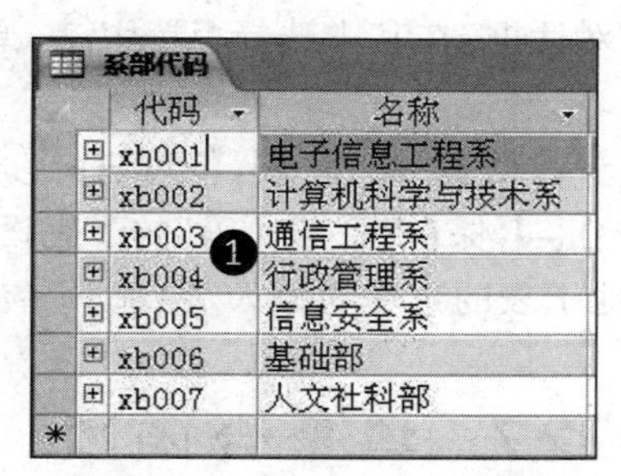

图 2-105 打开"系部代码"表

图 2-106 插入子数据表

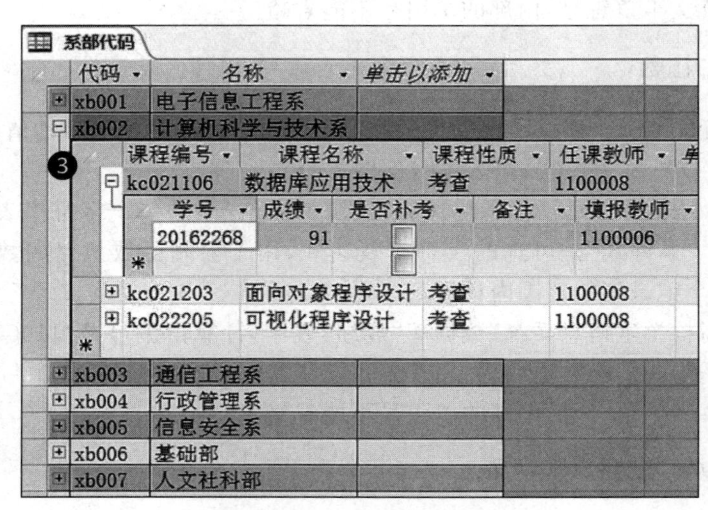

图 2-107 打开子表并保存

❶ 在“高校学生信息系统”数据库中双击打开“系部代码”表,单击“计算机科学与技术”所在行的左侧“+”号,打开子表,如图 2-105 所示。

❷ 弹出“插入子数据表”对话框,在其中选择“课程”表,单击“确定”按钮,如图 2-106 所示。

❸ 打开“系部代码”表的子数据表“课程”表,仍可进一步打开下一层级子数据表“成绩”表的数据。单击“保存”按钮,保存“系部代码”的子表设定,如图 2-107 所示。

“系部代码”表中插入其他子表的过程与插入“课程”子表相似,不再赘述。

2.7 域聚合函数

域聚合函数是一种能对 Access 表中数据进行计算的函数,可以直接在 VBA、宏、查询表达式或计算控件中应用。它能对 Access 数据表中的一些数据进行分析处理,从而获取有价值信息。

Access 中常用的域聚合函数主要有 DSum( )、DAvg( )、DCount( )、DMax( )、DMin( )、DLookup( ),分别说明如下:

1. DSum( )函数

DSum( )函数用于返回指定记录集(即域)中某个字段列数据的和。

语法格式:DSum(表达式,记录集[,条件式])

参数说明:“表达式”用于标识统计的字段。“记录集”是一个字符串表达式,可以是表名或查询名。“条件式”是可选的字符串表达式,用于限制函数执行的计算范围,如果忽略,函数在整个记录集的范围内计算。

例如,在“高校学生信息系统”数据库“成绩”表中,计算由编号为“1100008”的教师所提交的学生成绩总分。函数语句为:DSum(“成绩”,“成绩”,“填报教师=‘1100008’”),其中符号均为英文半角符号,内部的单引号不能省略。

2. DAvg( )函数

DAvg( )函数用于计算指定记录集(即域)中某个字段列数据的平均值。

语法格式:DAvg(表达式,记录集[,条件式])

参数说明:“表达式”用于标识统计的字段。“记录集”是一个字符串表达式,可以是表名或查询名。“条件式”是可选的字符串表达式,用于限制函数执行的数据范围,如果忽略,函数在整个记录集的范围内计算。

例如,在“高校学生信息系统”数据库“成绩”表中,计算由编号是“1100008”的教师提交的学生成绩平均分。函数语句为:DAvg(“成绩”,“成绩”,“填报教师=‘1100008’”),其中符号均为英文半角符号,内部的单引号不能省略。

3. DCount( )函数

DCount( )函数用于返回指定记录集中的记录数。

语法格式：DCount(表达式,记录集[,条件式])

参数说明："表达式"用于标识统计的字段。"记录集"是一个字符串表达式,可以是表名或查询名。"条件式"是可选的字符串表达式,用于限制函数执行的数据范围,如果忽略,函数在整个记录集的范围内计算。

例如,在"高校学生信息系统"数据库"成绩"表中,计算由编号是"1100008"的教师提交的学生成绩数量。函数语句为：DCount("成绩","成绩","填报教师='1100008'"),其中符号均为英文半角符号,内部的单引号不能省略。

4. DMax( )函数

DMax( )函数用于返回指定记录集中某个字段列数据的最大值。

语法格式：DMax(表达式,记录集[,条件式])

参数说明："表达式"用于标识统计的字段。"记录集"是一个字符串表达式,可以是表名或查询名。"条件式"是可选的字符串表达式,用于限制函数执行的数据范围,如果忽略,函数在整个记录集的范围内计算。

例如,在"高校学生信息系统"数据库"成绩"表中,计算由编号是"1100008"的教师提交的学生成绩最高分。函数语句为：DMax("成绩","成绩","填报教师='1100008'"),其中符号均为英文半角符号,其内部的单引号不能省略。

5. DMin( )函数

DMin( )函数用于返回指定记录集中某个字段列数据的最小值。

语法格式：DMin(表达式,记录集[,条件式])

参数说明："表达式"用于标识统计的字段。"记录集"是一个字符串表达式,可以是表名或查询名。"条件式"是可选的字符串表达式,用于限制函数执行的数据范围,如果忽略,函数在整个记录集的范围内计算。

例如,在"高校学生信息系统"数据库"成绩"表中,计算由编号是"1100008"的教师提交的学生成绩最低分。函数语句为：DMin("成绩","成绩","填报教师='1100008'"),其中符号均为英文半角符号,其内部的单引号不能省略。

6. DLookup( )函数

DLookup( )函数用于在指定记录集里检索出特定字段的值。

语法格式：DLookup(表达式,记录集[,条件式])

参数说明："表达式"用于标识统计的字段。"记录集"是一个字符串表达式,可以是表名或查询名。"条件式"是可选的字符串表达式,用于限制函数执行的数据范围,如果忽略,函数在整个记录集的范围内计算。如果有多个字段满足"条件式",DLookup( )函数将返回第一个匹配字段所对应的检索字段值。如果没有记录满足"条件式"指定的条件,DLookup( )函数将返回 NULL。

例如,在"高校学生信息系统"数据库"系部代码"表中,计算出编号是"xb001"的系部名称。函数语句为：DLookup("名称","系部代码","代码='xb001'"),其中符号均为英文半角符号，其内部的单引号不能省略。

小　结

本章通过实例训练方式介绍 Access 2013 数据库中的数据表，说明在 Access 2013 中以多种方法创建数据表，设定数据表的字段常规和查阅属性及其带来的效果。讲解对表记录的常规操作，对表进行查找、替换、排序、筛选等操作，创建表间关系和子表等。本章将成为一系列实例训练的开始。

习　题

1. 请按本章训练详解完成所介绍的 Access 2013 数据库关于数据表的应用实例。

2. 请以本章训练为基础，在“高校学生信息系统”数据库中创建更多具有实际用途的其他数据表，以丰富此数据库系统的基础数据。

第3章 chapter 3

查　询

3.1　查询概述

数据表和查询是 Access 2013 数据库中两种重要的对象。数据库中的数据存储在数据表中，查询是处理和分析数据的工具，是按一定条件在数据中查找相应符合条件的记录，供用户查看、统计、分析和使用。查询是符合一定条件的动态记录集合，并不存储数据记录，查询的数据来自数据表或已建立的查询。不仅可以在单表中查询，也可以在多表中查询，还可以执行对数据进行操作的查询。

在 Access 2013 中，查询有 5 种类型，即选择查询、交叉表查询、参数查询、操作查询和结构化查询语言查询(Structured Query Language，SQL)，本章将分别详解。

为便于训练，复制第 2 章中的“高校学生信息系统”数据库，将其重命名为“学号＋姓名＋_查询_＋高校学生信息系统.扩展名”，如“20168151 测试者_查询_高校学生信息系统.accdb”。本章训练都在此数据库中完成。

3.2　选择查询

选择查询是最常用的查询类型，是根据指定的条件，从一个或多个相互关联的数据源中提取并显示出符合条件的数据。用选择查询可以对数据记录进行分组，并对记录作总计、计数、平均等计算。

创建选择查询有两种方法：一是使用向导创建选择查询，二是使用查询设计视图创建选择查询。

3.2.1　向导创建基本查询

1. 学生基本信息查询

打开“高校学生信息系统”数据库，用查询向导创建查询，对学生基本信息进行查询，命名为“选择查询_向导_学生信息(基本)”查询，包括学号、姓名、性别、班级、生源地。过程如图 3-1～图 3-5 所示。

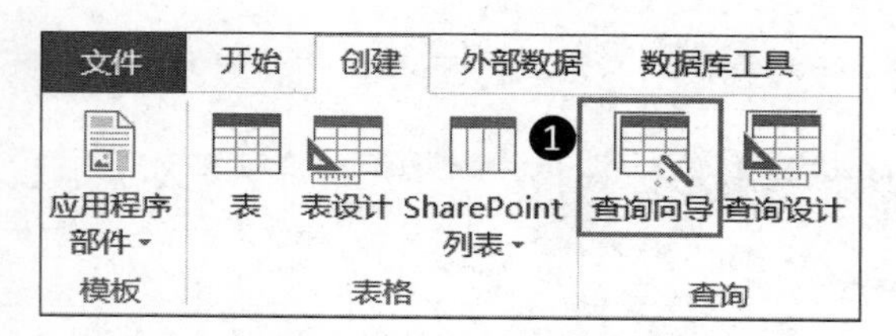

图 3-1 向导创建学生基本信息查询(一)

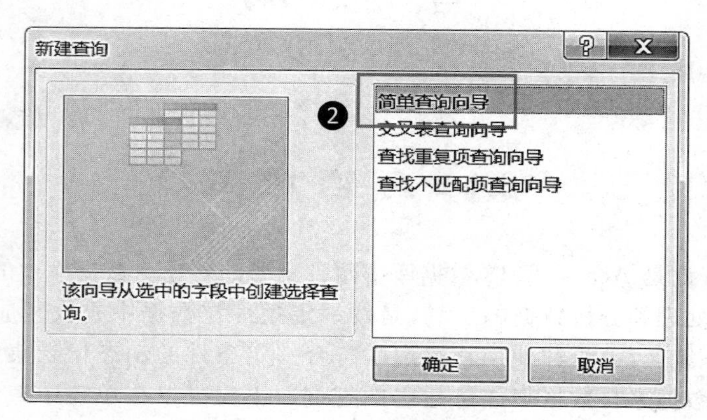

图 3-2 向导创建学生基本信息查询(二)

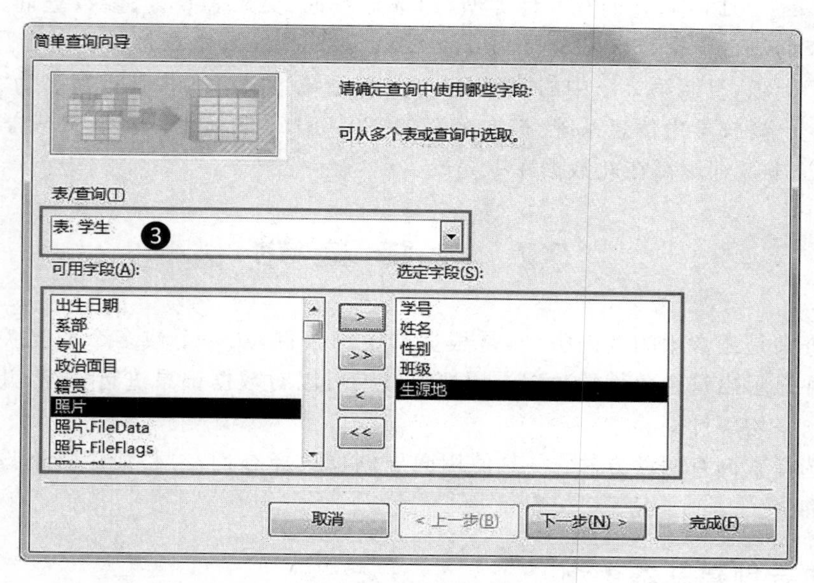

图 3-3 向导创建学生基本信息查询(三)

❶ 选择“创建”选项卡“查询”群组中的“查询向导”选项,如图 3-1 所示。

❷ 在弹出的“新建查询”窗口中选择“简单查询向导”选项,单击“确定”按钮,如图 3-2 所示。

❸ 在弹出的“简单查询向导”对话框的“表/查询”栏中选择“表:学生”,单击 > 按

钮，从“可用字段”栏向“选定字段”栏添加字段“学号”、“姓名”、“性别”、“班级”、“生源地”，单击“下一步”按钮，如图 3-3 所示。

❹ 进入“简单查询向导”窗口的下一阶段，在“请为查询指定标题：”栏中填入“选择查询_向导_学生信息(基本)”，选择“打开查询查看信息”选项，单击“完成”按钮，如图 3-4 所示。

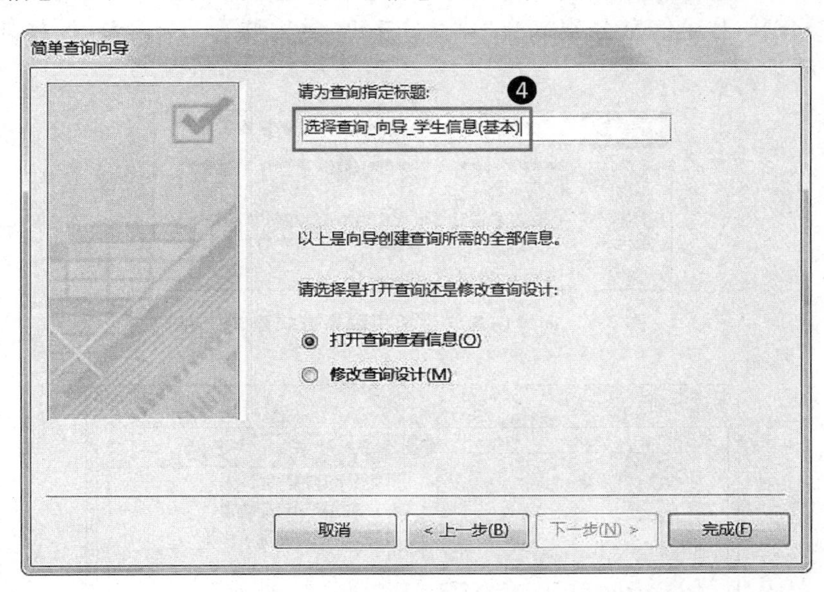

图 3-4　向导创建学生基本信息查询(四)

❺“选择查询_向导_学生信息(基本)”查询创建完成，导航栏中显示出该查询，同时该查询处于打开状态，如图 3-5 所示。

所有 Access 对...

搜索...

表：成绩、教师、课程、系部代码、学生、学生_备份、学生联系方式、政治面目代码、专业代码、教师联系方式

查询：选择查询_向导_学生信息(基...、学生表窗体筛选、学生高级筛选

5

选择查询_向导_学生信息(基本)

学号	姓名	性别	班级	生源地
20161153	周阿宋	男	201611	山东
20161165	朱耶裘	男	201611	辽宁
20161254	胡尔才	男	201612	北京
20161266	高碣邓	女	201612	辽宁
20162155	王安郑	女	201621	天津
20162167	林斯许	男	201621	吉林
20162256	张彼谢	男	201622	北京
20162268	何者傅	女	201622	内蒙
20162350	徐楚储	女	201623	吉林
20163157	刘乃韩	女	201631	河南
20163169	郭耳沈	女	201631	海南
20163258	胡尔才	男	201632	黑龙江
20163270	马也曾	男	201632	关系
20164159	陈殆唐	女	201641	新疆
20164171	罗乎吕	女	201641	江苏
20164260	杨得冯	男	201642	安徽
20164272	梁弗彭	女	201642	湖北
20164361	黄阖于	女	201643	上海
20165162	吴另董	女	201651	重庆
20165263	徐其萧	男	201652	陕西
20165364	孙之程	男	201653	福建
*				

图 3-5　向导创建学生基本信息查询(五)

2. 学生常用联系方式查询

在“高校学生信息系统”数据库中，用查询向导创建查询，对学生联系方式进行查询，命名为“选择查询_向导_学生常用联系方式”查询，包括学号、姓名、手机号、电子邮箱、QQ、飞信、MSN，上述信息分别来自“学生”表和“学生联系方式”表，过程如图 3-6～图 3-11 所示。

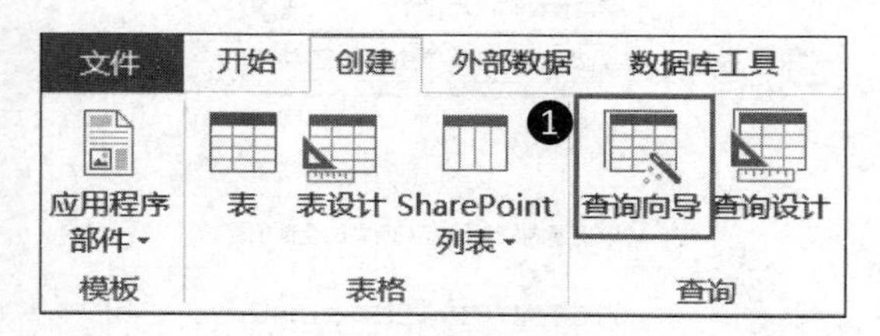

图 3-6　向导创建学生常用联系方式查询(一)

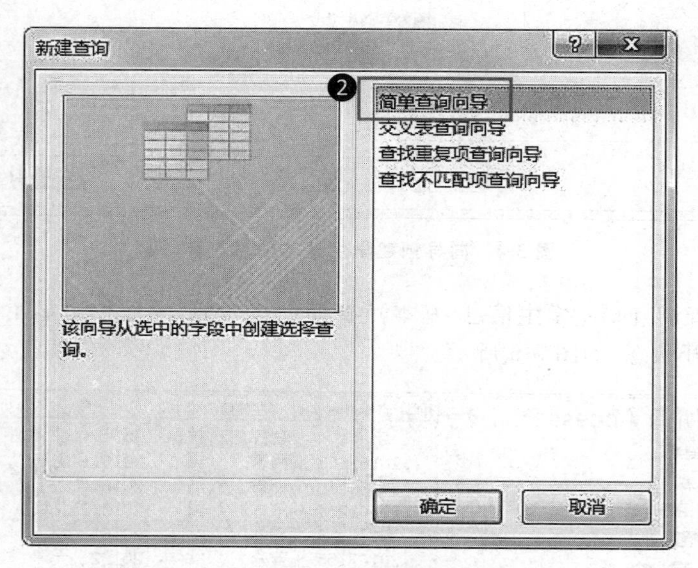

图 3-7　向导创建学生常用联系方式查询(二)

❶ 选择“创建”选项卡“查询”群组中的“查询向导”选项，如图 3-6 所示。

❷ 在弹出的“新建查询”对话框中选择“简单查询向导”选项，单击“确定”按钮，如图 3-7 所示。

❸ 在弹出的“简单查询向导”对话框的“表/查询”栏选择“表：学生联系方式”，单击 > 按钮，从“可用字段”栏向“选定字段”栏依次添加字段“学号”、“手机号码”、“电子邮箱”、QQ、“飞信”、MSN，如图 3-8 所示。

❹ 在同一对话框的“表/查询”栏选择“表：学生”，在“可用字段”栏选择“姓名”，在“选定字段”栏选择“学号”，单击 > 按钮，将把字段“姓名”添加至“学号”字段和“手机号码”字段之间，单击“下一步”按钮，如图 3-9 所示。

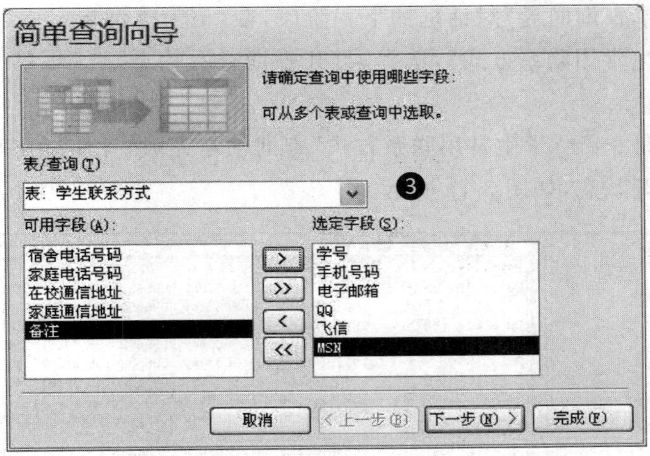

简单查询向导
请确定查询中使用哪些字段:
可从多个表或查询中选取。
表/查询(T)
表: 学生联系方式
3
可用字段(A):
宿舍电话号码
家庭电话号码
在校通信地址
家庭通信地址
备注
选定字段(S):
学号
手机号码
电子邮箱
QQ
飞信
MSN
取消
< 上一步(B)
下一步(N) >
完成(F)

图 3-8 向导创建学生常用联系方式查询(三)

简单查询向导
请确定查询中使用哪些字段:
可从多个表或查询中选取。
表/查询(T)
表: 学生
4
可用字段(A):
学号
性别
出生日期
班级
系部
专业
政治面目
选定字段(S):
学号
姓名
手机号码
电子邮箱
QQ
飞信
MSN
取消
< 上一步(B)
下一步(N) >
完成(F)

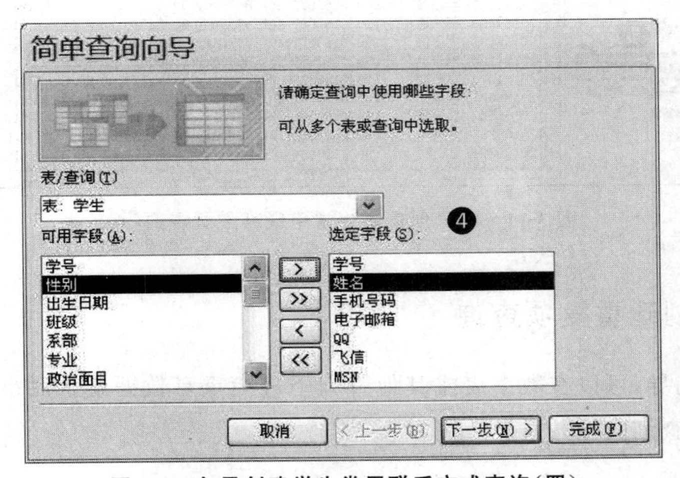

图 3-9 向导创建学生常用联系方式查询(四)

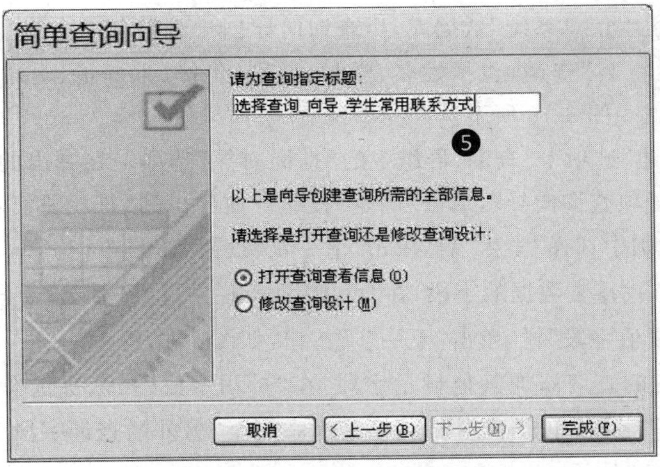

简单查询向导
请为查询指定标题:
选择查询_向导_学生常用联系方式
5
以上是向导创建查询所需的全部信息。
请选择是打开查询还是修改查询设计:
打开查询查看信息(O)
修改查询设计(M)
取消
< 上一步(B)
下一步(N) >
完成(F)

图 3-10 向导创建学生常用联系方式查询(五)

❺ 进入“简单查询向导”对话框的下一阶段，在“请为查询指定标题：”栏中填入“选择查询_向导_学生常用联系方式”，选择“打开查询查看信息”选项，单击“完成”按钮，如图 3-10 所示。

❻ “选择查询_向导_学生常用联系方式”查询创建完成，导航栏中显示出该查询，同时该查询处于打开状态，如图 3-11 所示。

所有 Access 对... ⊙ «
搜索...
表
成绩
教师
课程
系部代码
学生
学生_备份
学生联系方式
政治面目代码
专业代码
教师联系方式
查询
选择查询_向导_学生常用联...
选择查询_向导_学生信息(基...
学生表窗体筛选
学生高级筛选

选择查询_向导_学生常用联系方式

学号	姓名	手机号码	电子邮箱	QQ	飞信	MSN
20161153	周阿宋	19920168653	20168653@my	90966520168	99381632016	99867320168
20161165	朱耶袁	19920168665	20168665@my	90966520168	99381632016	99867320168
20161254	胡尔才	19920168654	20168654@my	90966520168	99381632016	99867320168
20161266	高碣邓	19920168666	20168666@my	90966520168	99381632016	99867320168
20162155	王安郑	19920168655	20168655@my	90966520168	99381632016	99867320168
20162167	林斯许	19920168667	20168667@my	90966520168	99381632016	99867320168
20162256	张彼谢	19920168656	20168656@my	90966520168	99381632016	99867320168
20162268	何者傅	19920168668	20168668@my	90966520168	99381632016	99867320168
20162350	徐楚储	19920168669	20168669@my	90966520168	99381632016	99867320168
20163157	刘乃韩	19920168657	20168657@my	90966520168	99381632016	99867320168
20163169	郭耳沈	19920168669	20168669@my	90966520168	99381632016	99867320168
20163258	胡尔才	19920168658	20168658@my	90966520168	99381632016	99867320168
20163270	马也曾	19920168670	20168670@my	90966520168	99381632016	99867320168
20164159	陈殆唐	19920168659	20168659@my	90966520168	99381632016	99867320168
20164171	罗乎吕	19920168671	20168671@my	90966520168	99381632016	99867320168
20164260	杨得冯	19920168660	20168660@my	90966520168	99381632016	99867320168
20164272	梁弗彭	19920168672	20168672@my	90966520168	99381632016	99867320168
20164361	黄阖于	19920168661	20168661@my	90966520168	99381632016	99867320168
20165162	吴另董	19920168662	20168662@my	90966520168	99381632016	99867320168
20165263	徐其萧	19920168663	20168663@my	90966520168	99381632016	99867320168
20165364	孙之程	19920168664	20168664@my	90966520168	99381632016	99867320168

图 3-11 向导创建学生常用联系方式查询（六）

3.2.2 向导创建重复项查询

通过查询向导，可以在数据表或其他查询中查找重复数据或字段重复值，创建时选用“查找重复项查询向导”。

1. 向导创建学生重名查询

打开“高校学生信息系统”数据库，用查询向导创建对重名学生的查询，命名为“选择查询_向导_学生重名”查询，包括姓名、学号、性别、班级、生源地，上述信息来自“学生”表，过程如图 3-12～图 3-16 所示。

❶ 选择“创建”选项卡“查询”群组中的“查询向导”选项。在弹出的“新建查询”窗口中选择“查找重复项查询向导”，单击“确定”按钮。在弹出的“查找重复项查询向导”对话框的“表”视图类别中选择“学生”表，单击“下一步”按钮，如图 3-12 所示。

❷ 添加要查找重复数据的字段，在“可用字段”栏中选择“姓名”字段，单击 > 按钮，将其添加至“重复值字段”栏，单击“下一步”按钮，如图 3-13 所示。

❸ 为所创建的查询添加其他显示字段，在“可用字段”栏依次选择“学号”、“性别”、“班级”、“生源地”字段，单击 > 按钮，将其都添加至“另外的查询字段”栏中，单击“下一步”按钮，如图 3-14 所示。

❹ 在“请指定查询的名称”栏中输入“选择查询_向导_学生重名”，在“请选择是查看还是修改查询设计”栏中选择“查看结果”，单击“完成”按钮，如图 3-15 所示。

❺ 查询创建完成，导航栏中显示“选择查询_向导_学生重名”，并且该查询以数据视图方式显示查询结果，如图 3-16 所示。

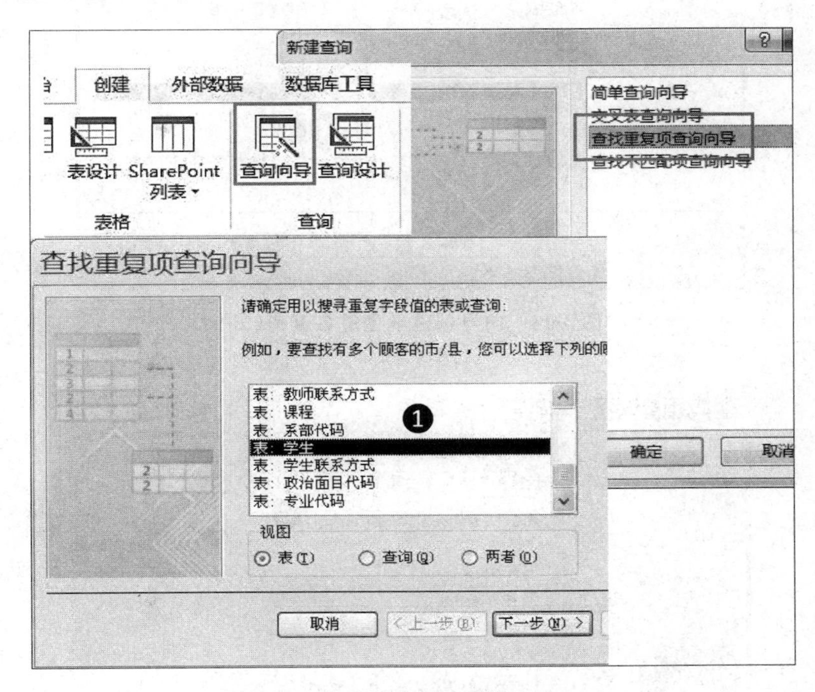

图 3-12　向导创建学生重名查询(一)

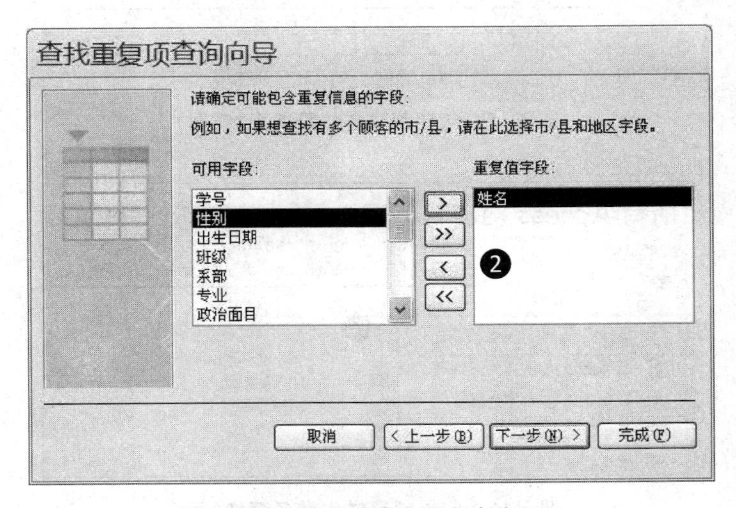

图 3-13　向导创建学生重名查询(二)

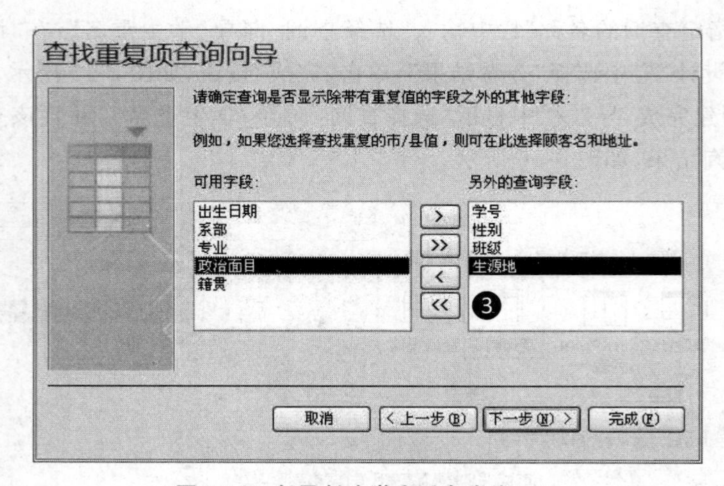

图 3-14 向导创建学生重名查询(三)

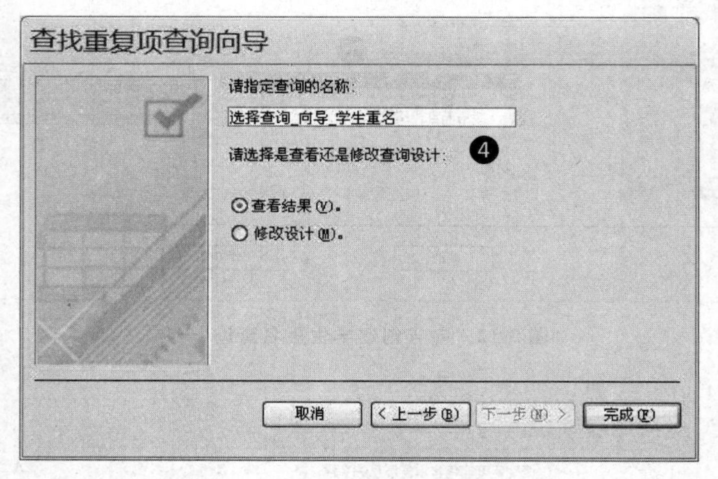

图 3-15 向导创建学生重名查询(四)

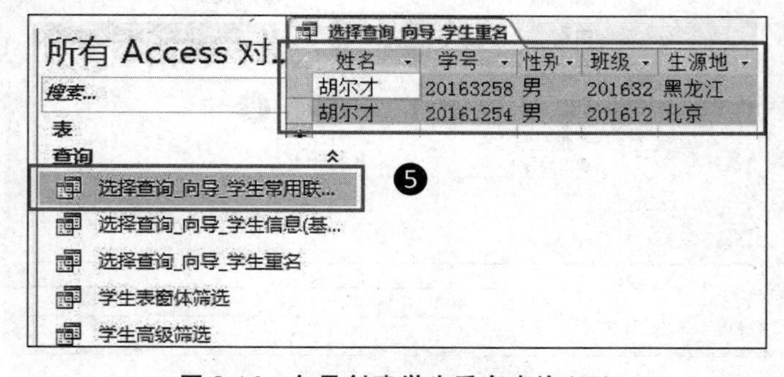

图 3-16 向导创建学生重名查询(五)

2. 向导创建学生重名人数计数查询

打开“高校学生信息系统”数据库，用查询向导创建对重名学生计数查询，命名为“选择查询_向导_学生重名计数”查询，数据来自“学生”表，过程如图 3-17～图 3-19 所示。

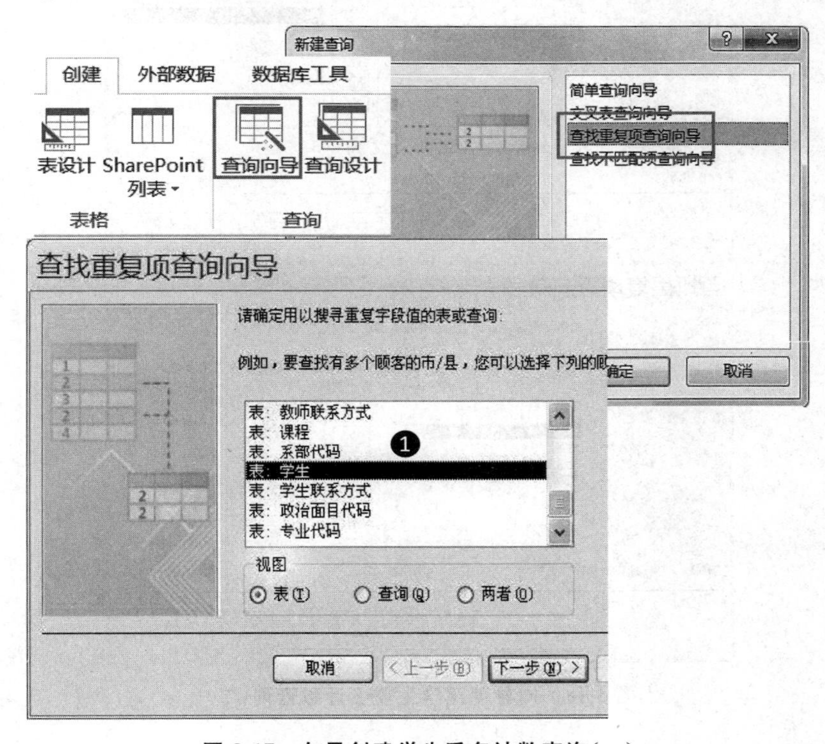

图 3-17　向导创建学生重名计数查询(一)

❶ 选择“创建”选项卡“查询”群组中的“查询向导”选项。在弹出的“新建查询”窗口中选择“查找重复项查询向导”，单击“确定”按钮。在弹出的“查找重复项查询向导”对话框的“表”视图类别中选择“学生”表，单击“下一步”按钮，如图 3-17 所示。

❷ 添加要查找重复数据的字段，在“可用字段”栏中选择“姓名”字段，单击 > 按钮，将其添加至“重复值字段”栏，单击“下一步”按钮。

❸ 不添加“另外的查询字段”，单击“下一步”按钮，如图 3-18 所示。

❹ 在“请指定查询的名称”栏中输入“选择查询_向导_学生重名计数”，在“请选择是查看还是修改查询设计”栏中选择“查看结果”，单击“完成”按钮。

❺ 查询创建完成，导航栏中显示“选择查询_向导_学生重名计数”，并且该查询以数据视图方式显示查询结果，如图 3-19 所示。

3.2.3 向导创建不匹配项查询

通过查询向导，可以在两个表或其他查询之间对比数据，在一个数据源中查找另一个数据源中没有的数据，创建时选用“查找不匹配项查询向导”。

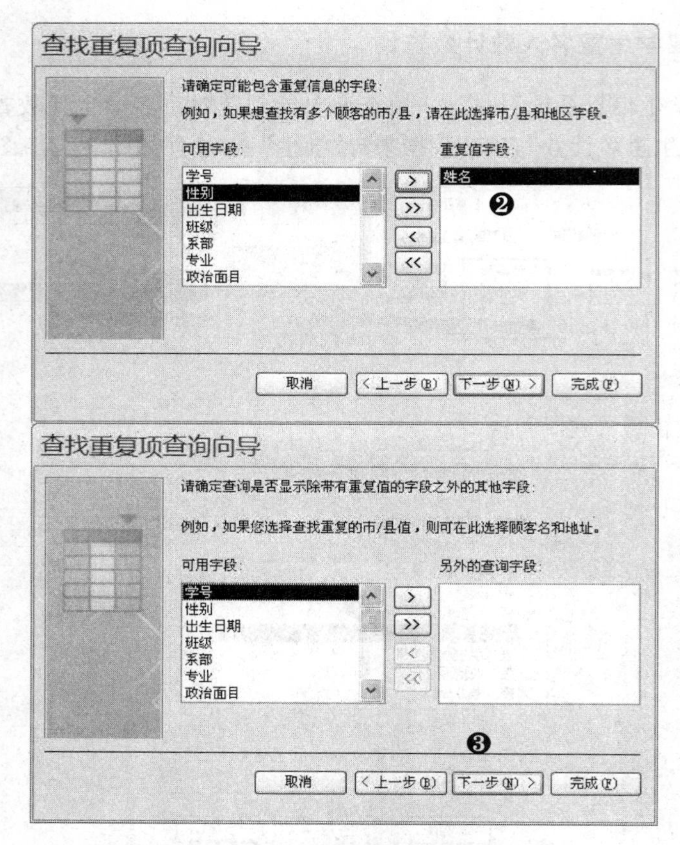

图 3-18　向导创建学生重名计数查询(二)

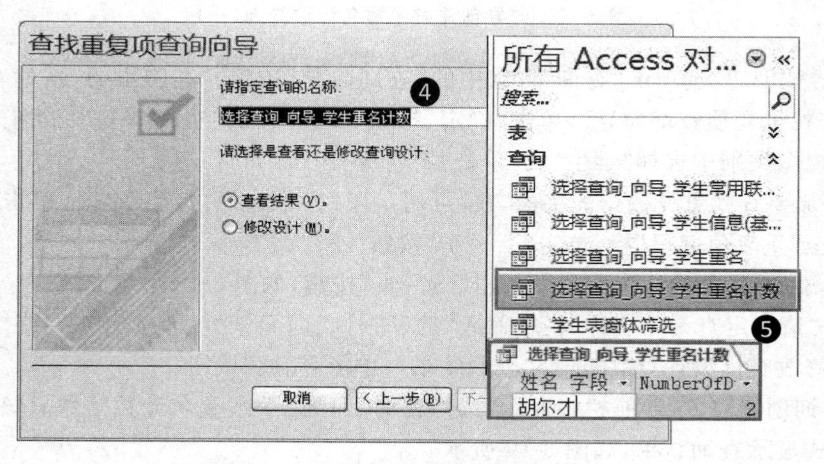

图 3-19　向导创建学生重名计数查询(三)

1. 向导创建无课教师查询

打开“高校学生信息系统”数据库，用查询向导创建无课教师的查询，命名为“选择查询_向导_无课教师”查询，包括教师编号、教师姓名、教师性别、教师所在系部。上述信息来自“教师”表，但作为不匹配项查询，还需要“课程”表进行数据对比，过程如图 3-20～图 3-24 所示。

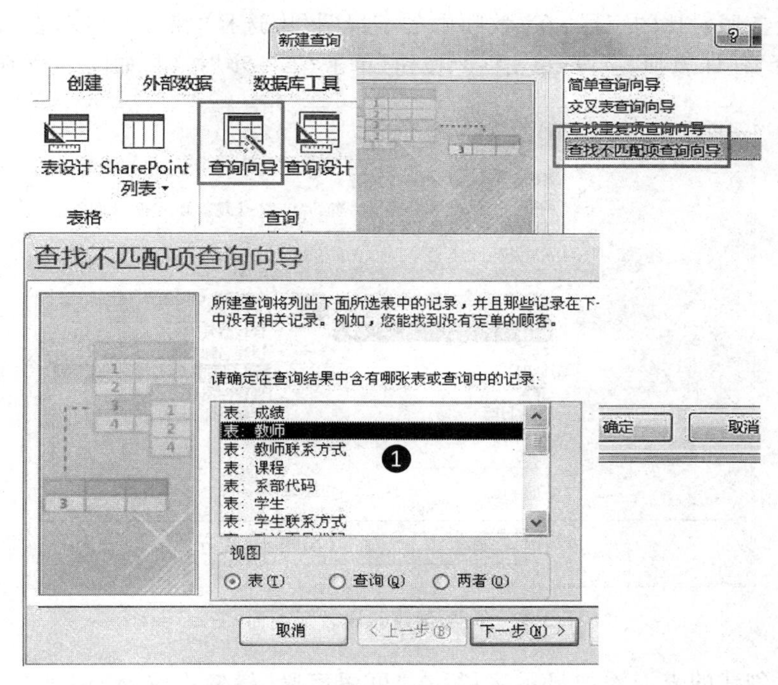

图 3-20　向导创建无课教师查询(一)

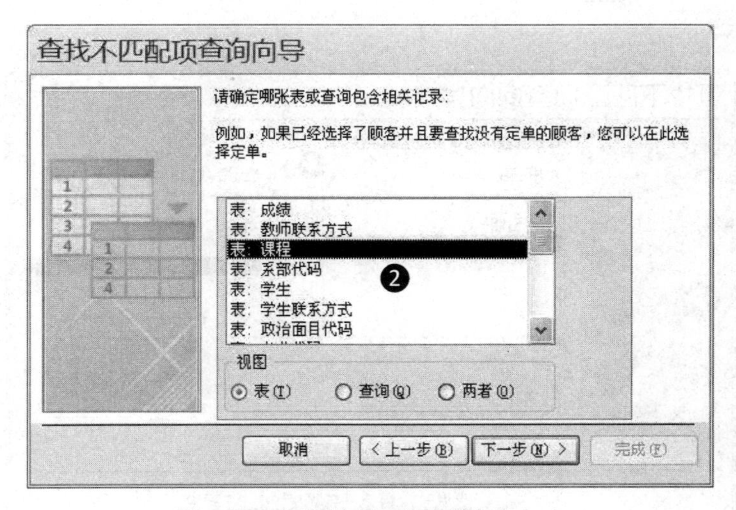

图 3-21　向导创建无课教师查询(二)

❶ 选择“创建”选项卡“查询”群组中的“查询向导”选项。在弹出的“新建查询”对话框中选择“查找不匹配项查询向导”，单击“确定”按钮。在弹出的“查找不匹配项查询向导”对话框中设定查询数据源，即“教师”表，在“表”视图类别中选择“教师”表，单击“下一

步”按钮，如图 3-20 所示。

❷ 设定参照对比的数据源，即“课程”表，在“教师”表中查找“课程”表找不到的教师，在“表”视图类别中选择“课程”表，单击“下一步”按钮，如图 3-21 所示。

❸ 设定参照对比的字段，在“教师中的字段”栏中选择“编号”字段，在“课程中的字段”栏中选择“任课教师”字段，单击 <=> 按钮，单击“下一步”按钮，如图 3-22 所示。

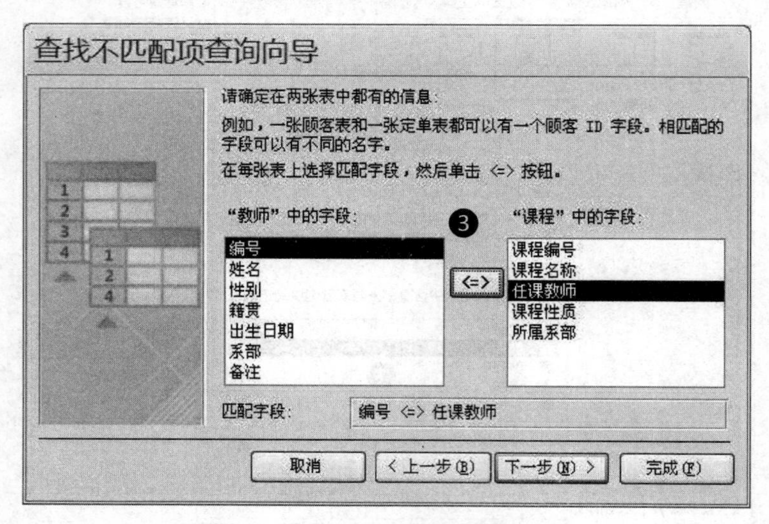

图 3-22 向导创建无课教师查询(三)

❹ 为所创建的查询添加显示字段，在“可用字段”栏依次选择“编号”、“姓名”、“性别”、“系部”字段，单击 > 按钮，将其都添加至“选定字段”栏中，单击“下一步”按钮，如图 3-23 所示。

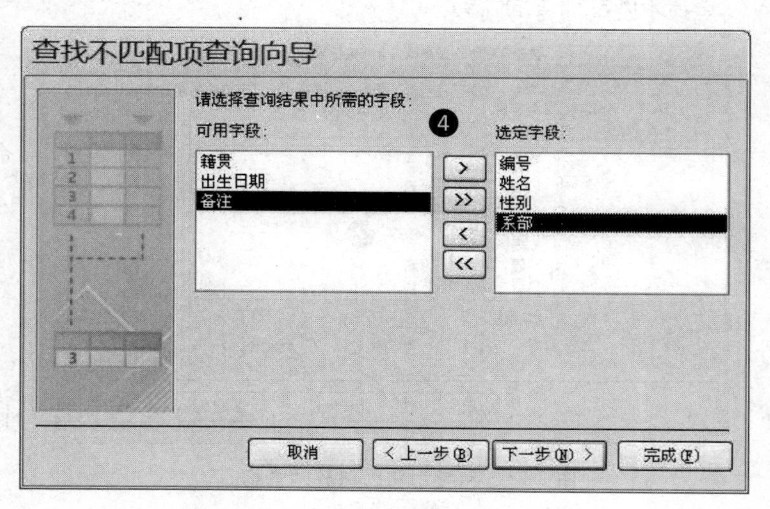

图 3-23 向导创建无课教师查询(四)

❺ 在“请指定查询名称”栏中输入“选择查询_向导_无课教师”，在“请选择是查看还是修改查询设计”栏中选择“查看结果”，单击“完成”按钮。

❻ 查询创建完成，导航栏中显示“选择查询_向导_无课教师”，并且该查询以数据视图方式显示查询结果，如图 3-24 所示。

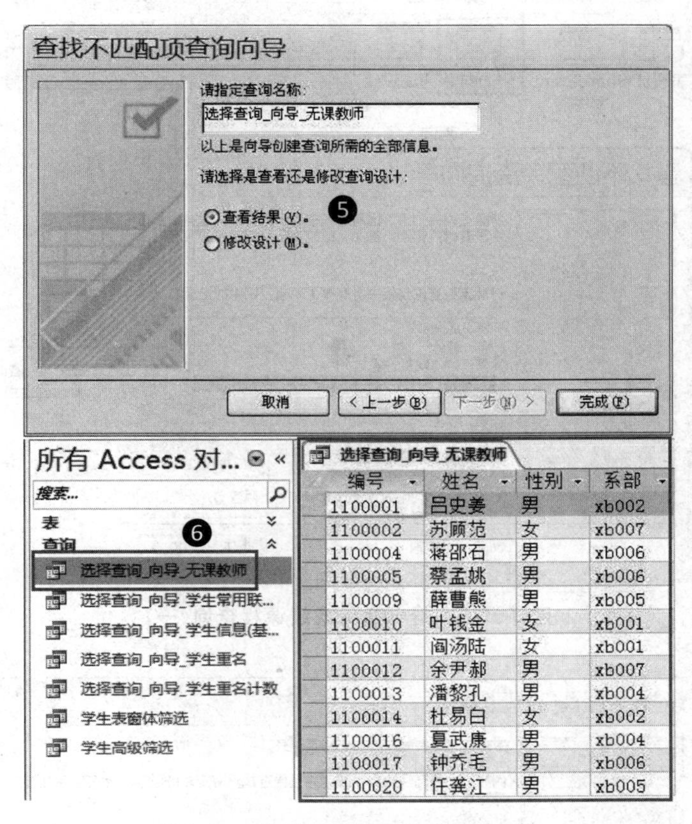

图 3-24　向导创建无课教师查询(五)

2. 向导创建无成绩课程查询

打开“高校学生信息系统”数据库，用查询向导创建无成绩课程的查询，命名为“选择查询_向导_无成绩课程”查询，包括课程编号、课程名称、任课教师、所属系部。上述信息来自“课程”表，但作为不匹配项查询，还需要“成绩”表进行数据对比，过程如图 3-25～图 3-29 所示。

❶ 选择“创建”选项卡“查询”群组中的“查询向导”选项。在弹出的“新建查询”对话框中选择“查找不匹配项查询向导”，单击“确定”按钮。在弹出的“查找不匹配项查询向导”对话框中设定查询数据源，即“课程”表，在“表”视图类别中选择“课程”表，单击“下一步”按钮，如图 3-25 所示。

❷ 对话框中“请确定哪张表或查询包含相关记录”的提示，表示设定参照对比的数据源，即“成绩”表，在“课程”表中查找“成绩”表找不到的课程，在“表”视图类别中选择“成绩”表，单击“下一步”按钮，如图 3-26 所示。

❸ 对话框中“请确定在两张表中都有的信息”，表示设定参照对比的字段，在“课程中

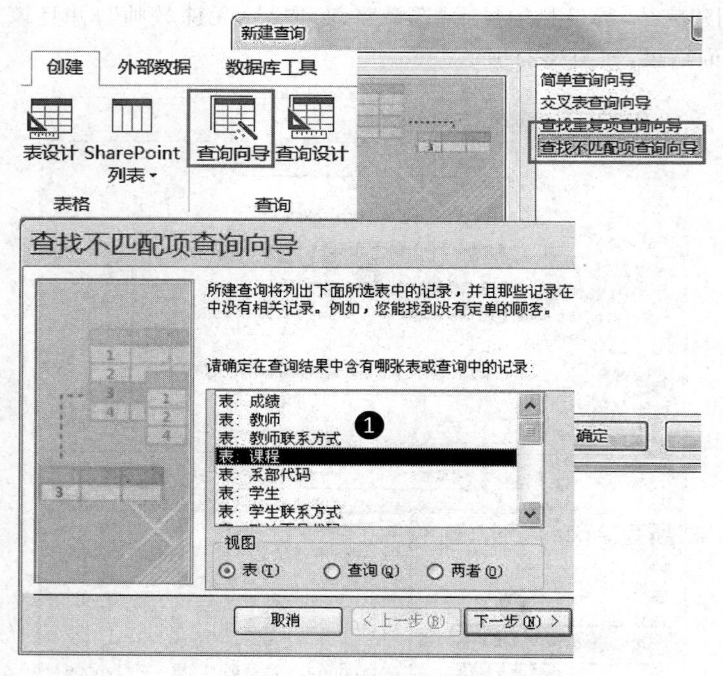

图 3-25 向导创建无成绩课程查询(一)

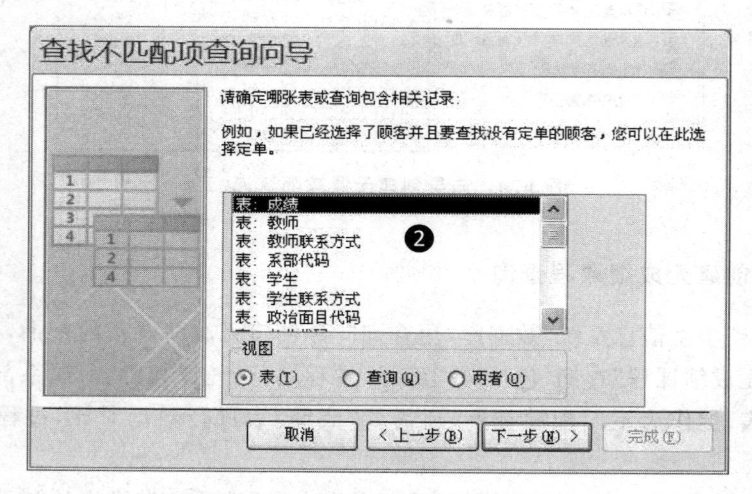

图 3-26 向导创建无成绩课程查询(二)

的字段”中选择“课程编号”字段，在“成绩中的字段”中选择“课程编号”字段，单击<=>按钮，以建立对比关系，单击“下一步”按钮，如图 3-27 所示。

❹ 对话框中“请选择查询结果中所需的字段”，即为所创建的查询添加显示字段，在“可用字段”栏依次选择“课程编号”、“课程名称”、“任课教师”、“所属系部”字段，单击>按钮，将其都添加至“选定字段”栏中，单击“下一步”按钮，如图 3-28 所示。

❺ 在“请指定查询名称”栏中输入“选择查询_向导_无成绩课程”，在“请选择是查看

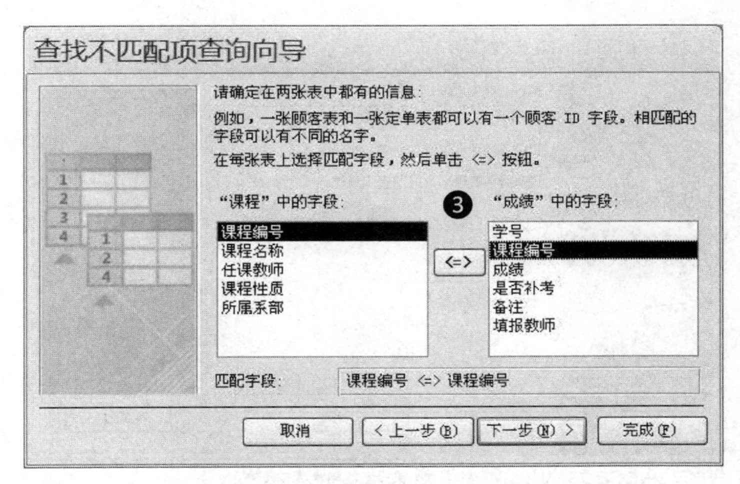

图 3-27　向导创建无成绩课程查询(三)

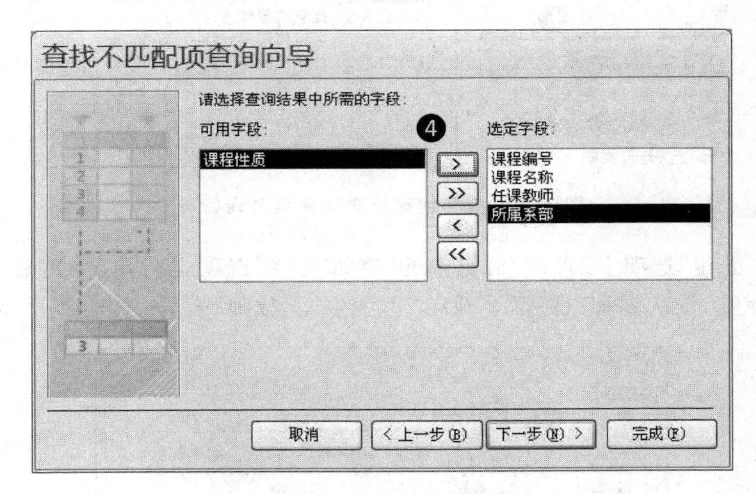

图 3-28　向导创建无成绩课程查询(四)

还是修改查询设计"栏中选择"查看结果"，单击"完成"按钮。

❻ 查询创建完成，导航栏中显示"选择查询_向导_无成绩课程"，该查询以数据视图方式显示查询结果，如图 3-29 所示。

3.2.4　设计视图创建基本查询

1. 课程基本成绩查询

打开"高校学生信息系统"数据库，用查询设计创建对课程成绩的基本查询，命名为"选择查询_查询设计_课程成绩(基本)"查询，包括课程名、学号、姓名、成绩、是否补考、填报教师姓名，上述信息将分别来自"成绩"表、"课程"表、"学生"表和"教师"表，过程如图 3-30～图 3-33 所示。

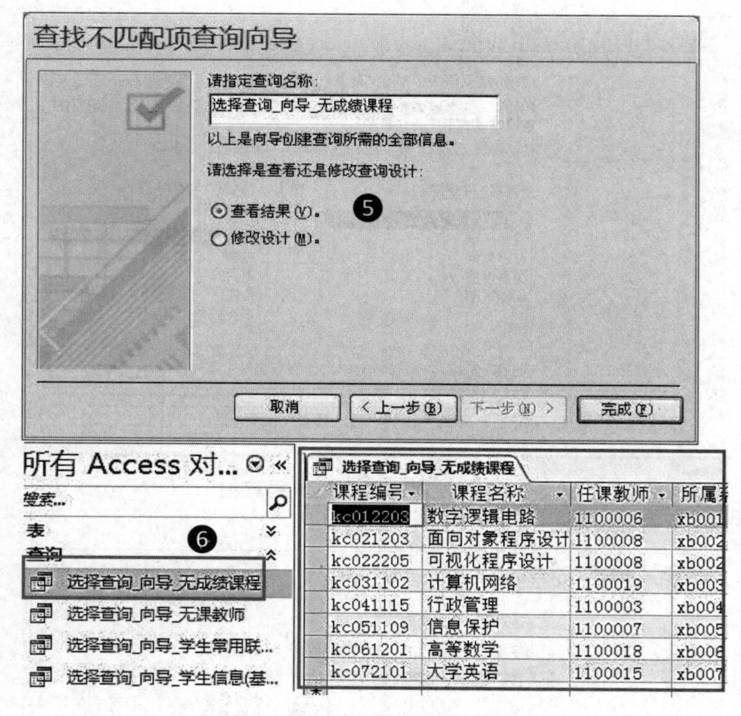

图 3-29 向导创建无成绩课程查询(五)

❶ 选择“创建”选项卡“查询”群组中的“查询设计”选项。在弹出的“显示表”对话框中选择“表”标签,依次添加“课程”、“成绩”、“学生”、“教师”表,如图3-30所示。

图 3-30 查询设计视图创建课程基本成绩查询(一)

❷ 添加上述 4 个表后，在设计视图的“字段列表区”中显示 4 个表的情况。在设计视图的“设计网格区”为查询添加字段，在“表”栏中选择“课程”表，在字段栏中选择“课程名称”，按次序依次添加“成绩”表的“学号”字段、“学生”表的“姓名”字段、“成绩”表的“成绩”字段、“成绩”表的“是否补考”字段、“教师”表的“姓名”字段，如图 3-31 所示。

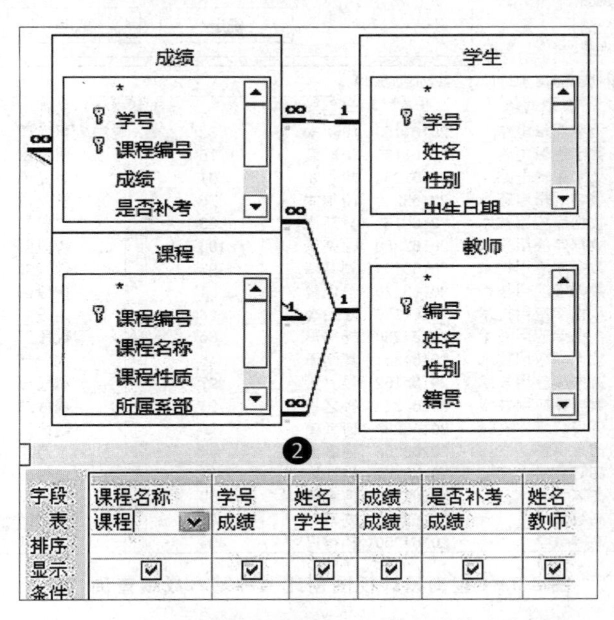

图 3-31 查询设计视图创建课程基本成绩查询(二)

❸ 在“查询工具设计”选项卡的“结果”群组中单击“运行”按钮。以数据视图方式显示查询执行结果，如图 3-32 所示。

查询工具
文件 开始 创建 外部数据 数据库工具 设计
视图 运行 选择 生成表 追加 更新 交叉表 删除 联合 传递 数据定义
结果 查询类型
查询1

课程名称	学号	学生.姓名	成绩	是否补考	教师.姓名
数字逻辑电路	20161153	周阿宋	82	☐	贾龙谭
数字逻辑电路	20161165	朱耶袁	76	☐	贾龙谭
数字逻辑电路	20161254	胡尔才	91	☐	贾龙谭
数字逻辑电路	20163258	胡尔才	76	☐	贾龙谭

图 3-32 查询设计视图创建课程基本成绩查询(三)

❹ 单击“保存”按钮。在弹出的“另存为”对话框中输入“选择查询_查询设计_课程成绩(基本)”，作为查询对象的名称，单击“确定”按钮。查询创建完成，请浏览查看，如图 3-33 所示。

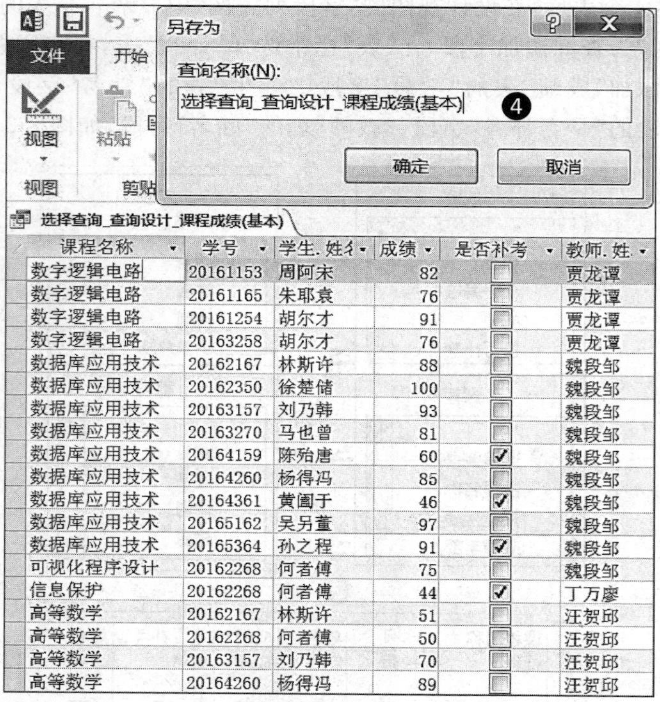

选择查询_查询设计_课程成绩(基本)

课程名称	学号	学生.姓名	成绩	是否补考	教师.姓
数字逻辑电路	20161153	周阿宋	82	☐	贾龙谭
数字逻辑电路	20161165	朱耶袁	76	☐	贾龙谭
数字逻辑电路	20161254	胡尔才	91	☐	贾龙谭
数字逻辑电路	20163258	胡尔才	76	☐	贾龙谭
数据库应用技术	20162167	林斯许	88	☐	魏段邹
数据库应用技术	20162350	徐楚储	100	☐	魏段邹
数据库应用技术	20163157	刘乃韩	93	☐	魏段邹
数据库应用技术	20163270	马也曾	81	☐	魏段邹
数据库应用技术	20164159	陈殆唐	60	☑	魏段邹
数据库应用技术	20164260	杨得冯	85	☐	魏段邹
数据库应用技术	20164361	黄阖于	46	☑	魏段邹
数据库应用技术	20165162	吴另董	97	☐	魏段邹
数据库应用技术	20165364	孙之程	91	☑	魏段邹
可视化程序设计	20162268	何者傅	75	☐	魏段邹
信息保护	20162268	何者傅	44	☑	丁万廖
高等数学	20162167	林斯许	51	☐	汪贺邱
高等数学	20162268	何者傅	50	☐	汪贺邱
高等数学	20163157	刘乃韩	70	☐	汪贺邱
高等数学	20164260	杨得冯	89	☐	汪贺邱

图 3-33　查询设计视图创建课程基本成绩查询(四)

2. 某门课程优秀成绩查询

打开“高校学生信息系统”数据库，用查询设计创建对某门课程的优秀成绩查询。以“数据库应用技术”为例，命名为“选择查询_查询设计视图_数据库应用技术优秀成绩”查询，包括课程名、学生学号、学生姓名、学生成绩、是否补考。根据查询要求，课程名应为“数据库应用技术”，学生成绩应不低于 90 分，是否补考应为“否”，并且不必显示该字段，上述信息分别来自“成绩”表、“课程”表、“学生”表，过程如图 3-34～图 3-37 所示。

❶ 选择“创建”选项卡“查询”群组中的“查询设计”选项。在弹出的“显示表”对话框的“表”标签中按住 Ctrl 键，选择“课程”、“成绩”、“学生”表，单击“添加”按钮，如图 3-34 所示。

❷ 添加上述表后，在设计视图的“设计网格区”中显示相应表的情况。选择查询的设计视图分为上下两个部分，上部为数据源显示区，下部为设计网格区。在设计网格区依次添加“课程”表的“课程名称”字段、“成绩”表的“学号”字段、“学生”表的“姓名”字段、“成绩”表的“成绩”字段、“成绩”表的“是否补考”字段，这些字段的“显示”栏默认是被勾选状态，在“是否补考”字段去掉“显示”勾选，在“是否补考”字段“条件”中输入“False”，在“成绩”字段“条件”栏中输入“>=90”，在“课程名称”字段输入“数据库应用技术”(输入时，可以使用英文半角双引号，也可以不使用，由 Access 2013 自动添加)，如图 3-35 所示。

图 3-34 查询设计创建“数据库应用技术”课程优秀成绩查询(一)

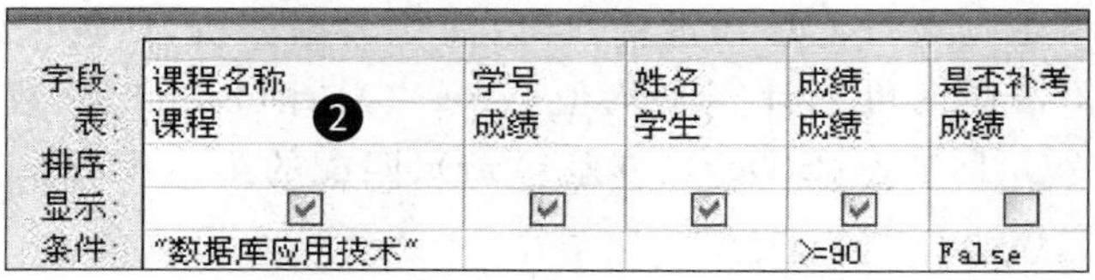

字段:	课程名称	学号	姓名	成绩	是否补考
表:	课程	成绩	学生	成绩	成绩
排序:					
显示:	☑	☑	☑	☑	☐
条件:	"数据库应用技术"			>=90	False

图 3-35 查询设计创建数据库应用技术课程优秀成绩查询(二)

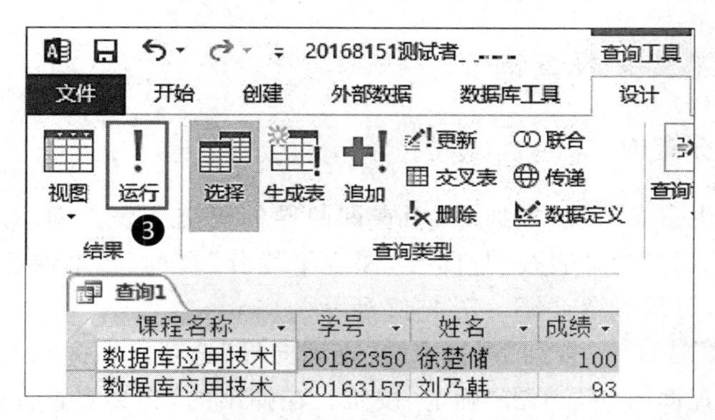

图 3-36 查询设计视图创建数据库应用技术课程优秀成绩查询(三)

❸ 在“查询工具设计”选项卡“结果”群组中单击“运行”按钮❗。将显示出查询执行结果,如图 3-36 所示。

❹ 单击“保存”按钮💾,将弹出“另存为”对话框,输入“选择查询_查询设计视图_数据库应用技术优秀成绩”,作为查询对象的名称,单击“确定”按钮,查询创建完成,如图 3-37

所示。

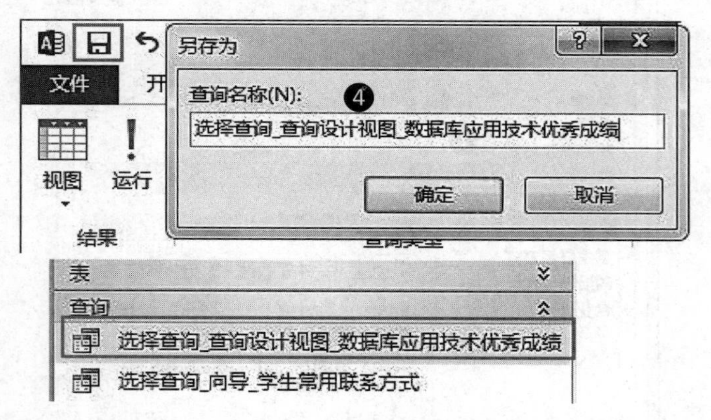

图 3-37 查询设计视图创建数据库应用技术课程优秀成绩查询(四)

3.3 交叉表查询

交叉表查询是 Access 2013 的一种特殊查询,是对基表或查询中的数据进行计算和重构,对数据库中的数据进行汇总和重构,可以简化数据分析,使数据结构更紧凑、显示形式更清晰。交叉表查询可以计算平均值(Avg)、总计(Sum)、计数(Count)、最大值(Max)、最小值(Min)、标准差(StDev)、方差(Var)、匹配的第一项(First)、匹配的最后一项(Last)等。

在 Access 2013 中,创建交叉表查询有两种方法:一种是使用向导创建交叉表查询,另一种是使用查询设计视图创建交叉表查询。

3.3.1 向导创建交叉表查询

1. 课程平均分查询

打开“高校学生信息系统”数据库,用查询向导创建交叉表查询,对各门课程的平均成绩进行查询,命名为“交叉表查询_向导_课程平均分”查询,包括课程编号、平均分、学号、相关成绩记录,过程如图 3-38～图 3-42 所示。

❶ 选择“创建”选项卡“查询”群组中的“查询向导”选项。在弹出的“新建查询”对话框中选择“交叉表查询向导”,单击“确定”按钮。在弹出的“交叉表查询向导”对话框中设定查询数据源,查询数据源必须为某个数据表或查询,交叉表查询涉及的所有字段应处于该数据源内,即“成绩”表,在“视图”中选择“表”,在“请指定哪个表或查询中含有交叉表查询结果所需的字段”中选择“成绩”表,单击“下一步”按钮,如图 3-38 所示。

❷ 对话框中有“请确定用哪些字段的值作为行标题”的提示信息,表示设定交叉表查询结果的行标题,在“可用字段”栏中选择“课程编号”字段,单击 > 按钮,将其添加至“选定字段”栏中,单击“下一步”按钮,如图 3-39 所示。

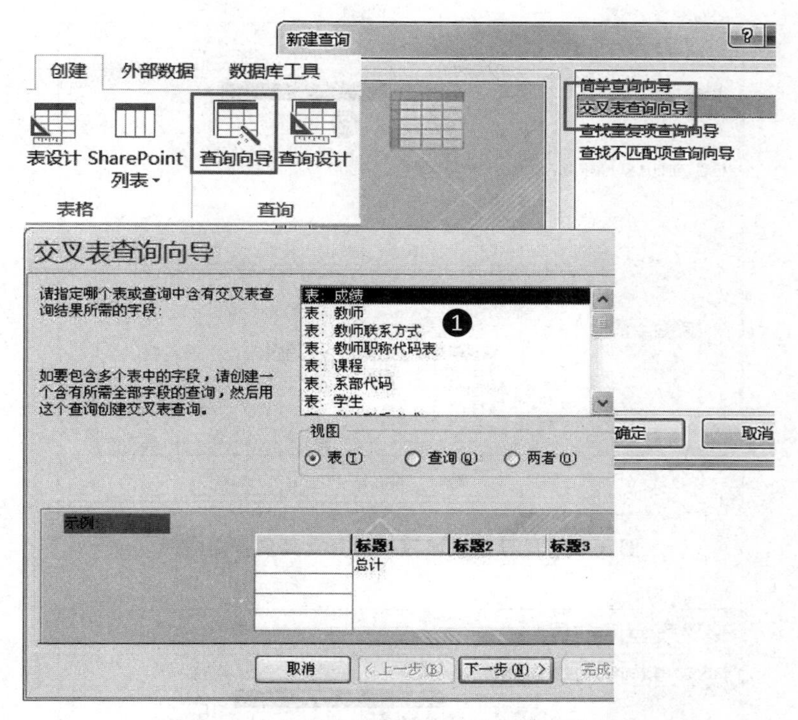

图 3-38 向导创建课程平均分交叉表查询(一)

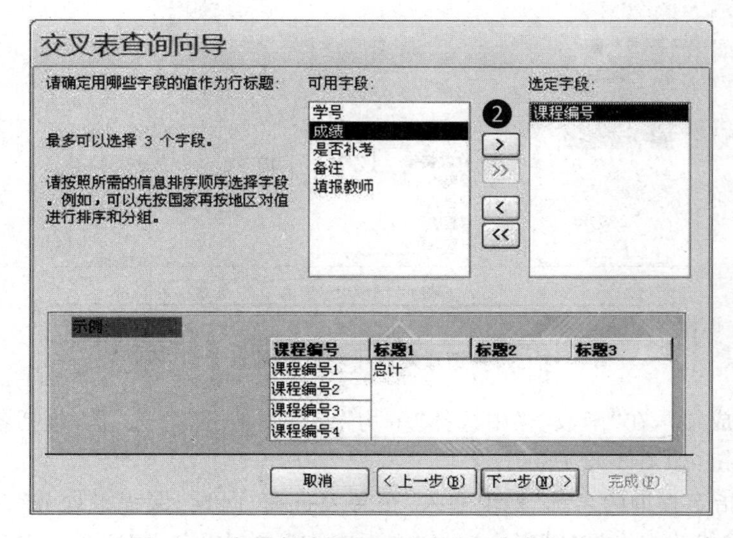

图 3-39 向导创建课程平均分交叉表查询(二)

❸ 对话框中有“请确定用哪个字段的值作为列标题”的提示信息，表示设定交叉表查询结果的列标题，在“可用字段”栏中选择“学号”字段，单击“下一步”按钮，如图 3-40 所示。

❹ 对话框中有“请确定为每个列和行的交叉点计算出什么数字”的提示信息，在“字

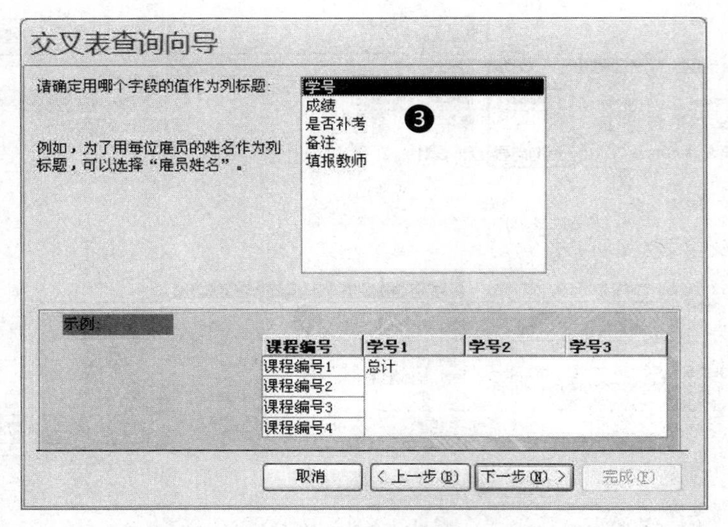

图 3-40　向导创建课程平均分交叉表查询(三)

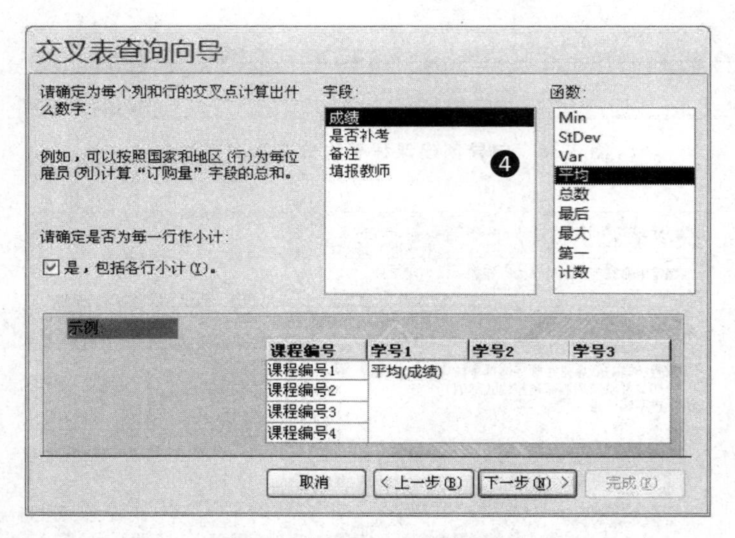

图 3-41　向导创建课程平均分交叉表查询(四)

段"栏中选择"成绩"，在"函数"栏中选择"平均"计算平均分，勾选"是，包括各行小计"，单击"下一步"按钮，如图 3-41 所示。

❺ 在"请指定查询的名称"栏中输入"交叉表查询_向导_课程平均分"，在"请选择是查看查询，还是修改查询设计"栏中选择"查看查询"，单击"完成"按钮。交叉表查询创建完成，在导航栏中显示出"交叉表查询_向导_课程平均分"查询。该查询以数据视图方式显示查询结果，如图 3-42 所示。

2. 学生总分查询

打开"高校学生信息系统"数据库，用查询向导创建交叉表查询，计算每位学生所有

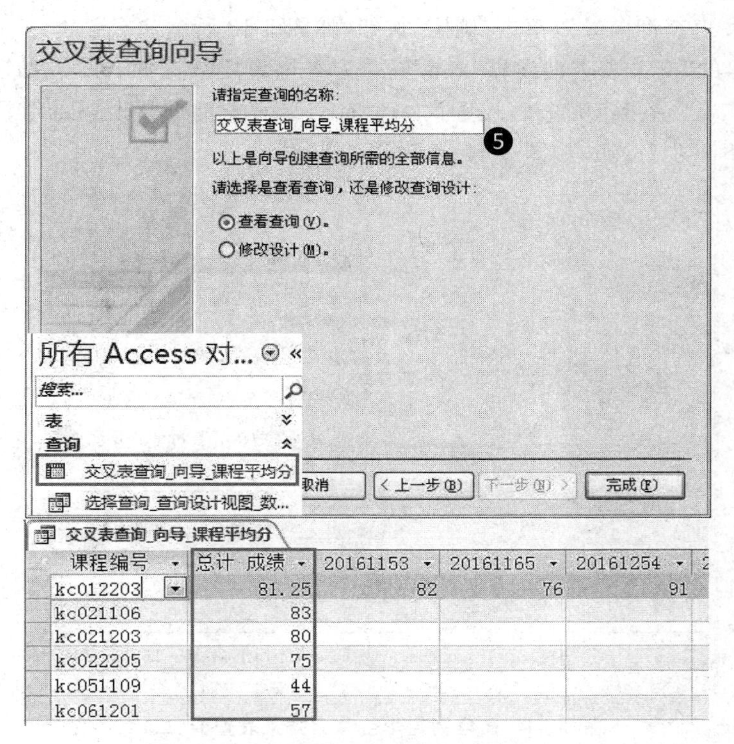

图 3-42 向导创建课程平均分交叉表查询(五)

课程的成绩总分，命名为“交叉表查询_向导_学生总分”查询，包括学号、总分、课程编号、各门课程成绩记录，数据来自“成绩”表，过程如图 3-43～图 3-48 所示。

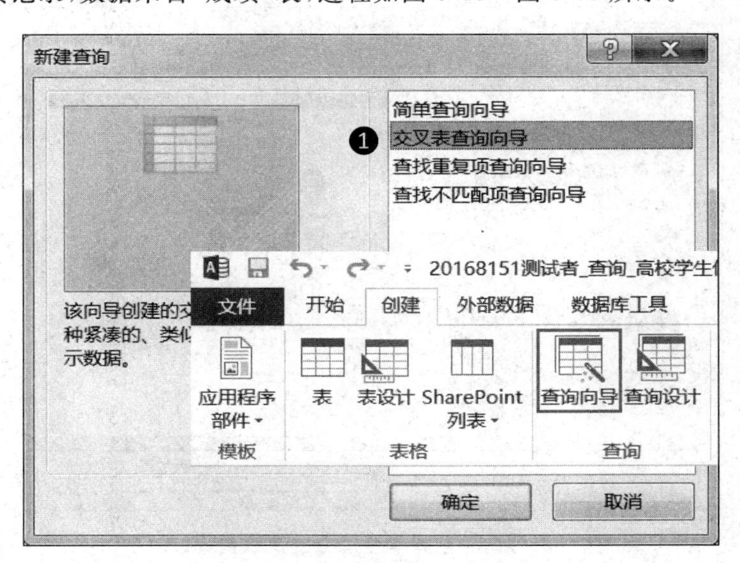

图 3-43 向导创建学生总分交叉表查询(一)

❶ 选择“创建”选项卡“查询”群组中的“查询向导”选项。在弹出的“新建查询”对话

框中选择“交叉表查询向导”，单击“确定”按钮，如图 3-43 所示。

❷ 在弹出的“交叉表查询向导”对话框中为查询设定数据源，即“成绩”表，在“视图”栏中选择“表”，在“请指定哪个表或查询中含有交叉表查询结果所需的字段”中选择“成绩”表，单击“下一步”按钮，如图 3-44 所示。

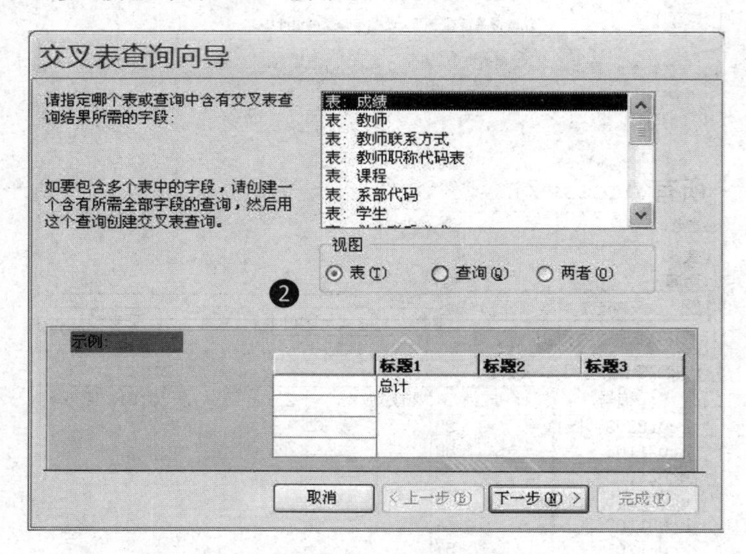

图 3-44 向导创建学生总分交叉表查询(二)

❸ 对话框中要求设定交叉表查询结果的行标题，单击 > 按钮，添加“学号”字段，将其添加至“选定字段”中，单击“下一步”按钮，如图 3-45 所示。

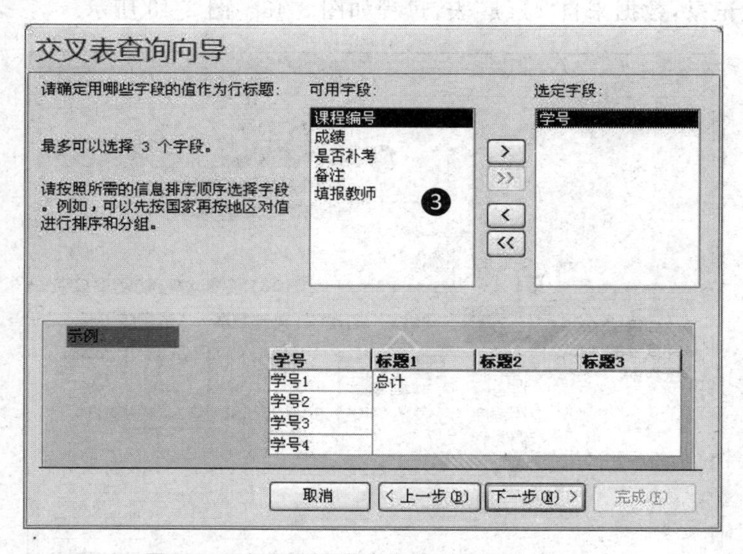

图 3-45 向导创建学生总分交叉表查询(三)

❹ 对话框中要求设定交叉表查询结果的列标题，在“可用字段”栏中选择“课程编号”字段，单击“下一步”按钮，如图 3-46 所示。

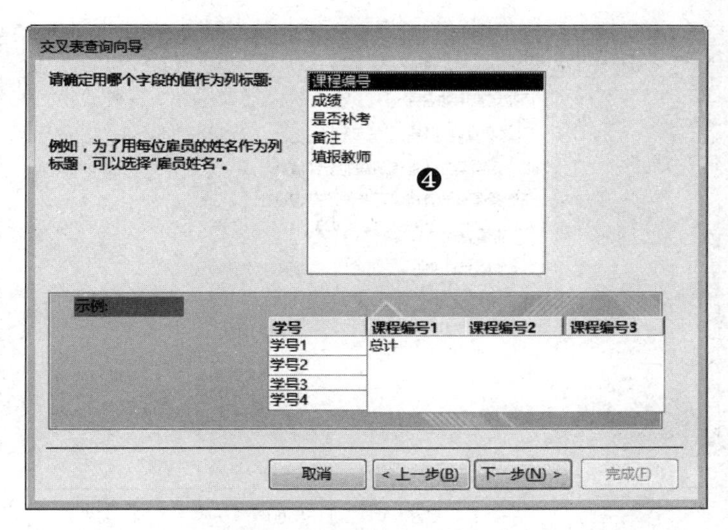

图 3-46　向导创建学生总分交叉表查询(四)

❺ 对话框中要求设定计算对象和计算方式，在“字段”栏选择“成绩”，在“函数”栏选择“总数”计算总分，勾选“是，包括各行小计”，单击“下一步”按钮，如图 3-47 所示。

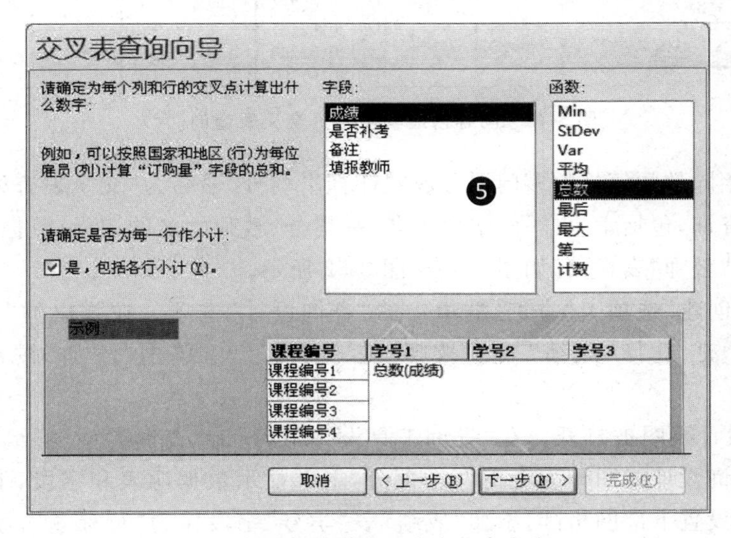

图 3-47　向导创建学生总分交叉表查询(五)

❻ 在“请指定查询的名称”栏中输入“交叉表查询_向导_学生总分”，在“请选择是查看查询，还是修改查询设计”栏中选择“查看查询”，单击“完成”按钮，交叉表查询创建完成，如图 3-48 所示。

3.3.2　设计视图创建交叉表查询

打开“高校学生信息系统”数据库，用查询设计视图创建交叉表查询“交叉平均分”，

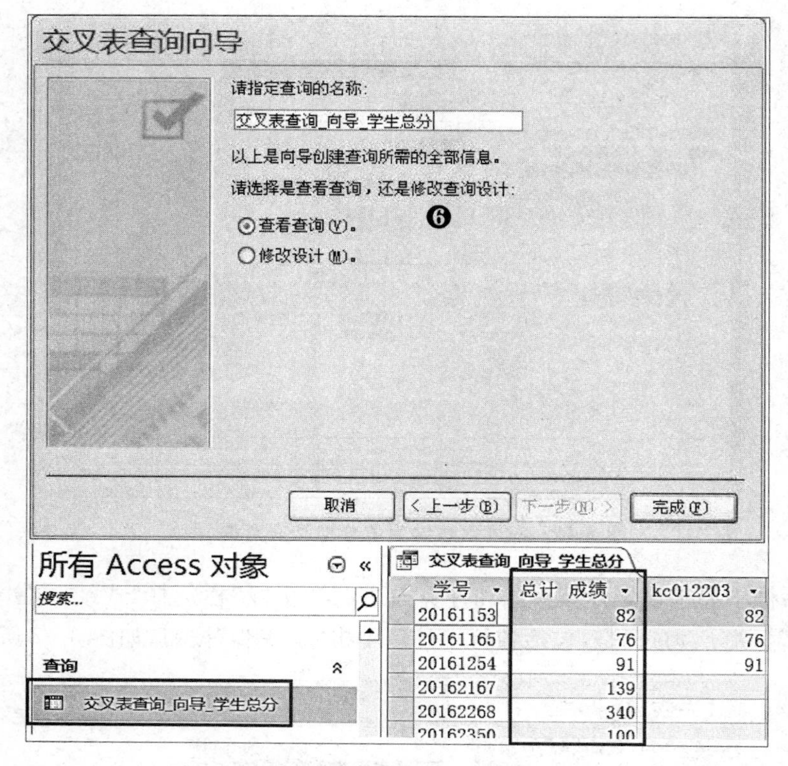

图 3-48 向导创建学生总分交叉表查询(六)

对相同学生、相同教师填报的多门课程成绩计算平均分，命名为“交叉表查询_设计视图_交叉平均分”查询，包括学生学号、学生姓名、平均分、教师姓名的记录，数据分别来自“成绩”、“学生”和“教师”表，过程如图 3-49～图 3-52 所示。

❶ 选择“创建”选项卡“查询”群组中的“查询设计”选项。在弹出的“显示表”对话框中按住 Ctrl 键，选择“成绩”表、“教师”表、“学生”表，单击“添加”按钮，如图 3-49 所示。

❷ 查询设计视图被打开。在“查询工具设计”选项卡“查询类型”群组中单击“交叉表”。此时，查询设计视图分为上下两个部分，上部显示数据源表和字段，下部网格区设置查询条件。设置下部网格区，添加“成绩”表“学号”字段作为“行标题”，添加“学生”表“姓名”字段作为“行标题”，添加“教师”表“姓名”字段作为“列标题”，添加“成绩”表的“成绩”字段作为值、计算方式选择平均值，如图 3-50 所示。

❸ 在“查询工具设计”选项卡“结果”群组中单击“运行”按钮!，将得到查询结果。

❹ 单击“保存”按钮，在弹出的“另存为”对话框中输入查询名称“交叉表查询_设计视图_交叉平均分”，单击“确定”按钮，如图 3-51 所示。交叉表查询创建完成，如图 3-52 所示。

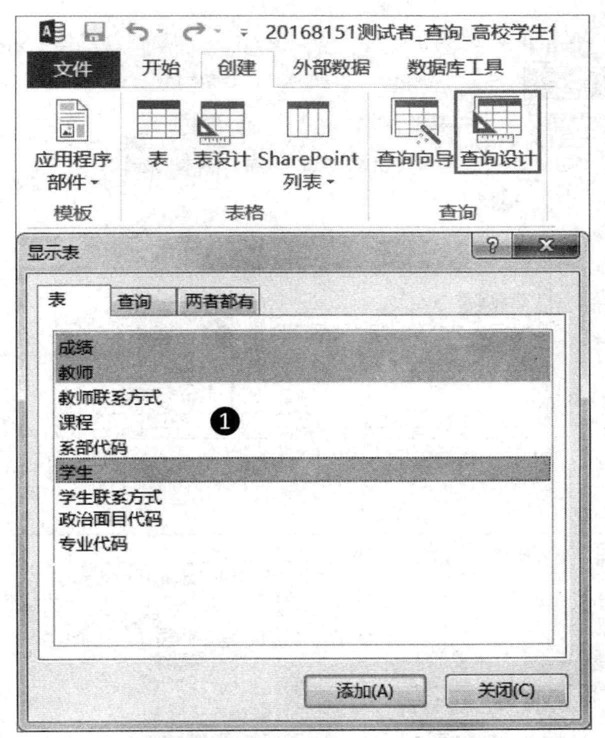

图 3-49 设计视图创建交叉平均分查询(一)

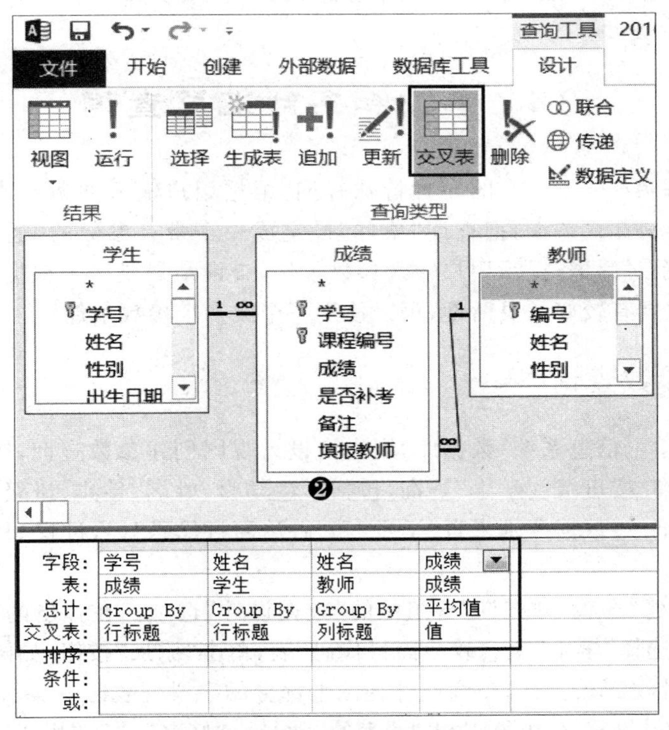

图 3-50 设计视图创建交叉平均分查询(二)

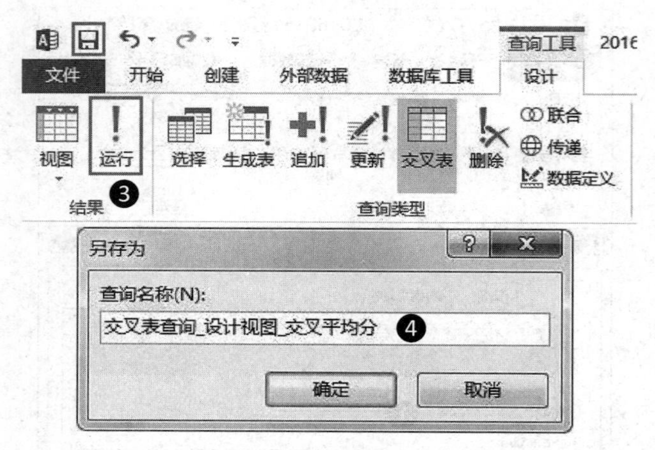

图 3-51　设计视图创建交叉平均分查询(三)

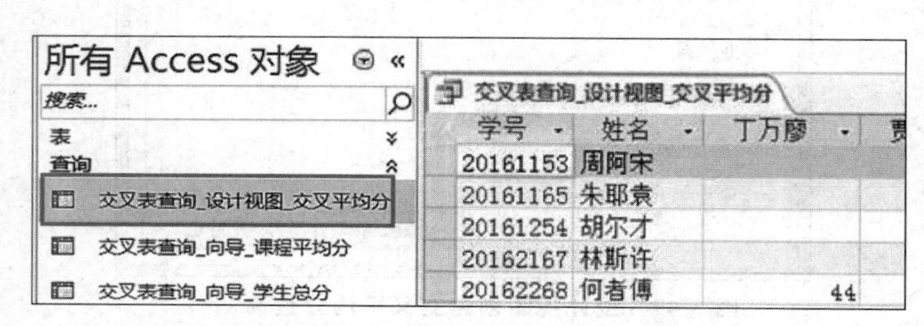

图 3-52　设计视图创建交叉平均分查询(四)

3.4 参数和条件汇总查询

参数查询是 Access 2013 的一种特殊查询，根据用户输入的条件或参数检索记录。参数查询是一种交互式查询，把查询"条件"设定成一个带有参数的"通用条件"，当执行参数查询时，显示对话框，提示用户输入参数条件，查询结果是一个根据输入参数条件生成的记录集。它具有较好的灵活性，可以使用一个或多个参数条件。

3.4.1 创建参数查询

打开"高校学生信息系统"数据库，用查询设计视图创建参数查询，按班级查找学生，命名为"参数查询_按班级找学生"查询，包括学生学号、姓名、性别、班级、政治面目名称、生源地、年龄的记录，数据分别来自"学生"和"政治面目代码"表，过程如图 3-53～图 3-57 所示。

❶ 选择"创建"选项卡"查询"群组中的"查询设计"选项。在弹出的"显示表"对话框中按住 Ctrl 键，选择"学生"表、"政治面目代码"表，单击"添加"按钮，如图 3-53 所示。

❷ 查询设计视图被打开，查询设计视图上部分的字段列表区中显示上述两个表及其关系。在下部设计网格区中添加"学生"表的"学号"、"姓名"、"性别"、"班级"字段，在"班

级”字段的“条件”中输入“[请输入班级：]”，作为参数查询的参数输入框提示信息。选择添加“政治面目代码”表的“名称”字段，将其“字段”标题改为“政治面目：名称”（冒号为英文半角符号），冒号前的文字作为字段显示的标题（“名称”字段名作为标题并不明确）。选择添加“学生”表“生源地”字段。将这6列数据都勾选为“显示”，如图3-54所示。

图3-53 创建按班级找学生的参数查询（一）

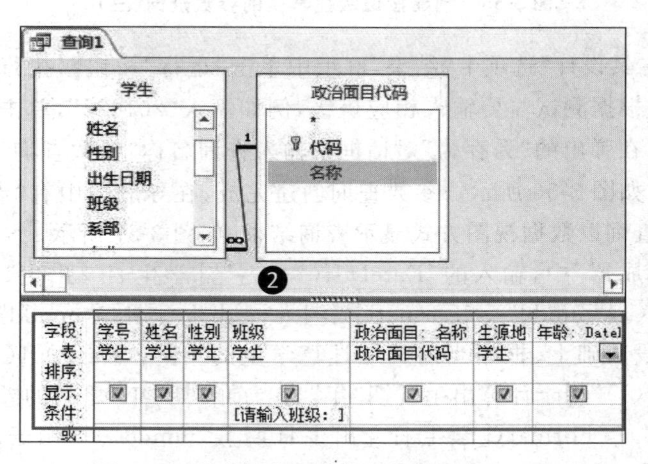

图3-54 创建按班级找学生的参数查询（二）

❸ 选择第七列“字段”栏，使其处于编辑状态，单击“查询工具设计”选项卡“查询设置”群组中的“生成器”。在弹出的“表达式生成器”对话框中，输入“年龄：DateDiff("yyyy",[学生]![出生日期],Now())+Int(Format(Now(),"mmdd")<Format

([学生]! [出生日期],"mmdd"))",用于计算年龄,其中的符号都要求使用英文半角符号。在编辑过程中,"[学生]! [出生日期]"可以输入填写,也可以在"表达式生成器"窗口中"表达式元素"栏内依次双击相应元素填写。单击"确定"按钮,如图 3-55 所示。

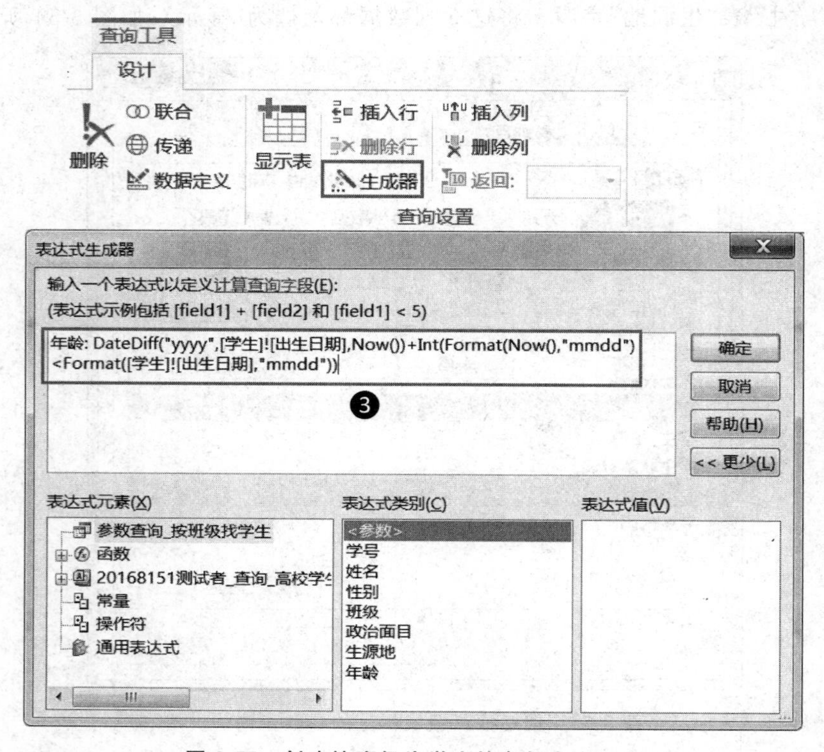

图 3-55 创建按班级找学生的参数查询(三)

❹ 在"查询工具设计"选项卡"结果"群组中单击"运行"按钮,执行查询,弹出"输入参数值"对话框。根据测试需要输入相应班级,例如输入"201622",单击"确定"按钮。单击"保存"按钮,在弹出的"另存为"对话框中输入查询名称"参数查询_按班级找学生",单击"确定"按钮,如图 3-56 所示。参数查询创建完成,在导航栏中有"参数查询_按班级找学生"查询,该查询以数据视图方式显示查询结果,如图 3-57 所示。

在"表达式生成器"中,输入的"DateDiff("yyyy",[学生]! [出生日期],Now())+Int(Format(Now(),"mmdd")<Format([学生]! [出生日期],"mmdd"))",是在"学生"表"出生日期"字段基础上、根据当前日期计算学生的年龄,"DateDiff("yyyy",[学生]! [出生日期],Now())"用于计算出生日期"年"与当前日期"年"之间的差值,"Int(Format(Now(),"mmdd")<Format([学生]! [出生日期],"mmdd"))"用于决定出生日期的"月日"与当前日期的"月日"之间差值影响到年龄值是否加 1。

3.4.2 条件汇总查询

打开"高校学生信息系统"数据库,用查询设计视图创建查询,按课程汇总统计成绩

图 3-56 创建按班级找学生的参数查询(四)

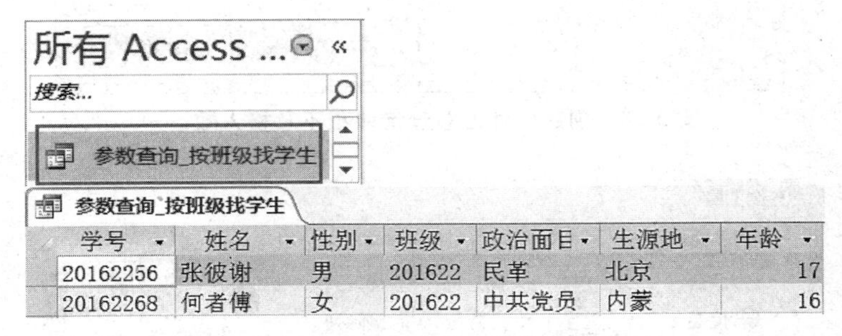

学号	姓名	性别	班级	政治面目	生源地	年龄
20162256	张彼谢	男	201622	民革	北京	17
20162268	何者傅	女	201622	中共党员	内蒙	16

图 3-57 创建按班级找学生的参数查询(五)

不及格的学生人数,命名为“条件汇总_课程不及格人数”查询,包括课程名称、不及格人数,数据分别来自“成绩”和“课程”表,过程如图 3-58～图 3-61 所示。

❶ 选择“创建”选项卡“查询”群组中的“查询设计”选项。在弹出的“显示表”对话框中按住 Ctrl 键,选择“成绩”、“课程”表,单击“添加”按钮,如图 3-58 所示。

❷ 在“查询工具设计”选项卡“显示/隐藏”群组中单击“汇总”,打开“汇总”栏。查询设计视图被打开,查询设计视图上部分的字段列表区中显示上述两个表及其关系。在下部设计网格区中添加“课程”表的“课程名称”字段,“总计”栏为默认“Group By”,勾选“显示”栏。添加“成绩”表的“学号”字段,将字段栏添加标题“不及格人数”(不及格人数:学号),“总计”栏在下拉列表中选择“计数”,勾选“显示”栏。添加“成绩”表的“成绩”字段,“总计”栏用“Where”,“显示”栏将自动改为去掉勾选,“条件”栏输入“＜60”,如图 3-59 所示。

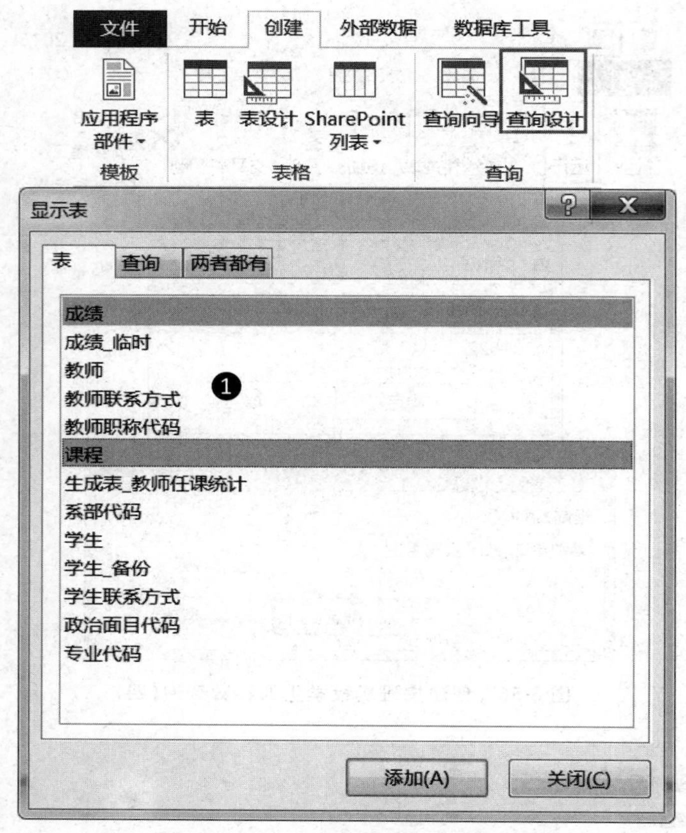

图 3-58　创建条件汇总查询课程不及格人数(一)

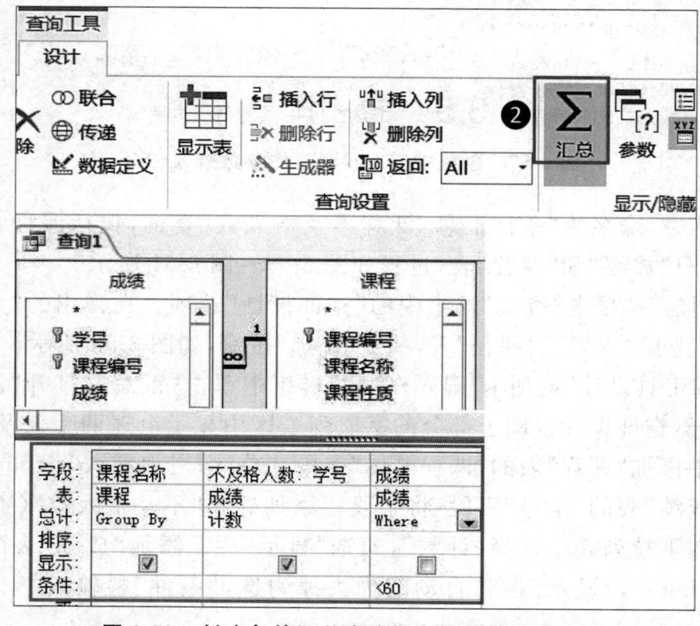

图 3-59　创建条件汇总查询课程不及格人数(二)

❸ 在“查询工具设计”选项卡“结果”群组中单击“运行”按钮!，将显示出查询结果。单击“保存”按钮。在弹出的“另存为”对话框中输入查询名称“条件汇总_课程不及格人数”，单击“确定”按钮，如图 3-60 所示。“条件汇总_课程不及格人数”查询创建完成，导航栏中有该查询，同时该查询以数据视图方式显示查询结果，如图 3-61 所示。

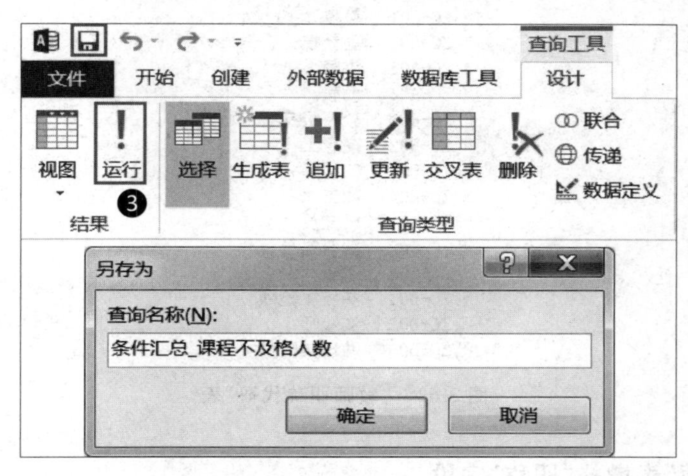

图 3-60 创建条件汇总查询课程不及格人数(三)

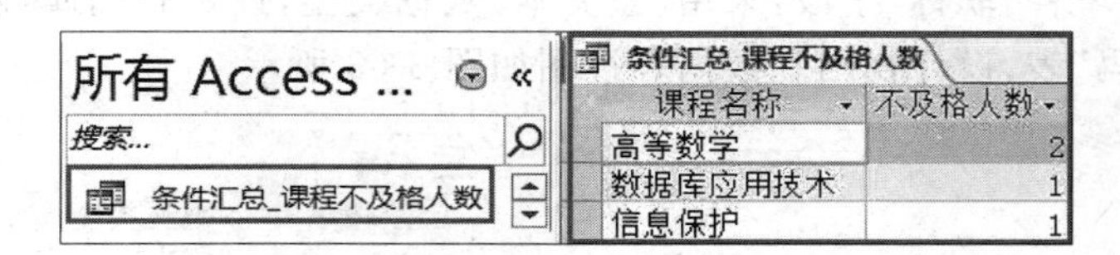

图 3-61 创建条件汇总查询课程不及格人数(四)

3.5 操作查询

操作查询是 Access 2013 查询中的重要组成部分，用于对表执行全局数据管理操作。通过操作查询可以对查询的记录进行编辑，也用于创建数据表等操作。利用操作查询可以实现一次操作完成批量记录的编辑修改，能够提高数据管理维护的质量和效率。操作查询包括生成表查询、追加查询、更新查询、删除查询。

为制作本章的生成表查询和追加查询，需要在原有数据库基础上增补表或字段及其数据，并为新增数据表和字段创建表间关系。

1. 增补“教师职称代码”表

创建“教师职称代码”表，包括“代码”、“名称”字段，都采用“短文本”数据类型，“代码”字段是主键。设计视图和数据表视图如图 3-62 所示。

教师职称代码

	字段名称	数据类型
🔑	代码	短文本
	名称	短文本

教师职称代码

代码	名称
ZC-A01	教授
ZC-A02	副教授
ZC-A03	讲师
ZC-A04	助教
ZC-B01	教授级高级工程师
ZC-B02	高级工程师
ZC-B03	工程师
ZC-B04	助工
ZC-C01	研究员
ZC-C02	副研究员
ZC-C03	助研
ZC-D01	高级实验师
ZC-D02	实验师
ZC-D03	助理实验师

图 3-62 “教师职称代码”表

2. 为“教师”表增补“职称”字段

为“教师”表增补“职称”字段，采用“短文本”数据类型，设定查阅属性，使其数据来源于“教师职称代码”表，设计视图和数据表视图如图 3-63 所示。

教师

	字段名称	数据类型
🔑	编号	短文本
	姓名	短文本
	性别	短文本
	职称	短文本
	籍贯	短文本
	出生日期	日期/时间
	系部	短文本
	备注	短文本

常规 查阅

显示控件	组合框
行来源类型	表/查询
行来源	教师职称代码
绑定列	1
列数	2
列标题	是
列宽	
列表行数	16
列表宽度	自动
限于列表	是
允许多值	否
允许编辑值列表	是
列表项目编辑窗体	
仅显示行来源值	否

教师

编号	姓名	性别	职称
1100001	吕史姜	男	ZC-A01
1100002	苏顾范	女	ZC-A02
1100003	卢侯方	女	ZC-A04
1100004	蒋邵石	男	ZC-B01
1100005	蔡孟姚	男	ZC-B02
1100006	贾龙谭	女	ZC-B03
1100007	丁万廖	女	ZC-B04
1100008	魏段邹	男	ZC-A03
1100009	薛曹熊	男	ZC-C01
1100010	叶钱金	女	ZC-C02
1100011	阎汤陆	女	ZC-C03
1100012	余尹郝	男	ZC-D01
1100013	潘黎孔	男	ZC-D02
1100014	杜易白	女	ZC-D03
1100015	戴常崔	女	ZC-A02
1100016	夏武康	男	ZC-A03
1100017	钟乔毛	男	ZC-A03
1100018	汪贺邱	女	ZC-A03
1100019	田赖秦	女	ZC-A03
1100020	任龚江	男	ZC-A03

图 3-63 “教师”表增补“职称”字段

3. 增补“成绩_临时”表

创建“成绩_临时”表，包括“学号”、“课程编号”、“成绩”、“是否补考”、“备注”、“填报教师”、“校验 1”、“校验 2”和“校验 3”字段。其中“学号”、“课程编号”、“成绩”、“是否补考”、“备注”和“填报教师”字段与“成绩”表相同字段一致，“校验 1”、“校验 2”和“校验 3”字段采用“是/否”数据类型，“校验 2”、“校验 3”字段设定与“校验 1”字段相同。“学号”和“课程编号”字段共同作为主键。设计视图和数据表视图如图 3-64～图 3-67 所示。

成绩_临时

字段名称	数据类型
学号	短文本
课程编号	短文本
成绩	数字
是否补考	是/否
备注	短文本
填报教师	短文本
校验1	是/否
校验2	是/否
校验3	是/否

常规 查阅

显示控件	组合框
行来源类型	表/查询
行来源	课程
绑定列	1
列数	2
列标题	是
列宽	2cm;4cm
列表行数	16
列表宽度	6cm
限于列表	是
允许多值	否
允许编辑值列表	是
列表项目编辑窗体	
仅显示行来源值	否

图 3-64 “成绩_临时”表“课程编号”字段

成绩_临时

字段名称	数据类型
学号	短文本
课程编号	短文本
成绩	数字
是否补考	是/否
备注	短文本
填报教师	短文本
校验1	是/否
校验2	是/否
校验3	是/否

常规 查阅

格式	真/假
标题	
默认值	False
验证规则	True Or False
验证文本	
索引	无
文本对齐	常规

图 3-65 “成绩_临时”表“是否补考”字段

成绩_临时

字段名称	数据类型
学号	短文本
课程编号	短文本
成绩	数字
是否补考	是/否
备注	短文本
填报教师	短文本
校验1	是/否
校验2	是/否
校验3	是/否

常规 查阅

显示控件	组合框
行来源类型	表/查询
行来源	教师
绑定列	1
列数	2
列标题	是
列宽	2cm;2cm
列表行数	16
列表宽度	4cm
限于列表	是
允许多值	否
允许编辑值列表	是
列表项目编辑窗体	
仅显示行来源值	否

图 3-66 “成绩_临时”表“填报教师”字段

成绩_临时

字段名称	数据类型
学号	短文本
课程编号	短文本
成绩	数字
是否补考	是/否
备注	短文本
填报教师	短文本
校验1	是/否
校验2	是/否
校验3	是/否

常规 查阅

格式	真/假
标题	
默认值	0
验证规则	
验证文本	
索引	无
文本对齐	常规

图 3-67 “成绩_临时”表“校验 1”字段

4. 增补表间关系

创建“教师”和“教师职称代码”表间关系，如图 3-68 所示。

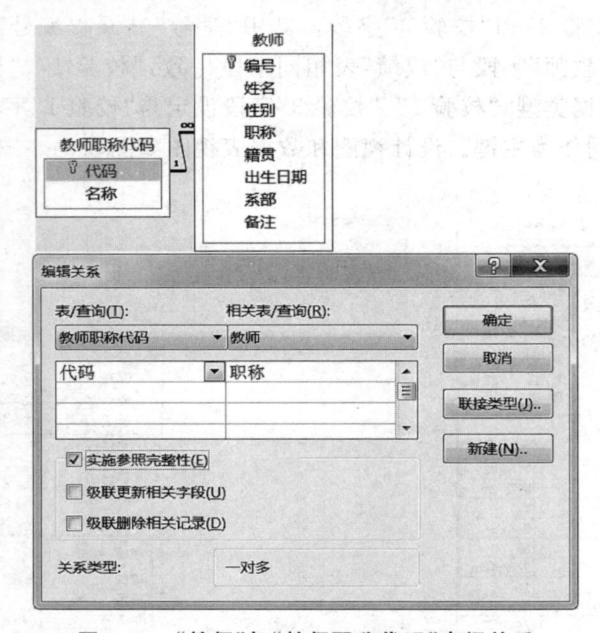

图 3-68 “教师”与“教师职称代码”表间关系

创建“学生”和“成绩_临时”表间关系，如图 3-69 所示。

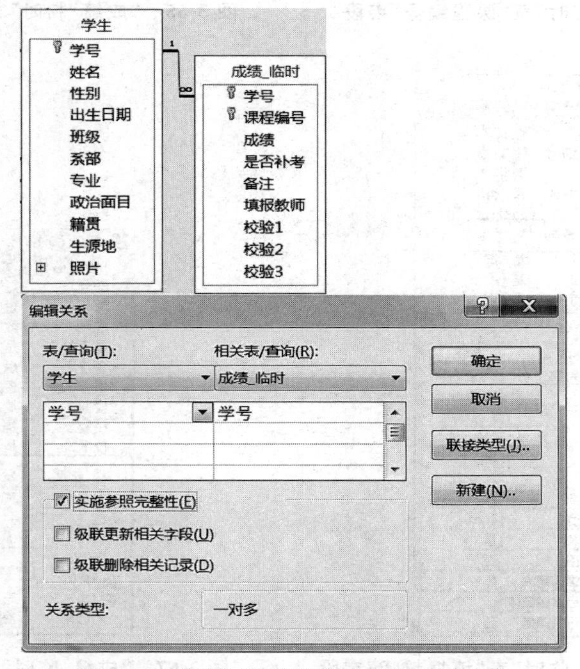

图 3-69 “学生”与“成绩_临时”表间关系

创建“课程”和“成绩_临时”表间关系，如图 3-70 所示。

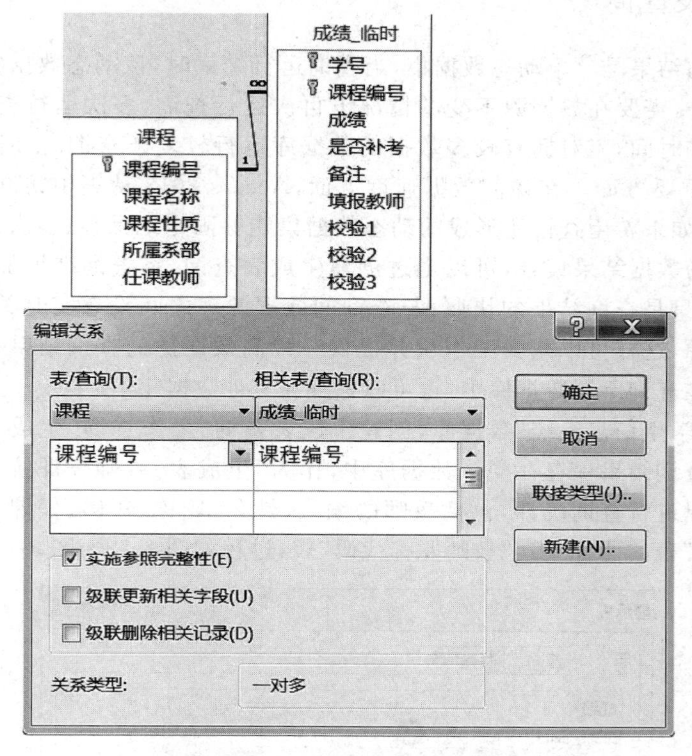

图 3-70 “课程”与“成绩_临时”表间关系

上述所有表间关系建立完成后的效果如图 3-71 所示。

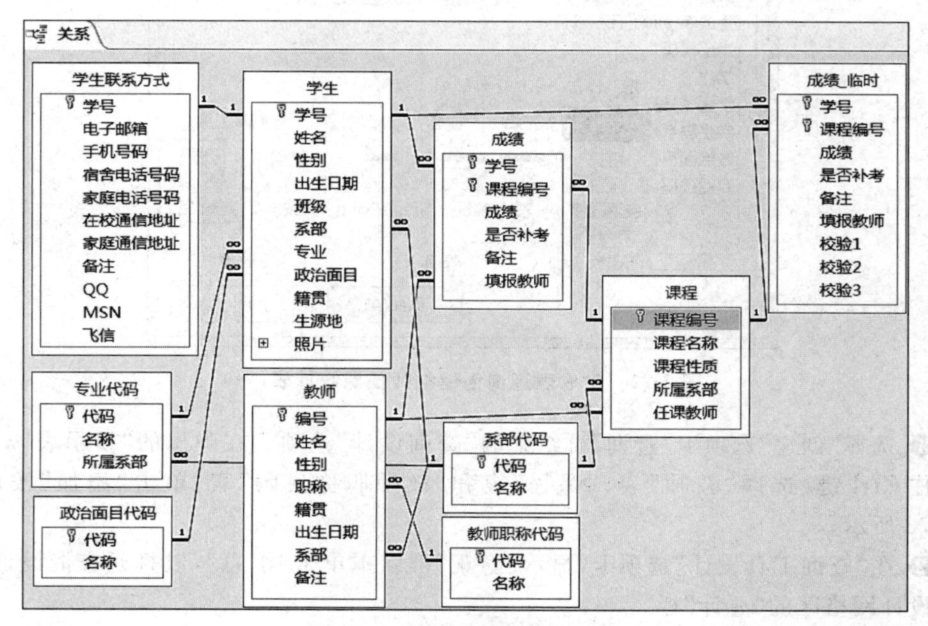

图 3-71 数据库所有表间关系

3.5.1 生成表查询

查询运行的结果是一个动态数据集，当查询运行结束时，该动态数据集合将丢失，若需要重现该集合，需要在数据源不变的情况下再次运行查询，多次运行查询检索数据可能需要花费一些时间，当对拥有较多数据的数据库运行较复杂查询时，时间开销将不得不成为考虑的重要方面。在访问数据速度方面，Access 2013 从表中访问数据比从查询中访问快得多，如果希望查询所形成的动态数据集能够固定地保存、多次使用，并且要求重现当前查询的数据结果集合，可以通过创建生成表查询，将查询结果加载到一个新表中，新表的数据只是查询结果的快照，与查询的数据源表之间没有实时关系。此后使用该表作为数据源，这样可以减少工作量并提供一种高效便捷的查询结果存档方式，生成的表可以保存在查询所属数据库中，也可以保存在其他数据库中。

打开"高校学生信息系统"数据库，创建生成表查询"操作查询_生成表查询_教师任课统计"查询，查询结果保存在同一数据库中，作为"生成表_教师任课统计"表。对所有教师的任课情况进行查询统计，包括教师的编号、姓名、职称、年龄、任课数量记录，数据分别来自"教师"表、"课程"表、"教师职称代码"表，过程如图 3-72～图 3-74 所示。

图 3-72　生成表查询创建教师任课统计表（一）

❶ 选择"创建"选项卡"查询"群组中的"查询设计"选项。在弹出的"显示表"对话框中按住 Ctrl 键，选择"教师"表、"课程"表和"教师职称代码"表，单击"添加"按钮，如图 3-72 所示。

❷ 在"查询工具设计"选项卡"显示/隐藏"群组中单击"汇总"，以打开查询设计视图下部设计网格区的"总计"栏。

❸ 打开查询设计视图，在下部的设计网格区中添加“教师”表“编号”、“姓名”字段。添加“教师职称代码”表“名称”字段，将该字段修改为“职称：名称”（冒号用英文半角符号），以修改该字段的显示标题为“职称”，而非默认的“名称”。选择第 4 列的“字段”栏，使其处于编辑状态，在“查询工具设计”选项卡“查询设置”群组中单击“生成器”，在弹出的“表达式生成器”对话框中输入“年龄：DateDiff("yyyy",[教师]![出生日期],Now())+Int(Format(Now(),"mmdd")<Format([教师]![出生日期],"mmdd"))”（其中的符号都用英文半角符号），单击“确定”按钮。在第 5 列选择添加“课程”表“课程编号”字段，将该字段修改为“任课门数：课程编号”，在“总计”栏下拉列表中选择“计数”。勾选上述全部 5 列的“显示”栏，如图 3-73 所示。

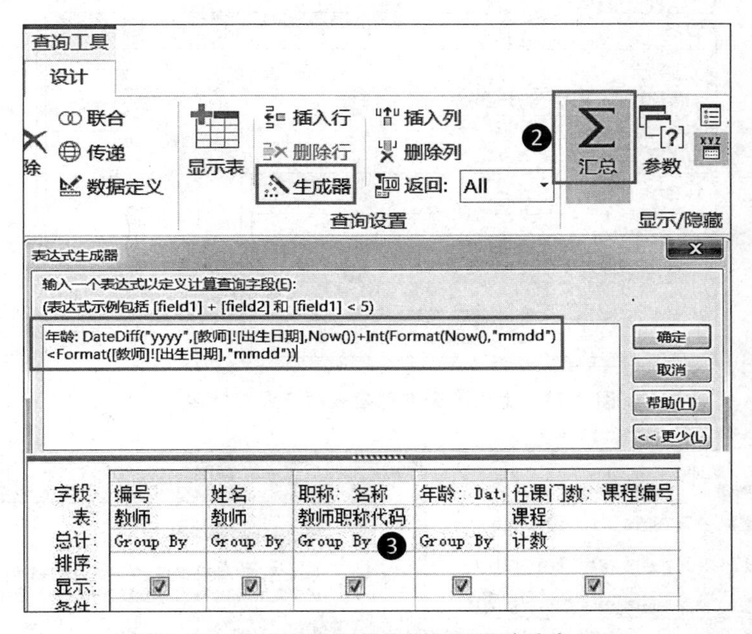

图 3-73　生成表查询创建教师任课统计表（二）

❹ 在“查询工具设计”选项卡“结果”群组中单击“运行”按钮❗，以查验查询结果。

❺ 返回查询设计视图，在“查询工具设计”选项卡“查询类型”群组中选择“生成表”选项。在弹出的“生成表”对话框中输入“生成表_教师任课统计”作为表名，选择“当前数据库”选项，单击“确定”按钮。

❻ 单击“保存”按钮，在弹出的“另存为”对话框中输入查询名称“操作查询_生成表查询_教师任课统计”，单击“确定”按钮，如图 3-74 所示。

为验证“操作查询_生成表查询_教师任课统计”查询是否正确，可在数据库中执行验证，过程如图 3-75 所示。

❶ 在导航栏“查询”对象群组中双击运行“操作查询_生成表查询_教师任课统计”查询。

❷ 在弹出的提示框中提示“您正在执行生成表查询，该查询将修改您表中的数据”，单击“是”按钮。

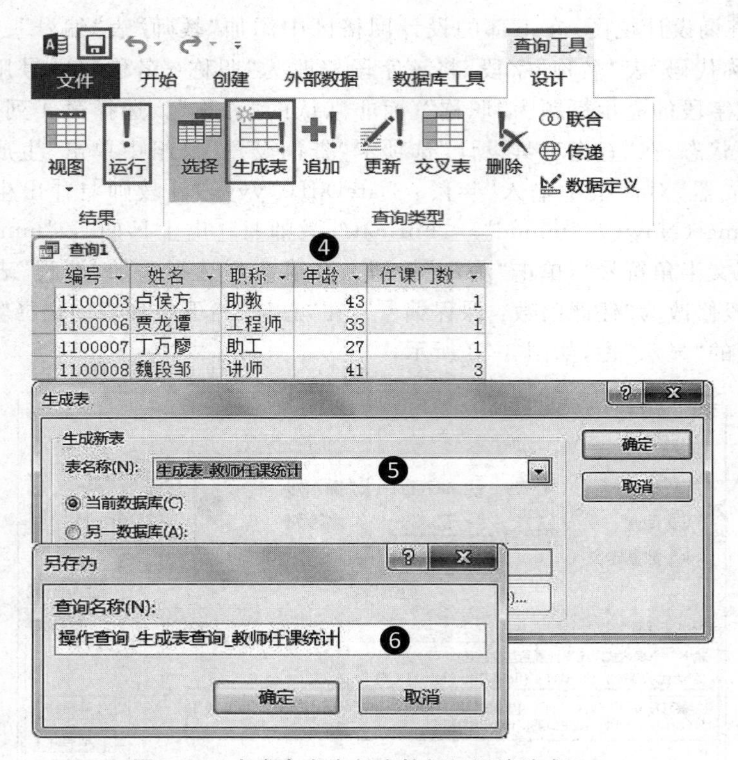

图 3-74 生成表查询创建教师任课统计表(三)

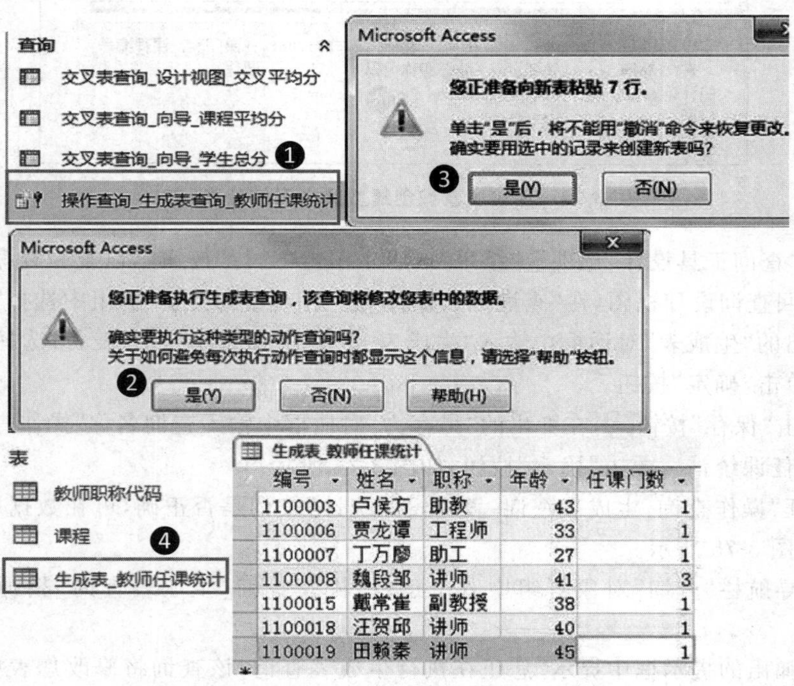

图 3-75 生成表查询执行生成教师任课统计表

❸ 弹出提示框，进一步提示“您正准备向新表粘贴 7 行”，单击“是”按钮。

❹ 经过上述操作，导航栏“表”群组中生成“生成表_教师任课统计”数据表，双击该表。显示打开出“生成表_教师任课统计”表的数据表视图，如图 3-75 所示。

3.5.2 追加查询

如果要将某个表中符合一定条件的记录添加到另一个表，可以通过追加查询完成。追加查询是从一个或多个数据源选择记录，将检索到的记录复制到某个表中。可以通过追加查询复制数据，一次追加批量记录，高效、准确、便捷。

追加查询执行前，可以在“数据表视图”中查看相应记录，根据需要调整。追加查询一旦执行，将无法撤销，为避免操作失误，可以先备份数据库，出错后还原数据库。追加查询时，若目标表字段多于数据源字段，执行追加查询时，缺的字段空置。

打开“高校学生信息系统”数据库，创建“操作查询_追加查询_载入成绩”追加查询，查询结果追加保存在同一数据库“成绩”表中。“成绩_临时”表中保存用户录入的学生成绩记录，有的记录已经过 3 遍校验审核，有的尚未完成 3 遍校验，对符合 3 遍校验要求的成绩数据，包括“学号”、“课程编号”、“成绩”、“是否补考”、“备注”、“填报教师”字段的数据，创建追加查询，以追加到“成绩”表，过程如图 3-76～图 3-79 所示。

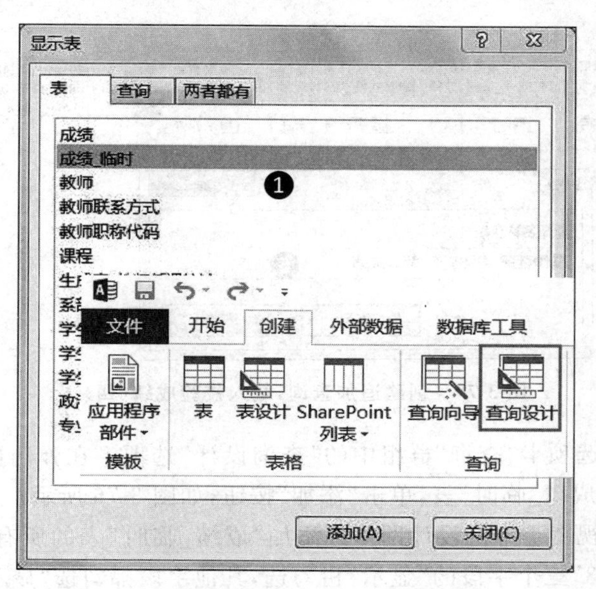

图 3-76 创建追加查询，载入校验成绩（一）

字段:	学号	课程编号	成绩	是否补考	备注	填报教师	校验1	校验2	校验3
表:	成绩_临时	成绩_临时	成绩_临时	成绩_临时	成绩_临时	成绩_临时	成绩_临时	成绩_临时	成绩_临时
排序:									
显示:	☑	☑	☑	☑	☑	☑	☐	☐	☐
条件:							True	True	True
或:									

图 3-77 创建追加查询，载入校验成绩（二）

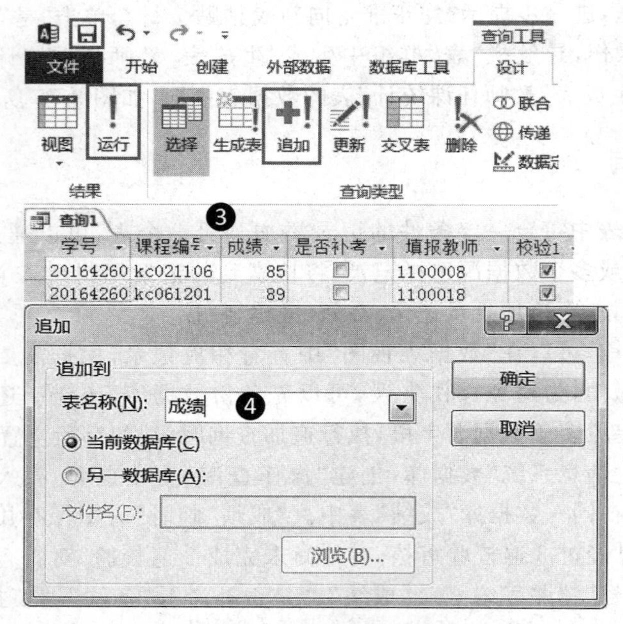

图 3-78　创建追加查询,载入校验成绩(三)

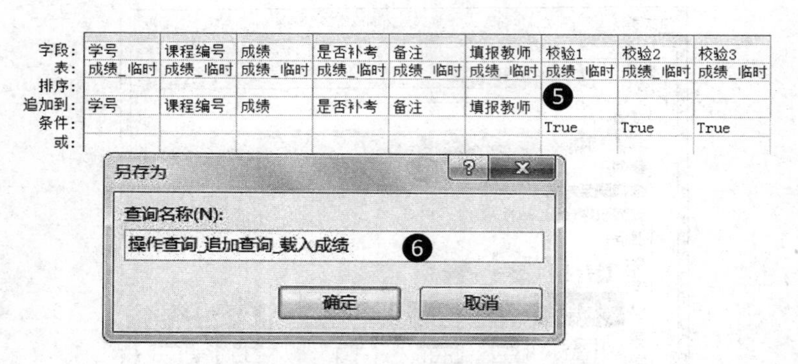

图 3-79　创建追加查询,载入校验成绩(四)

❶ 选择“创建”选项卡“查询”群组中的“查询设计”选项。在弹出的“显示表”对话框的“表”标签中选择“成绩_临时”表,单击“添加”按钮,如图 3-76 所示。

❷ 在查询设计视图下部的设计网格区添加“成绩_临时”表的所有字段。去掉“校验1”、“校验 2”、“校验 3”三个字段的“显示”栏勾选,其他字段都勾选“显示”栏,在“校验 1”、“校验 2”、“校验 3”三个字段的“条件”栏都输入“True”,如图 3-77 所示。

❸ 在“查询工具设计”选项卡“结果”群组中单击“运行”按钮!,将得出查询执行结果。

❹ 返回该查询的设计视图,在“查询工具设计”选项卡“查询类型”群组中单击“追加”按钮+!。在弹出的“追加”对话框中选择“成绩”表作为查询结果追加的目标,选择“当前数据库”选项,单击“确定”按钮,如图 3-78 所示。

❺ 查询设计视图下部的设计网格区自动识别数据源与追加目标各字段的对应关系,若有必要,应在此调整。

❻ 单击“保存”按钮，弹出“另存为”对话框，输入查询名称“操作查询_追加查询_载入成绩”，单击“确定”按钮，如图 3-79 所示。

为验证“操作查询_追加查询_载入成绩”查询正确与否，可在数据库中执行验证，过程如图 3-80 所示。

图 3-80 执行追加查询载入成绩

❶ 在导航栏“查询”对象群组中双击运行“操作查询_追加查询_载入成绩”查询。

❷ 弹出的提示框中提示“您正在执行追加查询，该查询将修改您表中的数据”，单击“是”按钮。

❸ 弹出提示框，进一步提示“您正准备追加 2 行”，单击“是”按钮。

3.5.3 更新查询

在需要有规律批量更新修改数据库现有数据时，可以使用更新查询。维护数据库时，经常需要更新较多数据，如果在“数据表视图”中逐行更新修改记录，当有待更新的记录较多时，会耗费较多人工，容易造成疏漏。利用更新查询可以更新表中符合条件的记录，使操作以简单有效的方式准确执行。

可以将更新查询视为一种功能强大的“查找和替换”功能。比“查找和替换”功能更具优势的是，更新查询可以接受多个条件，可以一次更新单个表中的较多记录，也可以一次更新多个表中的记录。

关于更新查询，需要注意的是，不能使用更新查询从表中删除整行记录，通过计算获得的结果字段、“自动编号”字段、使用总计查询或交叉表查询作为记录源的字段、参与表关系的主键字段不能用更新查询修改。

在“高校学生信息系统”数据库中创建“操作查询_更新查询_学生联系方式”更新查询。“学生联系方式”表中保存学生的联系方式，有的记录有电子邮箱，有的尚未登记电子邮箱；有的记录有QQ号码，有的记录没登记QQ号码。对尚未登记电子邮箱且已登记QQ号码的记录，创建更新查询，实现用QQ邮箱更新尚未登记的电子邮箱的功能，过程如图3-81～图3-83所示。

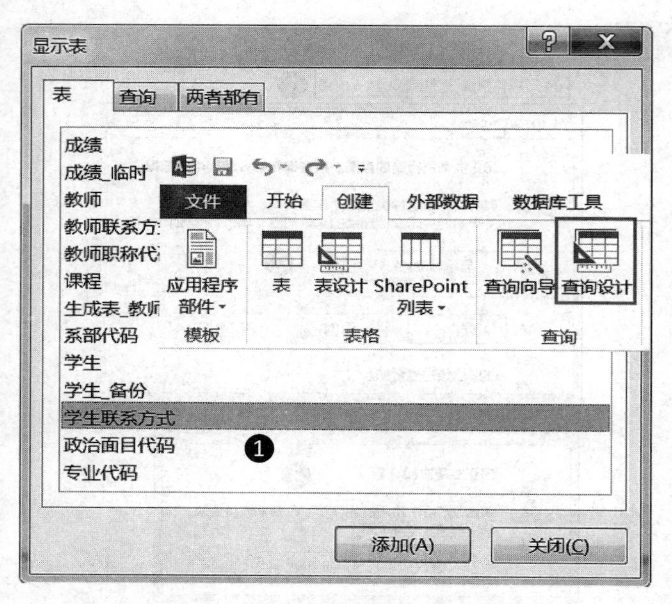

图3-81　更新查询更新学生联系方式（一）

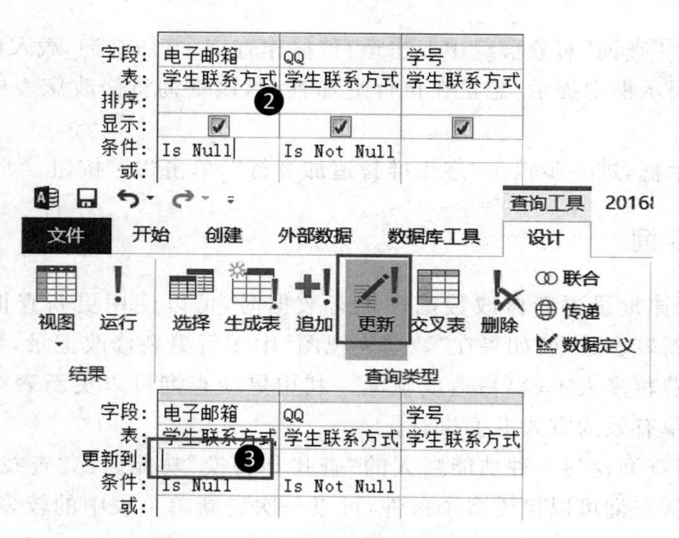

图3-82　更新查询更新学生联系方式（二）

❶ 选择“创建”选项卡“查询”群组中的“查询设计”选项。在弹出的“显示表”对话框的“表”标签中选择“学生联系方式”表，单击“添加”按钮，如图3-81所示。

❷ 在查询设计视图的下部设计网格区添加“学生联系方式”表的“电子邮箱”、QQ字段，也可添加“学号”字段，便于检验查询结果。在“显示”栏中勾选所有添加的字段，在

“电子邮箱”字段“条件”栏中输入 Is Null，在 QQ 字段“条件”栏中输入 Is Not Null。

❸ 在“查询工具设计”选项卡“查询类型”群组中单击“更新”按钮。在查询设计视图下部设计网格区中选择“电子邮箱”字段“更新到”，以使其处于编辑状态，如图 3-82 所示。

❹ 在“查询工具设计”选项卡“查询设置”群组中选择“生成器”选项。在弹出的“表达式生成器”对话框中输入“[学生联系方式]! [QQ] & "@qq. com "”表达式，单击“确定”按钮。

❺ 单击“保存”按钮。在弹出的“另存为”对话框中输入查询名称“操作查询_更新查询_学生联系方式”，单击“确定”按钮，如图 3-83 所示。

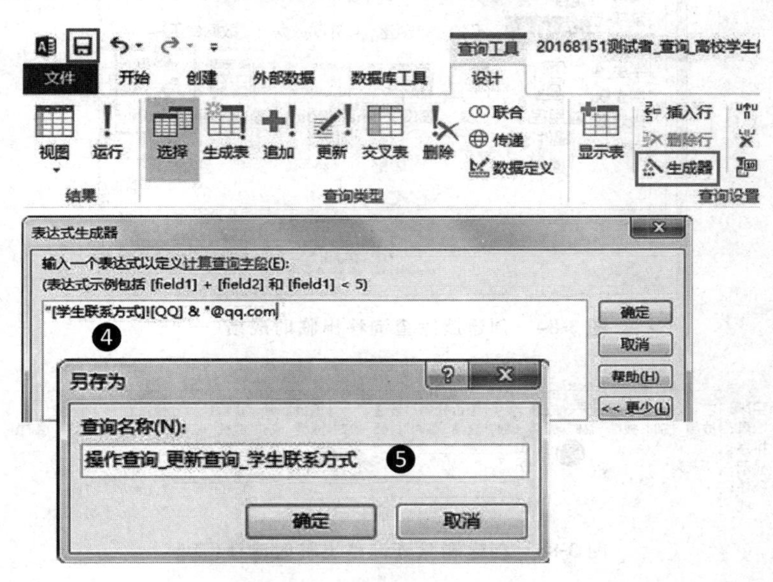

图 3-83 更新查询更新学生联系方式（三）

3.5.4 删除查询

如果需要从数据库的某数据源中有规律地删除一些记录，可以使用删除查询，删除查询执行高效，且可以重复实施。实施删除查询批量删除数据表中的记录时，应设定删除条件，否则容易删除数据表中的全部数据。删除查询执行后，被删除的数据记录将无法恢复，因此在实施删除查询前，应先确定要删除这些记录或对其所在数据源备份。

在“高校学生信息系统”数据库中创建“操作查询_删除查询_移出临时成绩”删除查询，在“成绩_临时”表中保存有学生的临时成绩记录。对有的记录，若 3 个校验字段都为 True，则已追加到“成绩”表中，应将其从“成绩_临时”表中移出。创建删除查询，移出部分符合条件的临时成绩，过程如图 3-84～图 3-86 所示。

❶ 选择“创建”选项卡“查询”群组中的“查询设计”选项。在弹出的“显示表”对话框的“表”标签中选择“成绩_临时”表，单击“添加”按钮，如图 3-84 所示。

❷ 在查询设计视图中，在下部的设计网格区中添加“成绩_临时”表的所有字段。勾选所有字段的“显示”栏，在“校验 1”、“校验 2”、“校验 3”三个字段的“条件”栏中输入

图 3-84　创建删除查询移出临时成绩(一)

图 3-85　创建删除查询移出临时成绩(二)

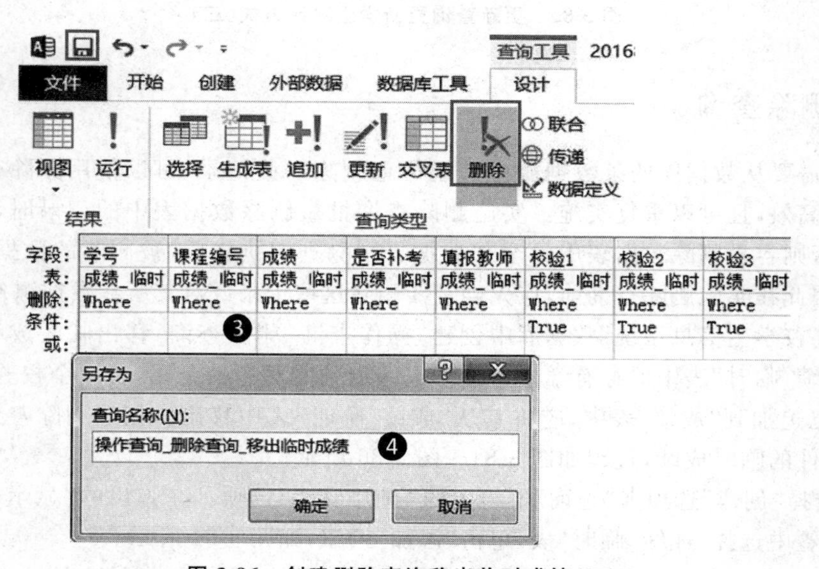

图 3-86　创建删除查询移出临时成绩(三)

“True”,如图 3-85 所示。

❸ 在“查询工具设计”选项卡“查询类型”群组中单击“删除”按钮。在查询设计视图下部的设计网格区中将显示出删除栏,可根据需要调整设定。

❹ 单击“保存”按钮。在弹出的“另存为”对话框中输入查询名称“操作查询_删除查询_移出临时成绩”,单击“确定”按钮,如图 3-86 所示。

执行“操作查询_删除查询_移出临时成绩”,过程如图 3-87 所示。

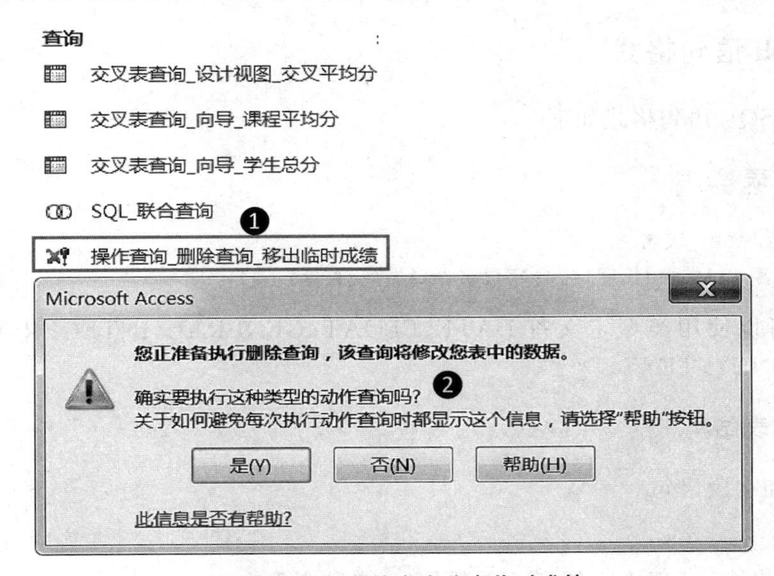

图 3-87　执行删除查询移出临时成绩

❶ 在导航“查询”对象群组中双击运行“操作查询_删除查询_移出临时成绩”查询。

❷ 在弹出的提示框中单击“是”按钮,确认操作。

3.6 SQL 查询

SQL 查询是使用 SQL 语句创建的查询,用结构化查询语言查询、更新和管理 Access 2013 数据库。在“查询设计视图”中创建查询时,Access 2013 会在后台构造等效的 SQL 语句。实际上,在查询设计视图的属性表中,大多数查询属性在“SQL 视图”中都有可用的等效子句和选项,甚至可以在“SQL 视图”中查看和编辑 SQL 语句。

3.6.1 SQL 简介

SQL 是 Structure Query Language 的缩写,即结构化查询语言,是数据库领域中应用最广泛的数据库查询语言,关系数据库管理系统都以 SQL 作为核心。SQL 概念始创于 1974 年,随着 SQL 的发展,国际标准化组织(International Organization for Standardization, ISO)、美国国家标准学会(American National Standards Institute, ANSI)等国际权威标准化组织都为其制定标准,最早的 SQL 标准由 ANSI 发布,随后

ISO 正式确定为国际标准并进行补充，后来提出具有完整性特征的 SQL。

SQL 的主要特点包括：综合统一，集数据定义、数据查询、数据操纵、数据管理等功能于一体；语言风格统一，可以独立完成数据库全部操作；SQL 是一种高度非过程化语言，提出“做什么”而不是“怎么做”，用面向集合的操作方式，结果是元组集合；SQL 语言所使用的语句简洁、易学、易用，便于用户掌握；SQL 是一种共享语言，支持客户端/服务器结构。

3.6.2 SQL 语句格式

常用的 SQL 语句格式如下。

1. 创建表

```
CREATE TABLE <表名>
([<字段名 1>]类型(长度)[,[<字段名 2>]类型(长度)…]))
```

其中，类型可以使用类型定义符 DATE、FLOAT、GENERAL、INTEGER、LOGICAL、MEMO、MONEY、TEXT。

2. 修改表结构

(1) 增加字段语句

```
ALTER TABLE <表名>
ADD[<字段名 1>] 类型(长度)[,[<字段名 2>]类型(长度)…]
```

(2) 修改表中字段属性

```
ALTER TABLE <表名>
ALTER [<字段名 1>]类型(长度)[,[<字段名 2>]类型(长度)…]
```

(3) 删除字段

```
ALTER TABLE <表名>
DROP [<字段名 1>]类型(长度)[,[<字段名 2>]类型(长度)…]
```

3. 维护数据

(1) 追加记录

```
INSERT INTO <表名>(字段名 1[,字段名 2…])
VALUES(表达式 1[,表达式 2…])
```

(2) 更新数据

```
UPDATE <表名>SET <字段名>=<表达式>
[<字段名>=<表达式>…] [WHERE<条件>]
```

(3) 删除数据

```
DELETE FROM <表名>WHERE <条件>
```

4. 选择查询

```
SELECT [ALL|DISTINCT]<字段名 1>[,<字段名 2>…]
FROM <表名 或 查询名>
[WHERE <条件表达式>]
[ORDER BY <排序选项>[ASC] [DESC]]
```

5. 多表查询

```
SELECT [ALL | DISTINCT]<字段名 1>[,<字段名 2>…]
FROM <表名 或 查询名>
[INNER JOIN <表名 或 查询名>ON <条件表达式>]
[WHERE <条件表达式>]
[ORDER BY <排序选项>][ASC][DESC]
```

6. 统计分析查询

```
SELECT [ALL | DISTINCT]
<函数 1>AS<字段名 1>[,<函数 2>AS<字段名 2>…]
FROM <表名 或 查询名>
[WHERE <条件表达式>]
[GROUP BY <分组字段名>[HAVING<条件表达式>]]
```

在上述格式中,"GROUP BY"是根据列字段名分组,"ORDER BY"是根据列字段名排序,"WHERE"只筛选符合条件的记录,关键词词义一般与功能接近,易于理解掌握。

3.6.3 创建 SQL 查询

联合查询通过 UNION 运算符将两个或多个数据源(数据表或查询)的结果合并。创建 SQL 联合查询,操作过程如图 3-88～图 3-90 所示。

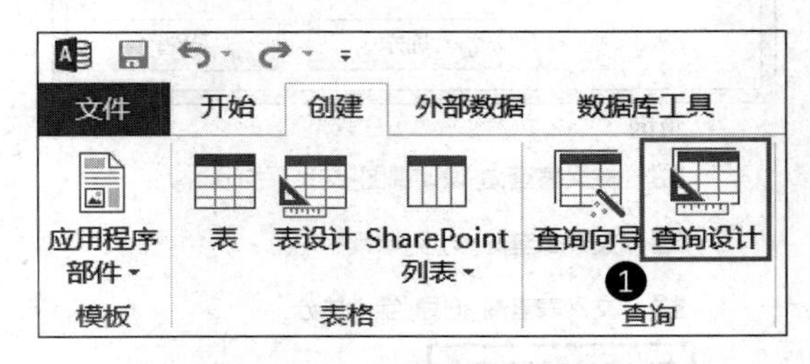

图 3-88 创建 SQL 查询联合查询(一)

❶ 在"创建"选项卡"查询"群组中选择"查询设计"选项,关闭弹出的"显示表"对话

框，如图 3-88 所示。

❷ 在“查询工具设计”选项卡“查询类型”群组中选择“联合”选项。在打开的 SQL 视图中输入 SQL 联合查询语句。

❸ 在“查询工具设计”选项卡“结果”群组中单击“运行”按钮❗。将显示出查询结果的数据视图，如图 3-89 所示。

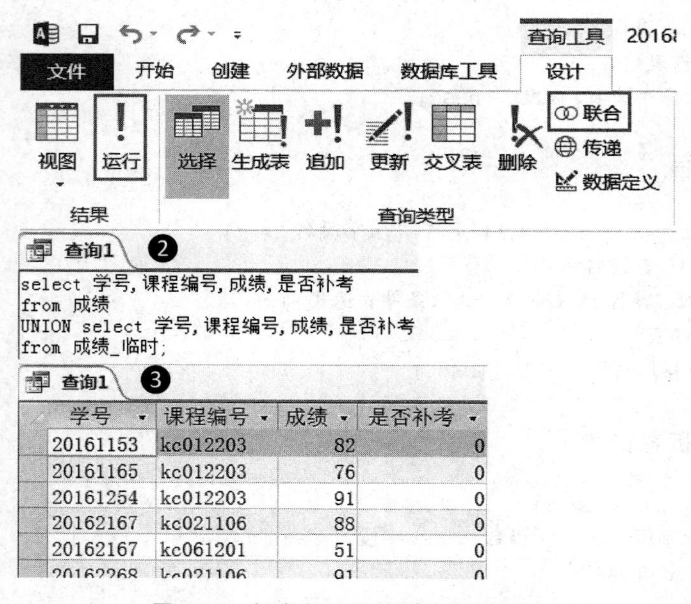

图 3-89 创建 SQL 查询联合查询(二)

❹ 单击“保存”按钮，在弹出的“另存为”对话框中输入查询名称“SQL_联合查询”，单击“确定”按钮。在导航“查询”对象群组中显示“SQL_联合查询”查询，如图 3-90 所示。

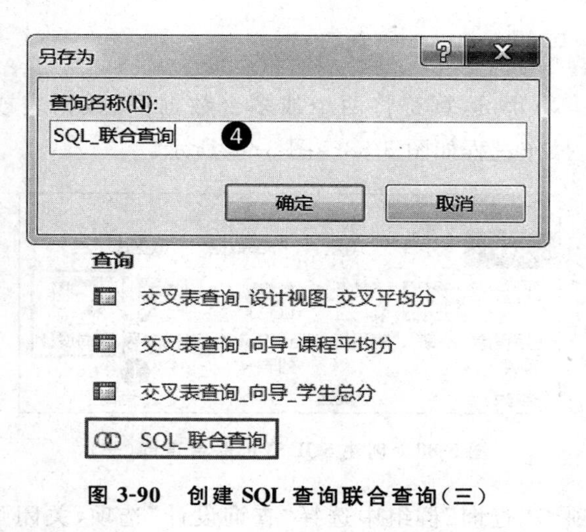

图 3-90 创建 SQL 查询联合查询(三)

小　　结

本章主要介绍 Access 2013 数据库中对数据的查询应用，介绍查询的基本知识和主要应用方式等。通过实例训练，说明在 Access 2013 数据库中创建多种查询的方式方法。SQL 查询因涉及代码，可以根据教学需要安排训练。

习　　题

1. 请按本章训练详解完成所介绍的 Access 2013 数据库关于查询的应用实例。

2. 请以本章训练为基础，在“高校学生信息系统”数据库中创建以课程所属部门为条件的课程查询。类似地，在本章训练基础上创建更多具有实际用途的查询，并设定相应排序和筛选。

第4章 chapter 4

窗 体

4.1 窗体概述

在 Access 中,窗体是数据库与用户交互的界面,是一种重要的数据库对象。窗体的功能是向用户提供一个直观、方便操作数据库的界面。通过窗体查看和访问数据库,在数据库中起着非常重要的作用。

通过窗体,用户可以输入、编辑、排序、筛选、显示和查询数据,可以接收用户输入,执行相应操作等。设计有效的窗体,有助于避免输入错误数据,改善单调的数据表展示方式,改善数据的视觉效果。窗体本身不存储数据,可以通过窗体向数据表输入数据。利用窗体将数据库中的对象组织起来,可以形成一个功能完整、风格统一的数据库应用系统。

窗体一般与一至多个数据表或查询相关,窗体的记录来自数据表或查询中的相应字段。窗体中包含多种控件,通过这些控件可以打开数据库中的其他对象。通过恰当的设计,一个数据库应用系统开发完成后,对数据库的所有操作都可以通过窗体完成。

在 Access 2013 中,窗体分为纵栏式、表格式、数据表式、主子式等窗体。

纵栏式窗体,是将窗体中的每条记录按列显示,左侧为字段名,右侧为字段内容,每条记录占用窗体的一个页面,需使用相关操作才能显示出下一条记录。表格式窗体,是在窗体中同时显示多条数据表记录的内容,看起来像表格一样。数据表式窗体,从外观上看,与数据表或查询对象的显示界面相同,可以作为一个窗体的子窗体显示数据。主子式窗体,通常用于显示多个表或查询中的数据,这些表或查询中的数据具有一对多的关系,相应地将这种数据间的关系以主窗体和子窗体的形式显示。

在 Access 2013 中,窗体视图主要包括窗体视图、布局视图、设计视图等。窗体视图是窗体的工作视图,用于显示数据记录,用户可以通过窗体视图查看、添加和修改数据。布局视图在界面上与窗体视图几乎一致,但窗体视图中的控件不能移动位置,而布局视图中的控件可以重新布局、移动位置,但不能在布局视图中添加控件。设计视图用于创建和修改窗体界面,主要作为开发工作平台,可以调整窗体的版面布局,可以添加控件和设置数据来源等。

创建窗体可以使用多种方式,本章将根据实训需要详解相应创建方式。为便于训练,请复制第 3 章中的“高校学生信息系统”数据库,将其重命名为“学号+姓名+_窗体_+高校学生信息系统.扩展名"命名,如"20168151 测试者_窗体_高校学生信息系统.accdb"。本章实训都在此数据库中完成。

4.2 向导创建窗体

Access 2013 为创建窗体提供了比以前版本更强大、便捷、智能化的方法,用向导可创建多种窗体,下面依次详述。

4.2.1 向导创建纵栏式窗体

打开"高校学生信息系统"数据库,用窗体向导创建窗体,可以对数据表或查询创建"纵栏式"布局的窗体,对"学生"表详细数据进行窗体展示,命名为"窗体_向导_学生数据信息"窗体,包括学号、姓名、性别、出生日期、班级、系部、专业、政治面目、籍贯、生源地、照片、备注等。向导创建此窗体的过程如图 4-1～图 4-5 所示。为改进窗体的展示效果进行的修改过程如图 4-6 和图 4-7 所示。

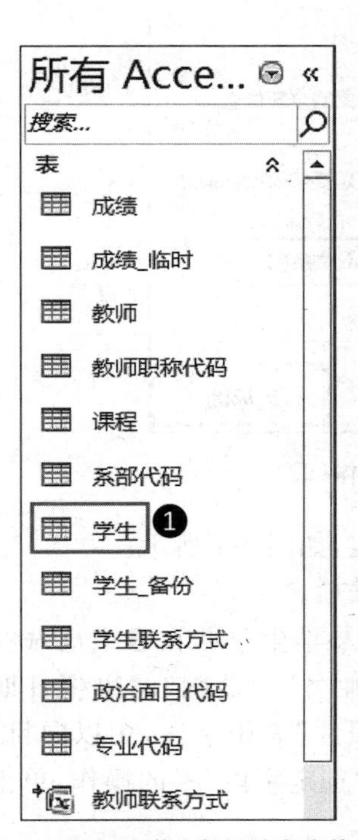

图 4-1 向导创建学生数据信息窗体(一)

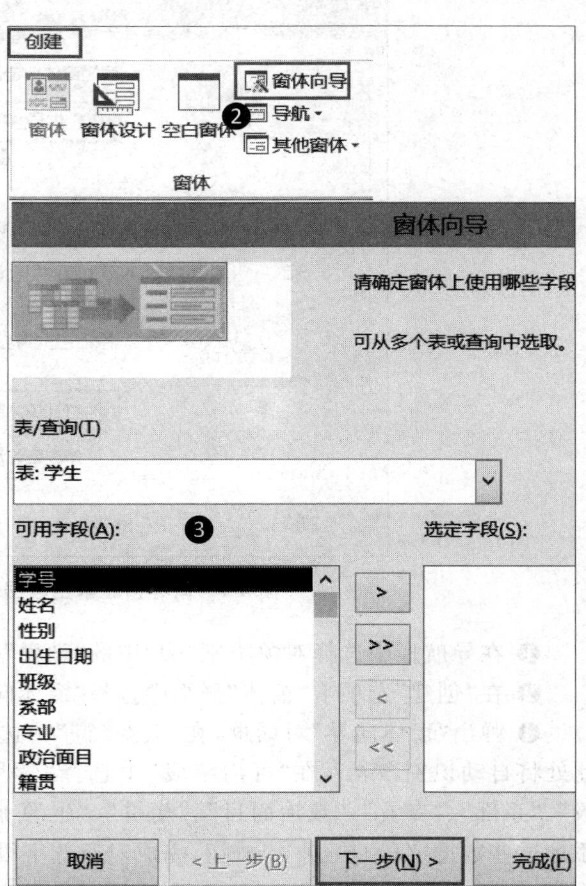

图 4-2 向导创建学生数据信息窗体(二)

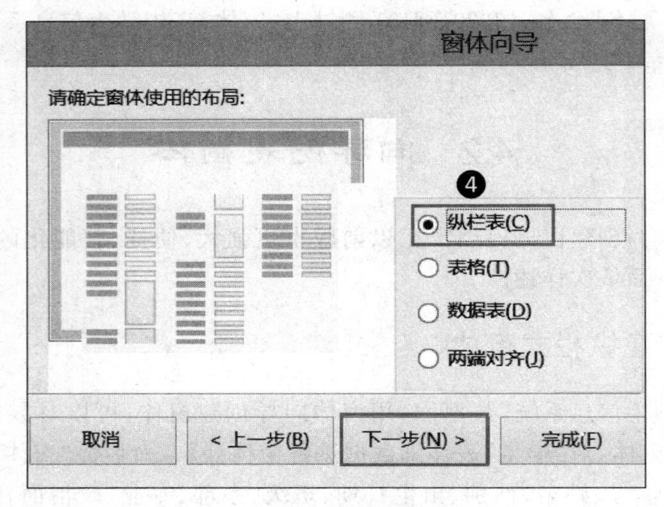

图 4-3 向导创建学生数据信息窗体(三)

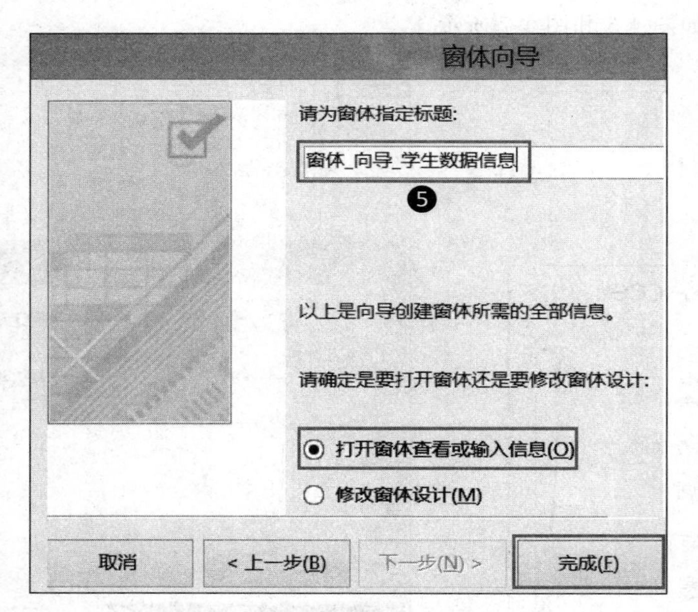

图 4-4 向导创建学生数据信息窗体(四)

❶ 在导航栏中选择对象类别“表”中的“学生”数据表,如图 4-1 所示。

❷ 在“创建”选项卡“窗体”群组中选择“窗体向导”选项。

❸ 弹出“窗体向导”对话框,在“表/查询”中选择“表:学生”(若在❶中已选择该表,此处将自动识别该表),在“可用字段”中选择“学号”、“姓名”、“性别”、“出生日期”、“班级”、“系部”、“专业”、“政治面目”、“籍贯”、“生源地”、“照片”表中字段,用以向目标窗体添加这些数据字段,单击 > 按钮,完成对所选字段载入“选定字段”栏的操作,单击“下一步”按钮,如图 4-2 所示。

❹ 在“窗体向导”对话框中选择“纵栏表”作为窗体布局的样式,单击“下一步”按钮,

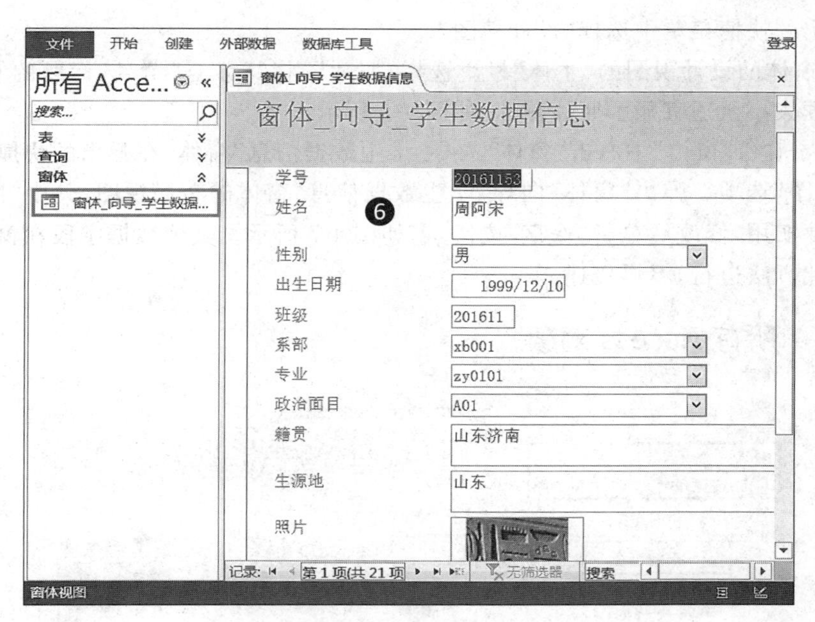

图 4-5 向导创建学生数据信息窗体(五)

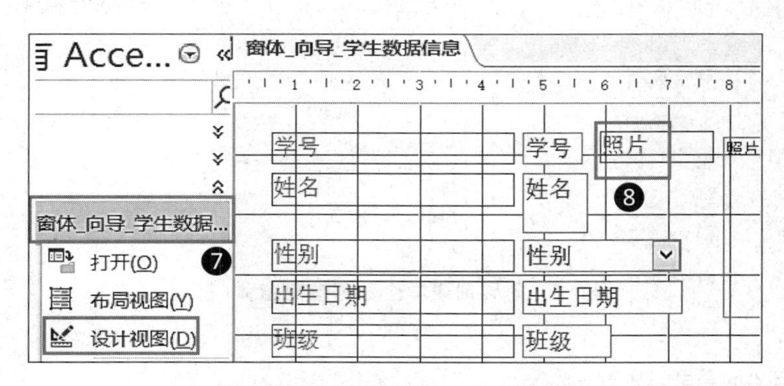

图 4-6 向导创建学生数据信息窗体(六)

如图 4-3 所示。

❺ 在"窗体向导"对话框的"请为窗体指定标题"栏中填入目标窗体的标题"窗体_向导_学生数据信息",在"请确定是要打开窗体还是要修改窗体设计"栏中选择"打开窗体查看或输入信息"选项,单击"完成"按钮,如图 4-4 所示。

❻ 用向导创建生成"窗体_向导_学生数据信息"窗体,在导航栏"窗体"对象群组中能看到相应窗体对象,在窗体视图中展开"纵栏表"式窗体的查看视图,单击视图下方按钮"▸"和"◂",可以在连续的学生数据中查看"学生"表数据情况,"附件"类型的"照片"字段也相应得以展示,如图 4-5 所示。

❼ 在窗体中可以看到照片区域较小,无法看清照片图片,其他数据也可能出现显示效果欠佳的情况。为使数据库用户使用时更美观方便,可以在此基础上对"窗体_向导_学生数据信息"窗体进行修改。在导航栏"窗体"对象中右击"窗体_向导_学生数据信

息”,在弹出的快捷菜单中选择“设计视图”。

❽ 在窗体的设计视图的“主体”栏里选择“照片”,将其移至“学号”标题的右侧,并调整“照片”框大小至适宜显示照片图片,如图 4-6 所示。

❾ 在导航栏“窗体”中右击“窗体_向导_学生数据信息”窗体,在弹出的快捷菜单中选择“布局视图”选项。弹出“窗体_向导_学生数据信息”窗体的布局视图,其中“照片”比修改前更便捷实用,修改后单击“保存”按钮,如图 4-7 所示。其他数据字段在窗体中的修改可以按此方法进行,不再赘述。

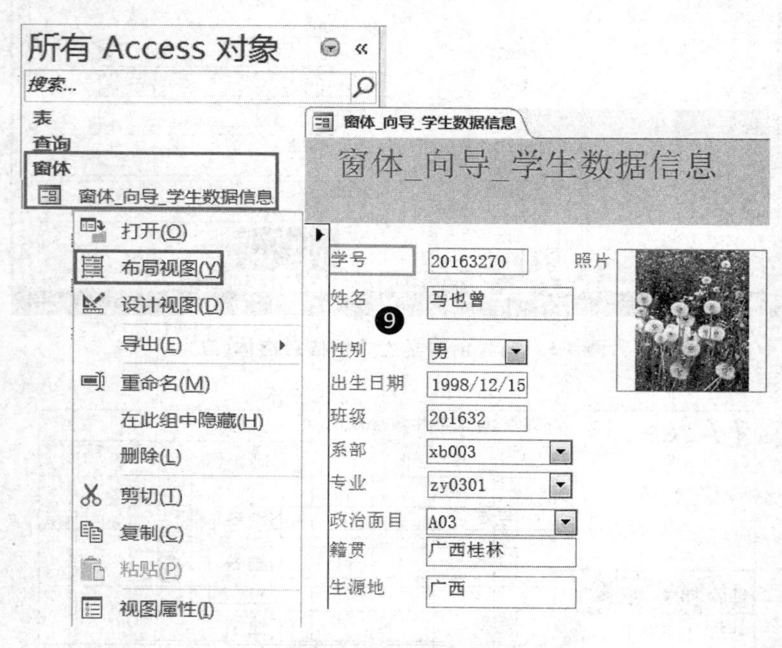

图 4-7 向导创建学生数据信息窗体(七)

4.2.2 向导创建表格式窗体

打开“高校学生信息系统”数据库,使用窗体向导可以对数据表或查询创建表格式布局的窗体,对“学生”表的详细数据信息进行窗体展示,命名为“窗体_向导_表格式_学生数据信息”,包括学号、姓名、性别、出生日期、班级、系部、专业、政治面目、籍贯、生源地、照片等。向导创建此窗体的过程如图 4-8～图 4-12 所示。为改进展示效果进行的修改过程如图 4-13～图 4-15 所示。

❶ 在导航栏中选择对象类别“表”中的“学生”数据表,如图 4-8 所示。

❷ 在“创建”选项卡“窗体”群组中选择“窗体向导”选项。

❸ 在弹出的“窗体向导”对话框的“表/查询”中选择“表: 学生”(若在❶中已选择该表,此处将自动识别该表),在“可用字段”中选择“学号”、“姓名”、“性别”、“出生日期”、“班级”、“系部”、“专业”、“政治面目”、“籍贯”、“生源地”、“照片”等字段,单击 > 按钮,向目标窗体添加这些数据字段,单击“下一步”按钮,如图 4-9 所示。

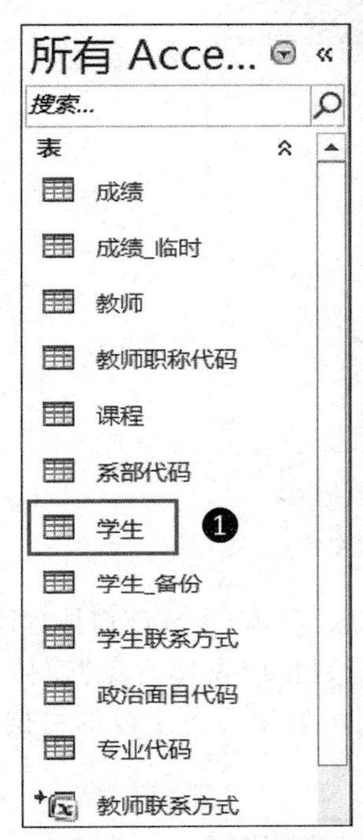

图 4-8 窗体向导创建表格式学生数据信息窗体(一)

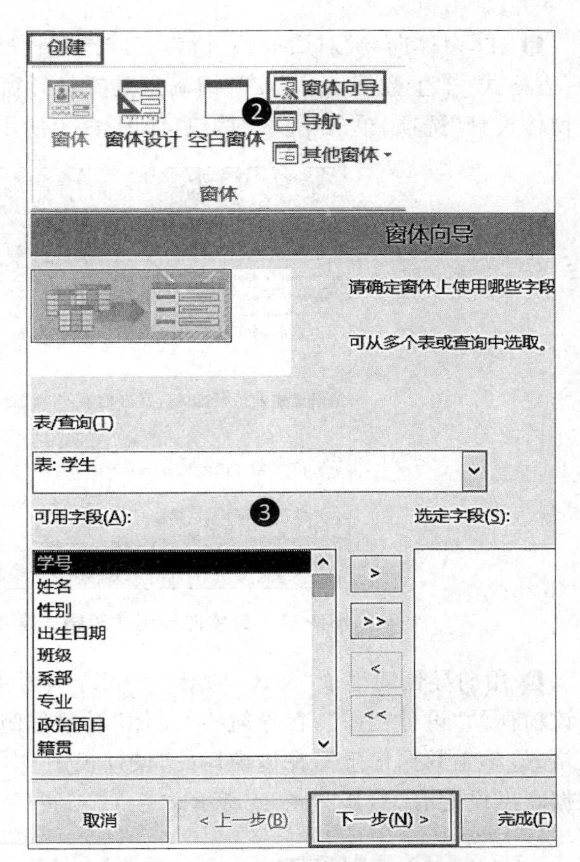

图 4-9 窗体向导创建表格式学生数据信息窗体(二)

❹ 在“窗体向导”对话框中选择“表格”作为窗体布局的样式,单击“下一步”按钮,如图 4-10 所示。

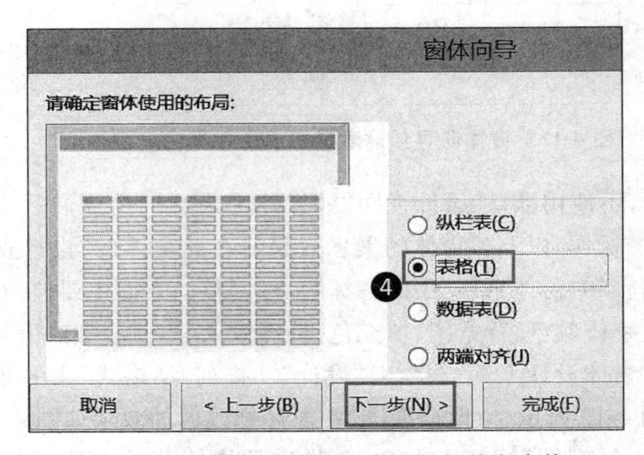

图 4-10 窗体向导创建表格式学生数据信息窗体(三)

❺ 在“窗体向导”对话框的“请为窗体指定标题”栏中填入目标窗体的标题“窗体_向导_表格式_学生数据信息”，在“请确定是要打开窗体还是要修改窗体设计”栏中选择“修改窗体设计”选项，单击“完成”按钮，如图 4-11 所示。

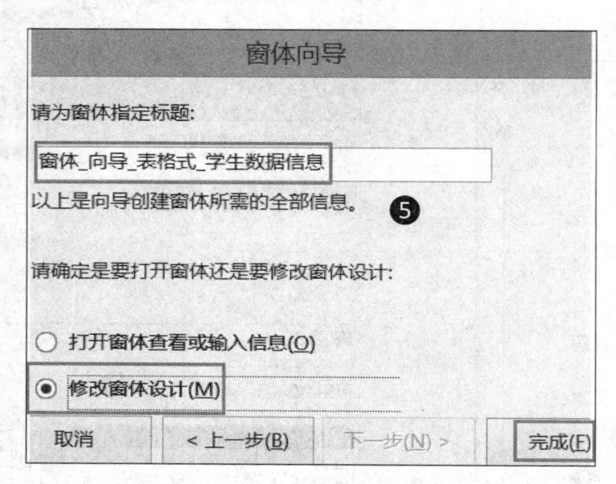

图 4-11　窗体向导创建表格式学生数据信息窗体（四）

❻ 用向导创建生成“窗体_向导_表格式_学生数据信息”窗体，生成该窗体，并自动打开该窗体的“设计视图”，在导航栏“窗体”对象群组中能看到相应窗体对象“窗体_向导_表格式_学生数据信息”，在该窗体的“设计视图”中默认展示效果与各字段的数据类型及数据宽度设定有关，如图 4-12 所示。

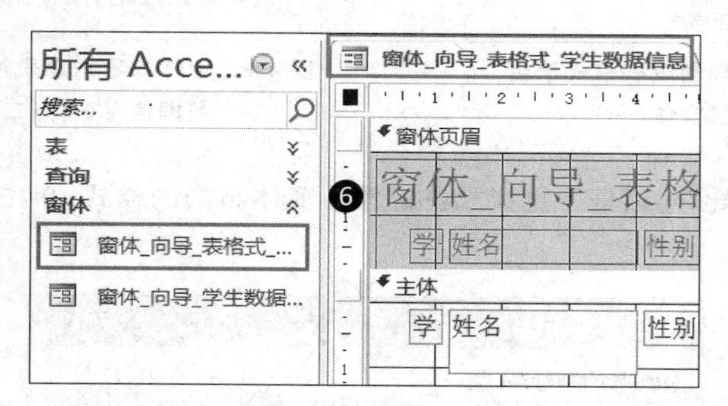

图 4-12　窗体向导创建表格式学生数据信息窗体（五）

❼ 一般情况下，不使用默认“设计视图”效果作为最终的窗体展示效果，一般都会进行调整修改窗体设计的操作，以调整窗体的展示效果。在此窗体的“设计视图”中，调整“窗体主体”中的各字段内容和“窗体页眉”中的各标题，可调整的方面主要包括位置、大小宽窄、字体、字号、对齐方式、字体颜色、背景图、填充色、特殊效果等，使各字段信息的展示效果更佳，调整修改时可使用“窗体设计工具”选项卡“设计”、“排列”、“格式”中的相关设定。“窗体设计工具”选项卡如图 4-13 所示。“设计视图”中窗体修改后的效果如图 4-14 所示。

❽ 在窗体的“设计视图”标签上右击，在弹出的快捷菜单中选择“窗体视图”选项，窗体将切换至“表格式”窗体的“窗体视图”显示模式，单击视图下方的方向按钮“▸”和

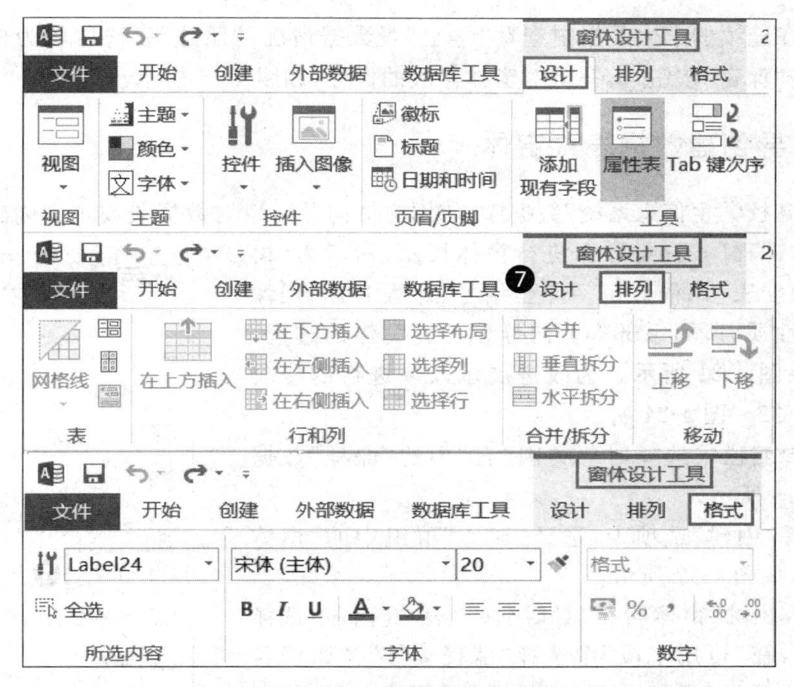

图 4-13　窗体向导创建表格式学生数据信息窗体（六）

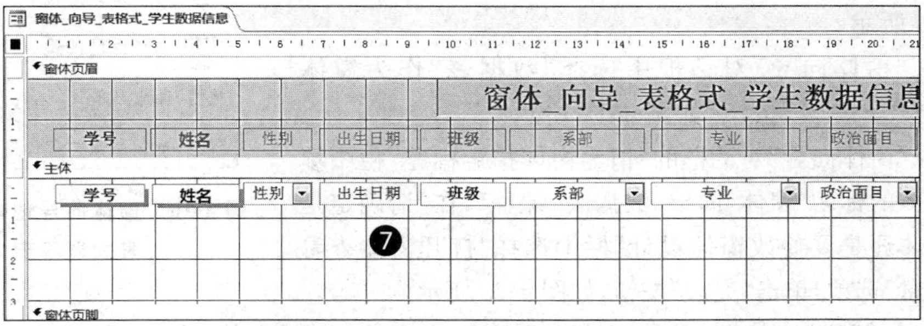

图 4-14　窗体向导创建表格式学生数据信息窗体（七）

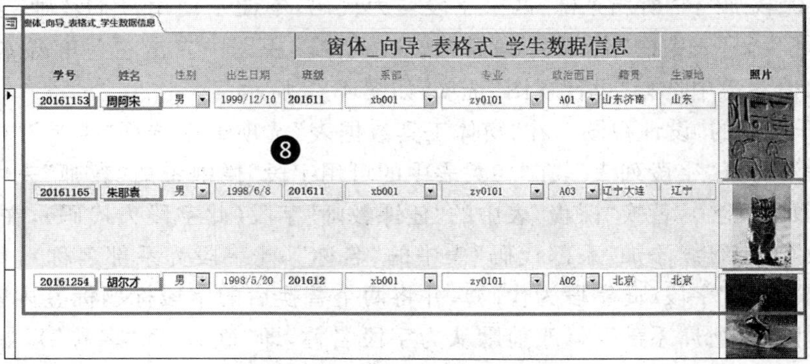

图 4-15　窗体向导创建表格式学生数据信息窗体（八）

"◀",可以在连续的学生数据中查看"学生"表数据情况,"照片"字段以较为便捷的方式展示。单击"保存"按钮,完成对窗体修改的保存,如图 4-15 所示。

4.2.3 向导创建数据表式窗体

打开"高校学生信息系统"数据库,使用窗体向导可以对数据表或查询创建"数据表"式窗体,对"课程"表详细数据进行窗体展示,命名为"窗体_向导_数据表_课程",包括课程编号、课程名称、任课教师、课程性质、所属系部等。向导创建此窗体的过程,如图 4-16～图 4-21 所示。为改进展示效果进行的修改过程如图 4-22～图 4-24 所示。

❶ 在导航栏中选择对象类别"表"中的"课程"数据表,如图 4-16 所示。

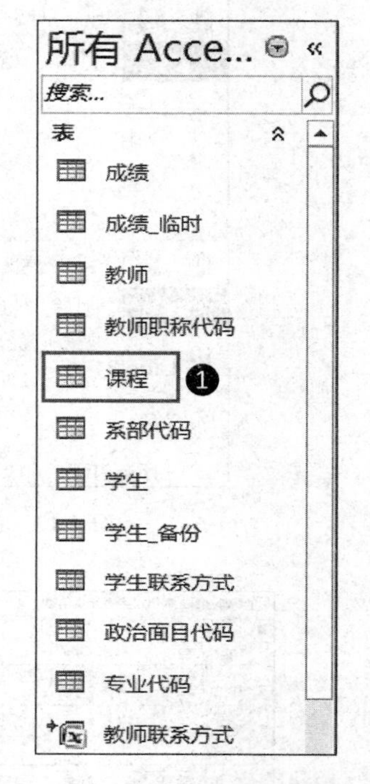

图 4-16 窗体向导创建数据表式课程窗体(一)

❷ 选择"创建"选项卡,选择"窗体"群组中的"窗体向导"选项,如图 4-17 所示。

❸ 在弹出的"窗体向导"对话框的"表/查询"中选择"表:课程",在"可用字段"中选择"课程编号"、"课程名称"、"课程性质"、"所属系部"、"任课教师"等字段,单击 > 按钮,向目标窗体添加这些字段,单击"下一步"按钮,如图 4-18 所示。

❹ 在"窗体向导"对话框中选择"数据表"作为窗体布局,单击"下一步"按钮,如图 4-19 所示。

❺ 在"窗体向导"对话框的"请为窗体指定标题"栏中填入目标窗体的标题"窗体_向导_数据表_课程",在"请确定是要打开窗体还是要修改窗体设计"栏中选择"打开窗体查看或输入信息"选项,单击"完成"按钮,如图 4-20 所示。

❻ 在导航栏"窗体"对象群组中能看到相应窗体对象"窗体_向导_数据表_课程",其窗体视图如图 4-21 所示。

❼ "任课教师"和"所属系部"两个字段均为代码,不便于使用,用"教师"表中"姓名"字段和"系部代码"表中的"名称"字段替换。在此窗体视图中右击左上角窗体名称标签,在弹出的快捷菜单中选择"设计视图"选项,如图 4-22 所示。

❽ 打开窗体的"设计视图",在"窗体工具数据表"选项卡中选择"工具"群组中的"添加现有字段",打开"字段列表",在"相关表中的可用字段"栏中添加"教师"表中的"姓名"(此字段为教师姓名),替换"课程"表中的"任课教师"字段(此字段为代码),在"相关表中的可用字段"栏中继续添加"系部代码"表中的"名称"(此字段为系部名称),替换"课程"表中的"所属系部"字段(此字段为代码),并将两个替换后的字段标题标签内容分别修改为"任课教师"和"所属系部"(修改前默认为字段名称,即"姓名"和"名称"),如图 4-23 所示。若出现"选择关系"对话框,则选择其中来自"课程"的匹配。

❾ 在“设计视图”模式下右击该视图的左上角标窗体名称标签，在弹出的快捷菜单中选择“数据表视图”选项，转入数据表视图模式展示“窗体_向导_数据表_课程”窗体，单击“保存”按钮，完成对窗体修改的保存，如图 4-24 所示。

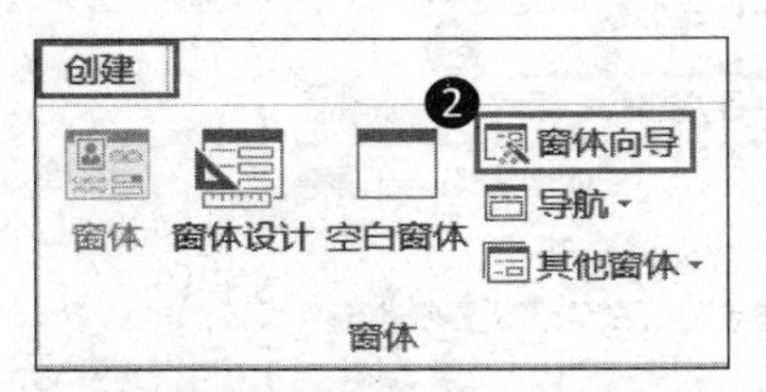

图 4-17 窗体向导创建数据表式课程窗体（二）

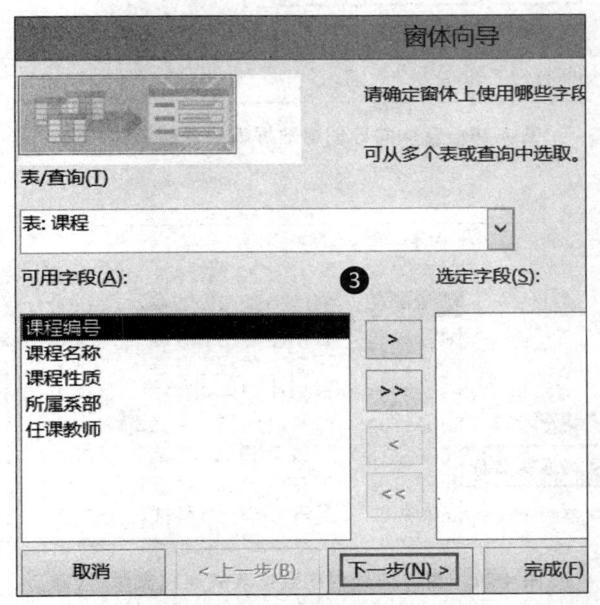

图 4-18 窗体向导创建数据表式课程窗体（三）

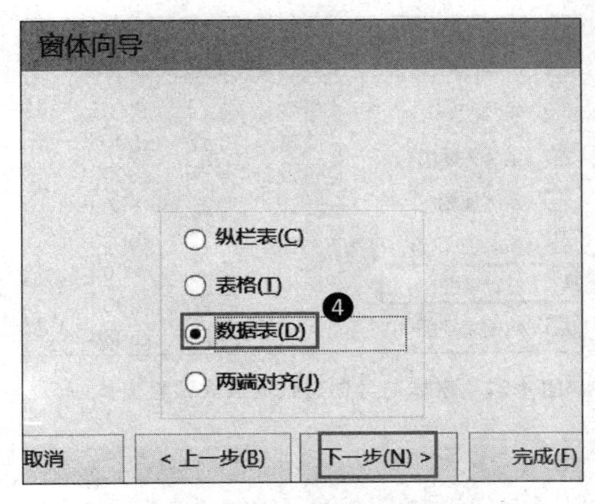

图 4-19 窗体向导创建数据表式课程窗体（四）

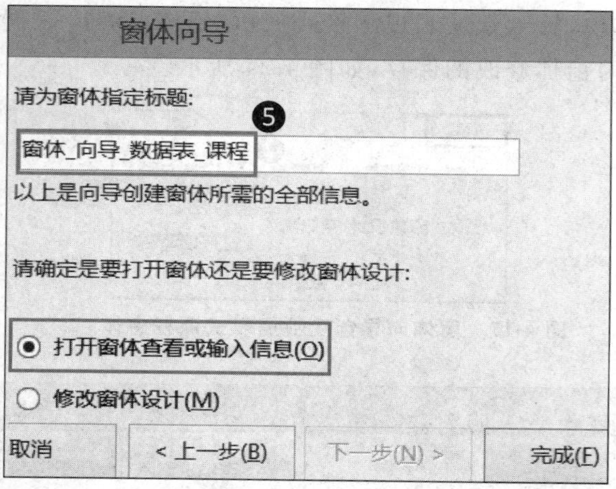

窗体向导

请为窗体指定标题:

❺ 窗体_向导_数据表_课程

以上是向导创建窗体所需的全部信息。

请确定是要打开窗体还是要修改窗体设计:

◉ 打开窗体查看或输入信息(O)

○ 修改窗体设计(M)

取消 < 上一步(B) 下一步(N) > 完成(F)

图 4-20 窗体向导创建数据表式课程窗体(五)

Acce...

窗体

窗体_向导_表格式_学...

窗体_向导_数据表_课程

窗体_向导_学生数据...

窗体_向导_数据表_课程

课程编号	课程名称	课程	所属系部	任课教师
kc012203	数字逻辑电路	考查	xb001	1100006
kc021106	数据库应用扌	考查	xb002	1100008
kc021203	面向对象程序	考查	xb002	1100008
kc022205	可视化程序设	考查	xb002	1100008
kc031102	计算机网络	考试 ❻	xb003	1100019
kc041115	行政管理	考试	xb004	1100003
kc051109	信息保护	考查	xb005	1100007
kc061201	高等数学	考试	xb006	1100018
kc072101	大学英语	考试	xb007	1100015

图 4-21 窗体向导创建数据表式课程窗体(六)

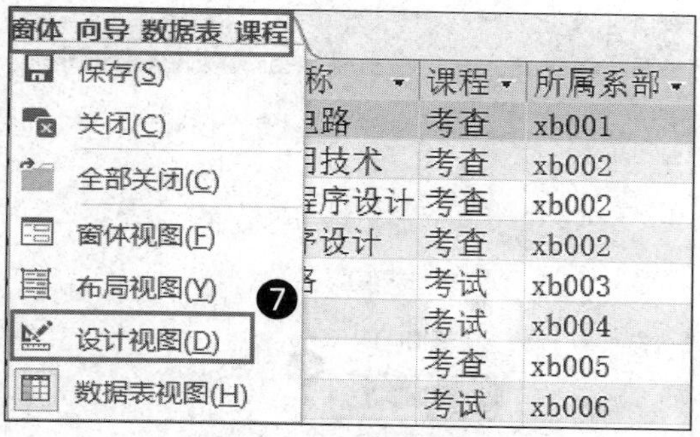

窗体_向导_数据表_课程

保存(S)

关闭(C)

全部关闭(C)

窗体视图(F)

布局视图(Y) ❼

设计视图(D)

数据表视图(H)

称	课程	所属系部
电路	考查	xb001
用技术	考查	xb002
程序设计	考查	xb002
序设计	考查	xb002
各	考试	xb003
	考试	xb004
	考查	xb005
	考试	xb006

图 4-22 窗体向导创建数据表式课程窗体(七)

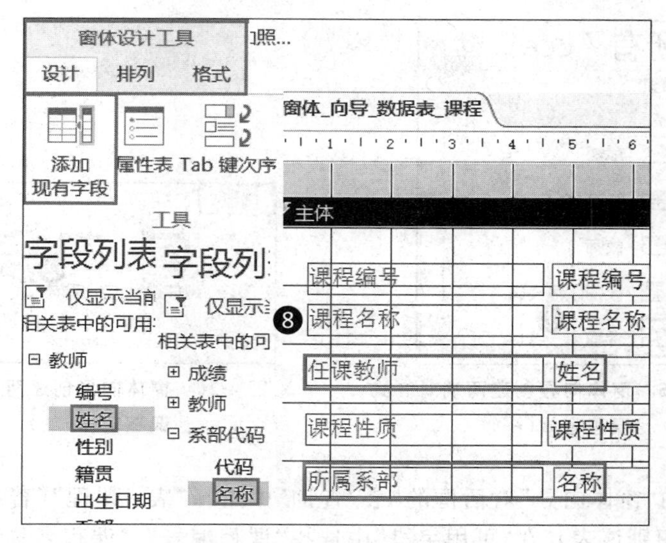

图 4-23 窗体向导创建数据表式课程窗体(八)

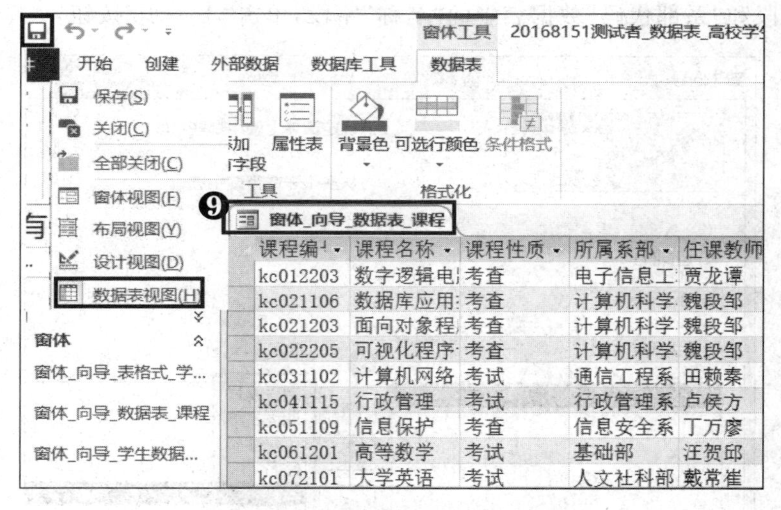

图 4-24 窗体向导创建数据表式课程窗体(九)

4.2.4 向导创建两端对齐式窗体

打开“高校学生信息系统”数据库,使用窗体向导可以对数据表或查询创建“两端对齐”式布局的窗体,对“课程”表的详细数据信息进行窗体展示,命名为“窗体_向导_两端对齐_课程”,包括课程编号、课程名称、任课教师姓名、课程性质、课程所属系部名称等数据。向导创建此窗体的过程如图 4-25～图 4-32 所示。

❶ 在导航栏中选择对象类别“表”中的“课程”数据表,如图 4-25 所示。

❷ 选择“创建”选项卡,单击“窗体”群组中的“窗体向导”选项,如图 4-26 所示。

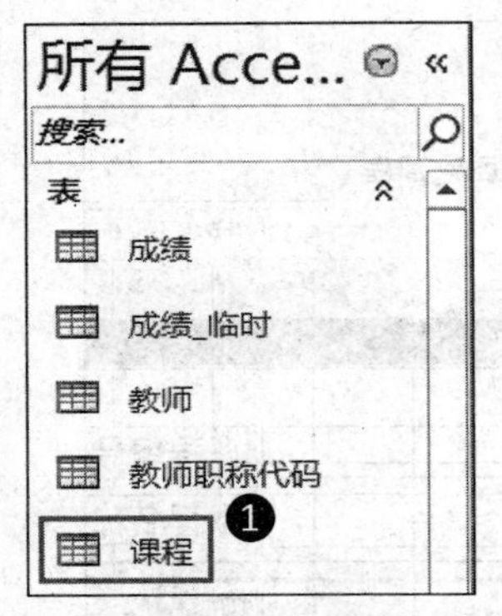

图 4-25 窗体向导创建两端对齐式课程窗体(一)

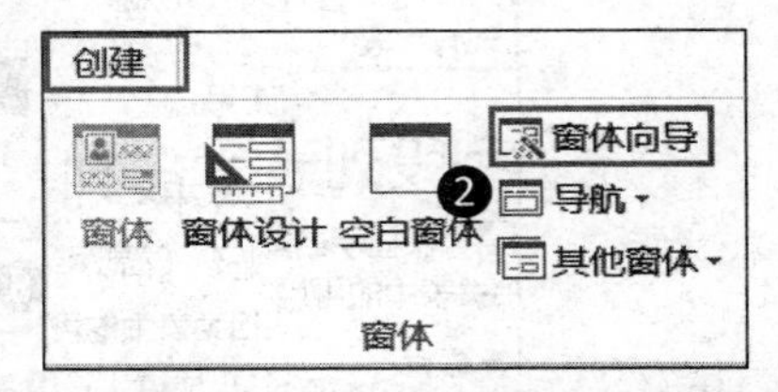

图 4-26 窗体向导创建两端对齐式课程窗体(二)

❸ 在弹出的"窗体向导"对话框的"表/查询"中选择"表：课程"(若在❶中已选择该表,此处将自动识别该表),在"可用字段"中选择"课程编号"、"课程名称"、"课程性质"字段,单击 > 按钮,向目标窗体添加这些数据字段,用同样方法继续添加"教师"数据表中的"姓名"字段和"系部代码"数据表中的"名称"字段,单击"下一步"按钮,如图 4-27 所示。

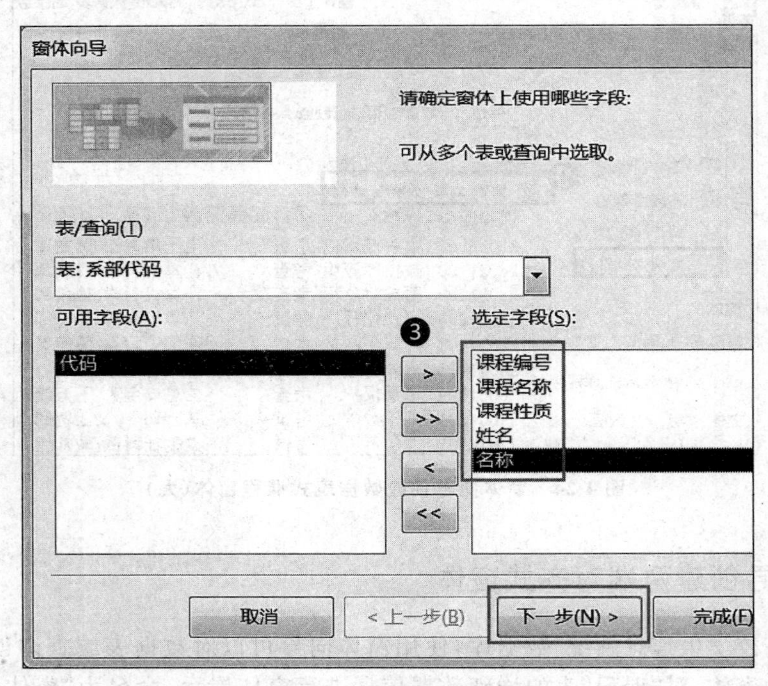

图 4-27 窗体向导创建两端对齐式课程窗体(三)

❹ 在弹出的"窗体向导"对话框的"请确定查看数据的方式"栏中选择"通过 课程"选项,单击下一步按钮,如图 4-28 所示。

❺ 在弹出的"窗体向导"对话框的"请确定窗体使用的布局："栏中选择"两端对齐"选项,单击"下一步"按钮,如图 4-29 所示。

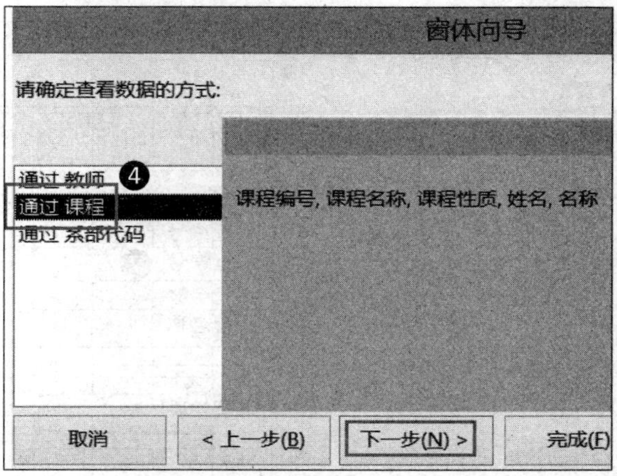

窗体向导

请确定查看数据的方式:

通过 教师
通过 课程
通过 系部代码

课程编号, 课程名称, 课程性质, 姓名, 名称

取消 | < 上一步(B) | 下一步(N) > | 完成(F)

图 4-28 窗体向导创建两端对齐式课程窗体(四)

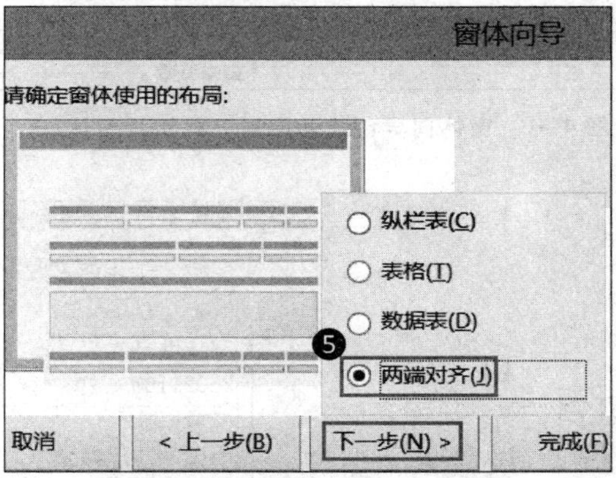

窗体向导

请确定窗体使用的布局:

纵栏表(C)
表格(T)
数据表(D)
两端对齐(J)

取消 | < 上一步(B) | 下一步(N) > | 完成(F)

图 4-29 窗体向导创建两端对齐式课程窗体(五)

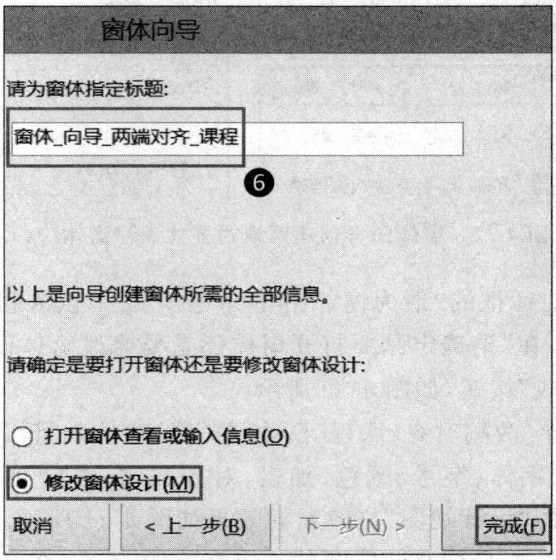

窗体向导

请为窗体指定标题:

窗体_向导_两端对齐_课程

以上是向导创建窗体所需的全部信息。

请确定是要打开窗体还是要修改窗体设计:

打开窗体查看或输入信息(O)
修改窗体设计(M)

取消 | < 上一步(B) | 下一步(N) > | 完成(F)

图 4-30 窗体向导创建两端对齐式课程窗体(六)

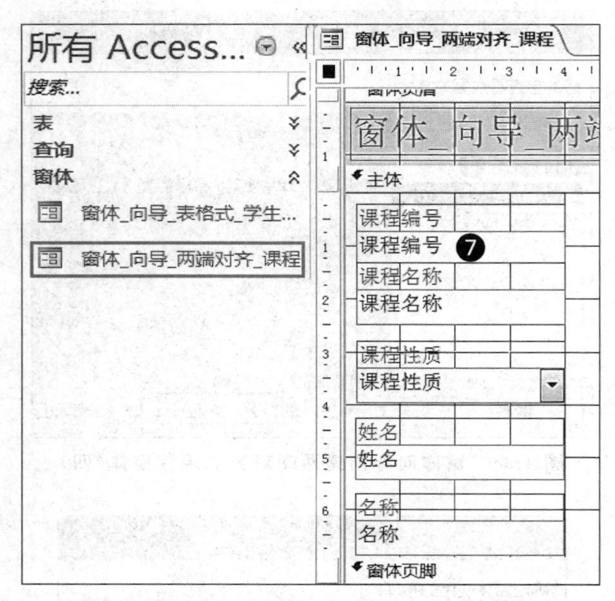

图 4-31　窗体向导创建两端对齐式课程窗体(七)

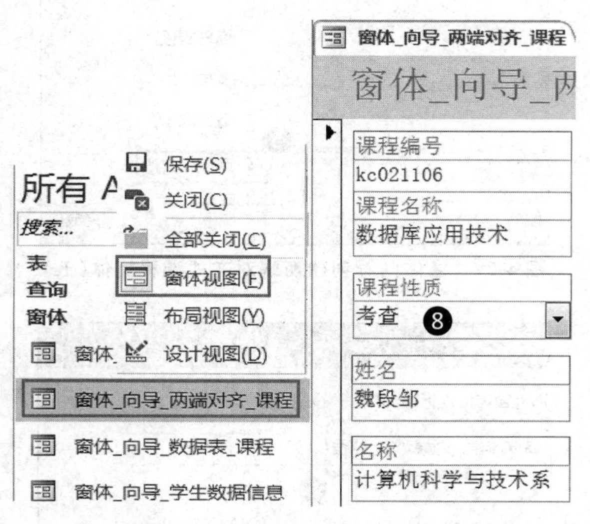

图 4-32　窗体向导创建两端对齐式课程窗体(八)

❻ 在“窗体向导”对话框的“请为窗体指定标题：”栏中填入目标窗体的标题“窗体_向导_两端对齐_课程”，在“请确定是要打开窗体还是要修改窗体设计”栏中选择“修改窗体设计”选项，单击“完成”按钮，如图 4-30 所示。

❼ 选择“窗体_向导_两端对齐_课程”窗体，打开该窗体的“设计视图”继续修改，主要包括标题和字段内容的字体、字号、颜色、加粗、对齐方式、位置、大小宽窄等。“窗体_向导_两端对齐_课程”窗体“设计视图”修改后的效果如图 4-31 所示。

❽ 在“设计视图”模式下右击该视图的左上角名称标签，在弹出的快捷菜单中选择

“窗体视图”。转入“窗体视图”展示“窗体_向导_两端对齐_课程”窗体，单击视图下方按钮“▶”和“◀”，在连续的课程数据中查看与课程相关主要数据信息，例如课程编号（来自“课程”表）、课程名称（来自“课程”表）、课程性质（来自“课程”表）、姓名（来自“教师”表）即教师姓名、名称（来自“系部代码”表）即系部名称，单击“保存”按钮，保存窗体，如图 4-32 所示。

4.3 创建其他窗体

4.3.1 创建多个项目窗体

Access 2013 为创建窗体提供了多种方法，可以使用“多个项目”方式创建窗体。

打开“高校学生信息系统”数据库，用“多个项目”方式创建一个窗体，以立即显示多条学生的通讯信息数据记录，对以“学生联系方式”表为主体的学生详细通讯数据信息进行窗体展示，命名为“窗体_多个项目_学生联系方式”窗体，包括学号、电子邮箱、手机号码、宿舍电话号码、家庭电话号码、在校通信地址、家庭通信地址、备注、QQ、MSN、飞信等数据。创建窗体的过程如图 4-33 和图 4-34 所示，为改进展示效果进行修改的过程如图 4-35～图 4-37 所示。

❶ 在导航栏中选择“学生联系方式”表。选择“创建”选项卡“窗体”群组中的“其他窗体”选项，在下拉列表中选择“多个项目”选项，如图 4-33 所示。

❷ 右击当前窗体的名称标签，在弹出的快捷菜单中选择“设计视图”选项，如图 4-34 所示。

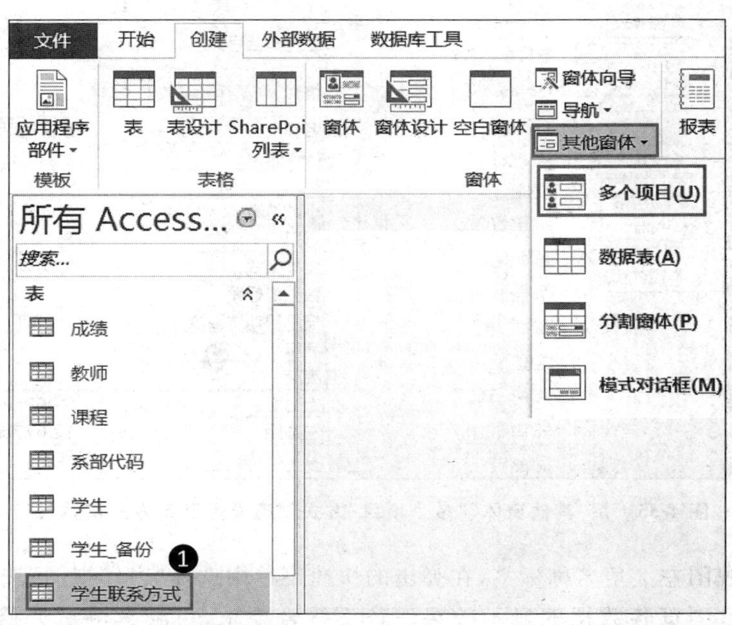

图 4-33 用“其他窗体”“多个项目”方式创建学生联系方式窗体（一）

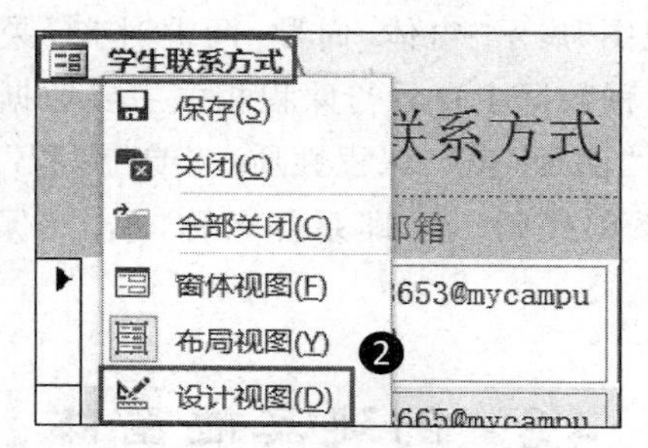

图 4-34　用“其他窗体”“多个项目”方式创建学生联系方式窗体（二）

❸ 在“设计视图”模式中将“主体”中各字段调整到适当尺寸，以便显示效果更佳。例如，右击“家庭电话号码”，在弹出的快捷菜单选项中选择“属性”选项。在“属性表”对话框“全部”标签页中修改“宽度”和“高度”栏的值。若用鼠标拖动方式能够很好地控制修改调整的尺寸，也可用鼠标拖动直接调整宽高尺寸。修改“主体”内各字段后调整页眉各标签的尺寸和页脚的位置等，如图 4-35 所示。

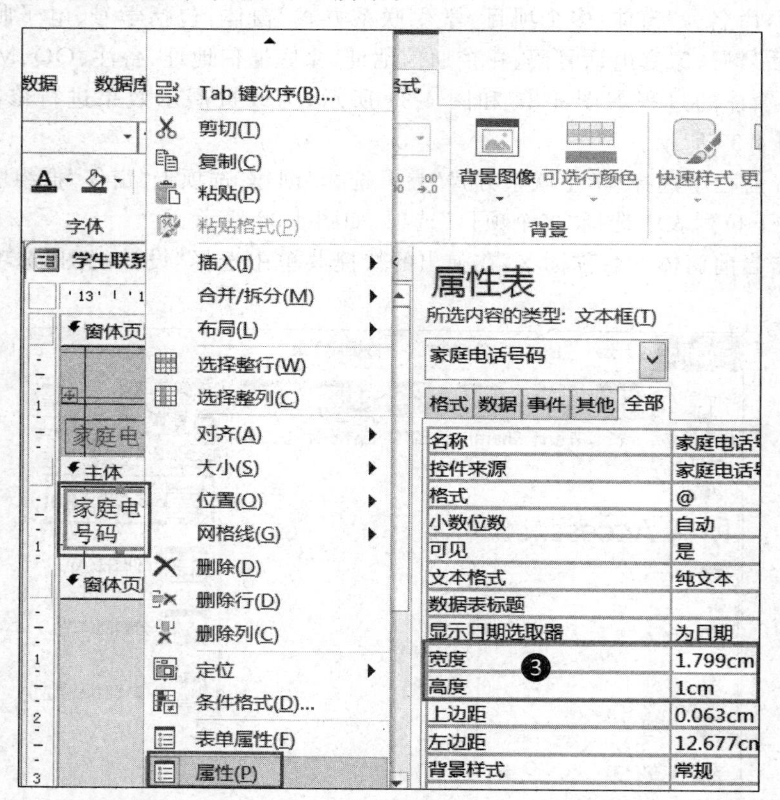

图 4-35　用“其他窗体”“多个项目”方式创建学生联系方式窗体（三）

❹ 右击视图左上角名称标签，在弹出的快捷菜单中选择“窗体视图”选项，切换至“窗体视图”模式，浏览各数据的显示效果。若不符合要求，可继续测试并修改，如图 4-36 所示。

图 4-36　用“其他窗体”“多个项目”方式创建学生联系方式窗体(四)

❺ 修改完成后,单击“保存”按钮,弹出“另存为”对话框,输入“窗体_多个项目_学生联系方式”作为窗体名称,单击“确定”按钮,如图 4-37 所示。

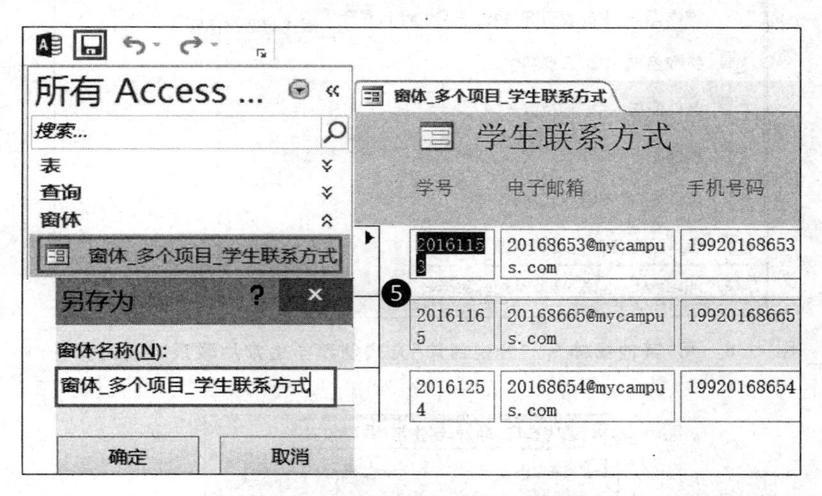

图 4-37　用“其他窗体”“多个项目”方式创建学生联系方式窗体(五)

4.3.2 创建分割窗体

分割窗体可以同时提供数据的两种视图:窗体视图和数据表视图。这两种视图连接到同一数据源,并且总是保持相互同步。在 Access 2013 中,可以使用“其他窗体”中的“分割窗体”创建分割窗体,所创建窗体的数据可以来自数据表或查询。

打开“高校学生信息系统”数据库,用“其他窗体”→“分割窗体”方式创建一个分割窗体,以显示多名学生的常用联系方式记录。对“学生常用联系方式”查询的数据信息进行窗体展示,创建一个分割窗体,同时显示数据表记录和焦点数据信息,命名为“窗体_分割窗体_学生常用联系方式"窗体，包括学号、姓名、手机号码、电子邮箱、QQ、飞信、MSN等数据。创建窗体命名为"窗体_分割窗体_学生常用联系方式"，创建窗体的过程如图4-38和图4-39所示，为改进展示效果进行修改的过程如图4-40～图4-43所示。

❶ 在导航栏中选择"选择查询_向导_学生常用联系方式"查询。选择"创建"选项卡"窗体"群组中的"其他窗体"选项，在下拉列表中选择"分割窗体"选项，如图4-38所示。

❷ 右击当前窗体的名称标签，在弹出的快捷菜单中选择"设计视图"选项，如图4-39所示。

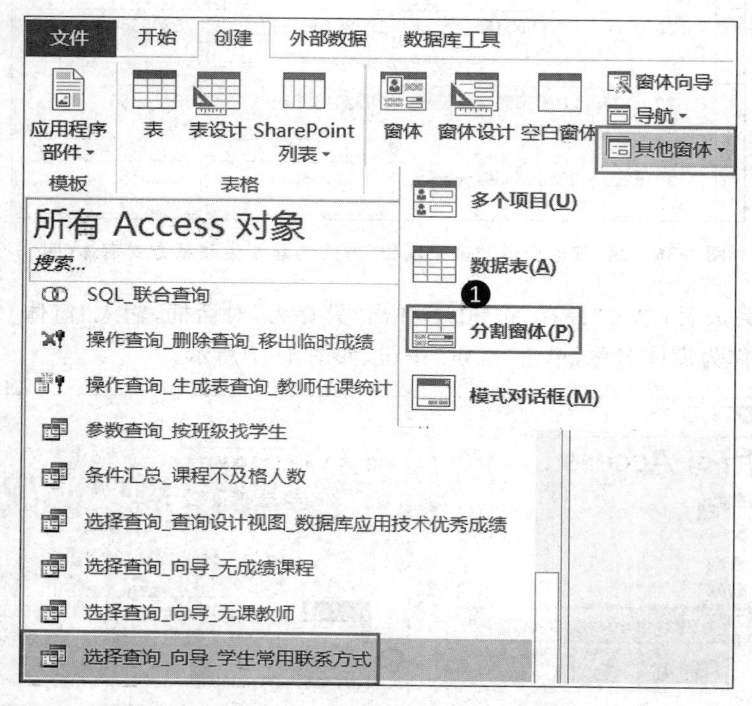

图4-38 用"其他窗体"→"分割窗体"方式创建学生常用联系方式窗体(一)

图4-39 用"其他窗体"→"分割窗体"方式创建学生常用联系方式窗体(二)

❸ 进入“设计视图”模式，尝试将“主体”中各字段调整到适当位置和尺寸，以便使显示效果更佳。例如，右击“学号”字段，在弹出的快捷菜单选项中选择“属性”选项，在“属性表”对话框“格式”标签页中修改设置“宽度”和“高度”的值，修改值时以显示效果更好为准。修改“主体”内各字段位置、尺寸、字体、字号、加粗、颜色等属性，调整页眉各标签的尺寸、加粗、颜色、字体、字号和页脚位置等。在设计视图中修改窗体，如图4-40所示。在布局视图修改窗体如图4-41所示。

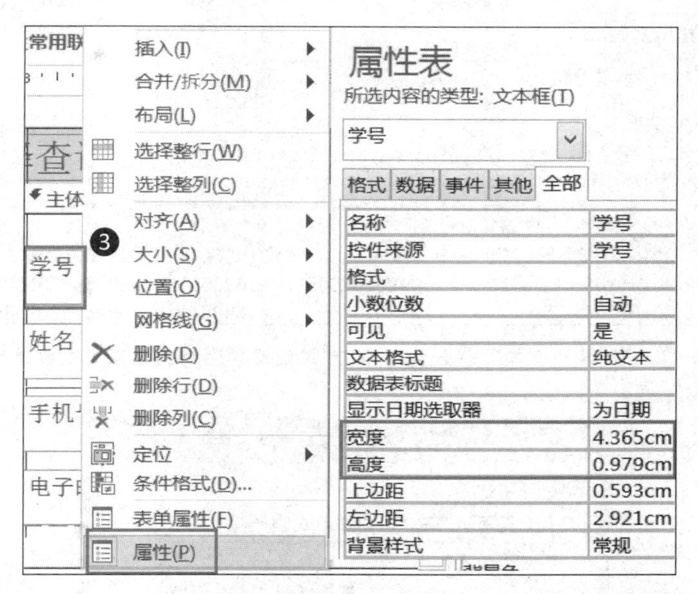

图4-40 用“其他窗体”→“分割窗体”方式创建学生常用联系方式窗体(三)

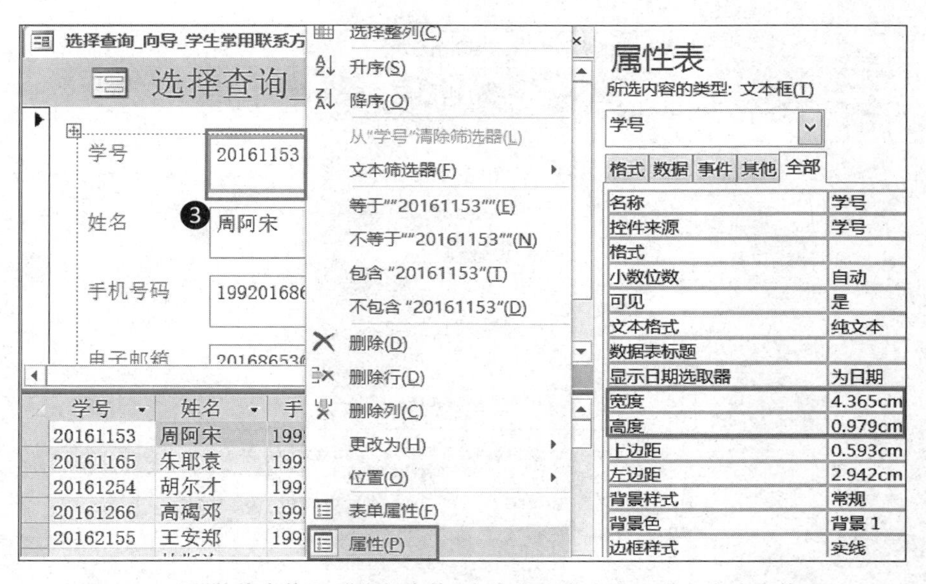

图4-41 用“其他窗体”→“分割窗体”方式创建学生常用联系方式窗体(四)

图 4-42　用“其他窗体”→“分割窗体”方式创建学生常用联系方式窗体(五)

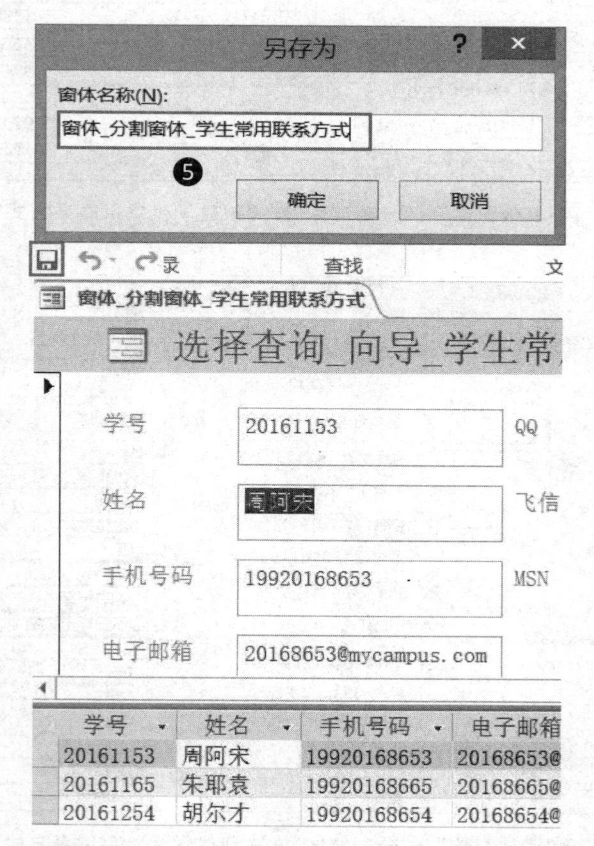

图 4-43　用“其他窗体”→“分割窗体”方式创建学生常用联系方式窗体(六)

❹ 修改完成后，右击视图左上角的名称标签，在弹出的快捷菜单中选择“窗体视图”，浏览分割窗体的显示效果，如图 4-42 所示。

❺ 修改完成后，单击“保存”按钮，弹出“另存为”对话框，输入“窗体_分割窗体_学生常用联系方式”作为窗体名称，单击“确定”按钮。左侧导航栏“窗体”对象中显示出“窗体_分割窗体_学生常用联系方式”窗体，右侧显示出该窗体的窗体视图，如图 4-43 所示。

使用分割窗体，可以在一个窗体中同时享有两种窗体类型的优势。可以使用窗体下方的数据表部分快速定位记录，使用窗体上方的详情部分查看或编辑数据，窗体上方的详情部分以醒目实用的方式呈现出数据信息。

4.3.3 创建模式对话框窗体

模式对话框窗体的主要特点是可以浮动在屏幕上，用户需要选择或输入数据才能执行操作。在 Access 2013 中，可以使用“其他窗体”中的“模式对话框”创建模式对话框窗体，所创建窗体的数据应来自数据表。与其他类别窗体不同的是，模式对话框窗体的数据不可以来自查询。

打开“高校学生信息系统”数据库，用“其他窗体”→“模式对话框”方式创建一个模式对话框窗体，以详细展示学生的主要联系方式信息，并允许用户进行修改、保存、添加数据等操作，用户可以在多条记录间移动展示。创建中将以“学生联系方式”表为主要数据来源，使用“学生联系方式”表中的“学号”、“手机号码”、“电子邮箱”、QQ、MSN、“飞信”，此外为使窗体展示效果更佳，引入与“学生联系方式”表相关联的“学生”表“姓名”字段。窗体命名为“窗体_模式对话框_学生主要联系方式”，创建窗体的过程如图 4-44～图 4-74 所示。

❶ 选择“创建”选项卡“窗体”群组中的“其他窗体”选项，在下拉列表中选择“模式对话框”选项，将创建出窗体，以设计视图展示当前界面，如图 4-44 所示。

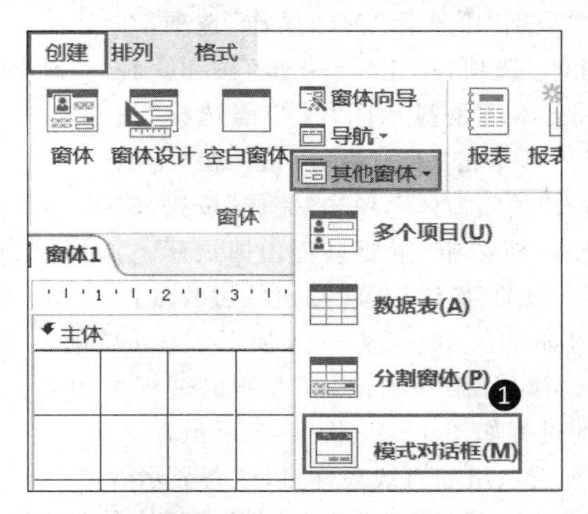

图 4-44 创建学生主要联系方式窗体(一)

❷ 在“窗体设计工具”的“设计”选项卡“工具”群组中选择“添加现有字段”选项。在“字段列表”对话框中选择“显示所有表”选项，在数据表的表列中选择打开“学生联系方

式”表，分别双击添加“学生联系方式”表的“学号”、“电子邮箱”、“手机号码”、QQ、MSN、“飞信”字段。在相关表中选择打开“学生”表，双击添加“学生”表的“姓名”字段，如图4-45所示。

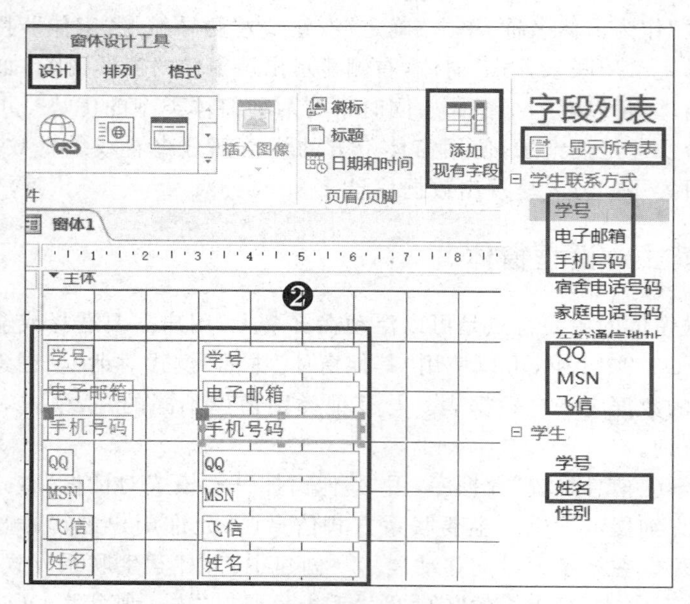

图 4-45 创建学生主要联系方式窗体(二)

❸ 选择当前窗体中的“确定”按钮和“取消”按钮，按Delete键删除这两个按钮。选择“窗体设计工具”中的“设计”选项卡，在“控件”群组中选择“按钮”图标，在窗体中添加按钮，弹出“命令按钮向导”对话框，在“请选择按下按钮时执行的操作”步骤的“类别”中选择“窗体操作”选项，在“操作”中选择“关闭窗体”选项，单击“下一步”按钮。在“请确定在按钮上显示文本还是显示图片”步骤选择“文本”选项，填入“关闭窗体”，单击“下一步”按钮。在“请指定按钮的名称”步骤输入“关闭窗体”，单击“完成”按钮，如图4-46～图4-49所示。

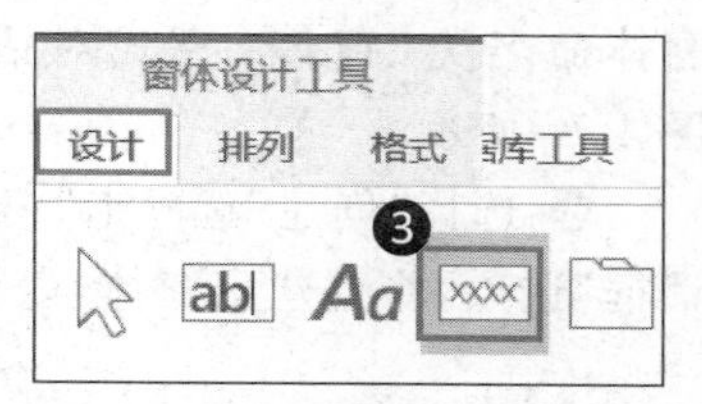

图 4-46 创建学生主要联系方式窗体(三)

用同样的方法添加其他按钮，主要过程由图展示。添加“保存记录”按钮的过程如图4-50～图4-52所示。添加“撤销记录”按钮的过程如图4-53～图4-55所示。添加“下一项记录”按钮的过程如图4-56～图4-58所示。添加“前一项记录”按钮的过程如图4-59～图4-61所示。添加“第一项记录”按钮的过程如图4-62～图4-64所示。添加“最后一项记录”按钮的过程如图4-65～图4-67所示。

❹ 为当前窗体添加选项组和直线控件，以改善显示效果。

选择“窗体设计工具”中“设计”选项卡“控件”群组中的“选项组”选项，在窗体中用鼠标勾画所添加“选项组”控件，自动弹出“选项组向导”对话框，此处不需要标签，不要输入“标签名称”，单击“取消”按钮，如图4-68和图4-69所示。

命令按钮向导
请选择按下按钮时执行的操作:
针对每一类别，可有多种不同的操作。
类别(C):
操作(A):
3
记录导航
记录操作
窗体操作
报表操作
应用程序
杂项
关闭窗体
刷新窗体数据
应用窗体筛选
打印当前窗体
打印窗体
打开窗体
取消
< 上一步(B)
下一步(N) >
完成(F)

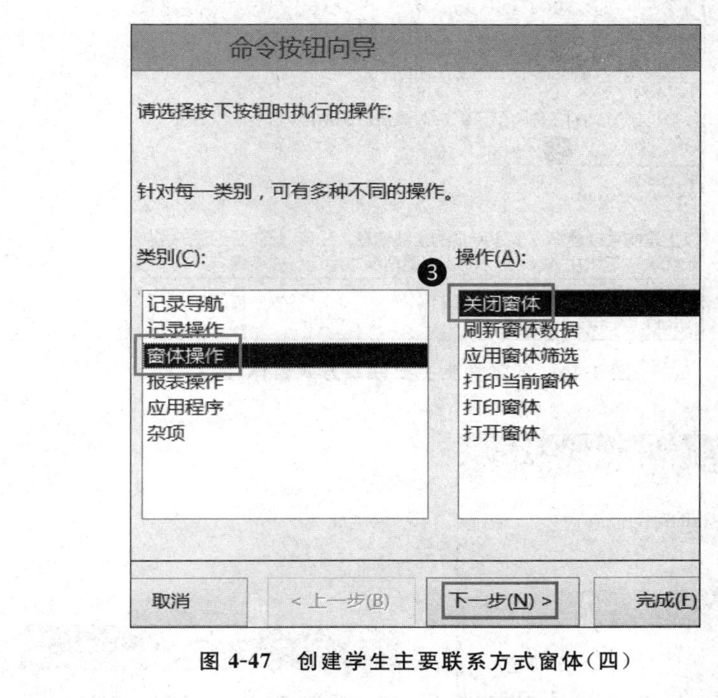

图 4-47 创建学生主要联系方式窗体(四)

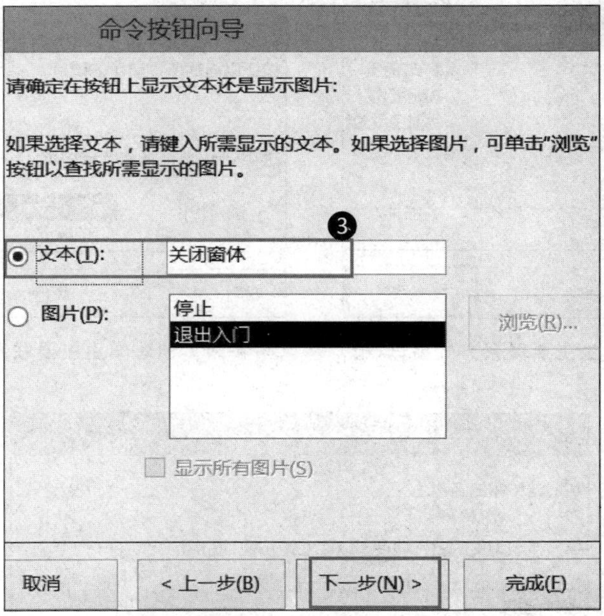

命令按钮向导
请确定在按钮上显示文本还是显示图片:
如果选择文本，请键入所需显示的文本。如果选择图片，可单击"浏览"按钮以查找所需显示的图片。
3
文本(T):
关闭窗体
图片(P):
停止
退出入门
浏览(R)...
显示所有图片(S)
取消
< 上一步(B)
下一步(N) >
完成(F)

图 4-48 创建学生主要联系方式窗体(五)

命令按钮向导

请指定按钮的名称:

具有特定意义的名称将便于以后对该按钮的引用。

❸

关闭窗体

以上是向导创建命令按钮所需的全部信息。注意: 此向导创建的是嵌入式宏，不能在 Access 2003 或更早版本中运行或编辑。

取消 < 上一步(B) 下一步(N) > 完成(F)

图 4-49 创建学生主要联系方式窗体(六)

命令按钮向导

请选择按下按钮时执行的操作:

针对每一类别，可有多种不同的操作。

类别(C): 记录导航 记录操作 窗体操作 报表操作 应用程序 杂项

操作(A): 保存记录 删除记录 复制记录 打印记录 撤消记录 添加新记录

取消 < 上一步(B) 下一步(N) >

图 4-50 创建学生主要联系方式窗体(七)

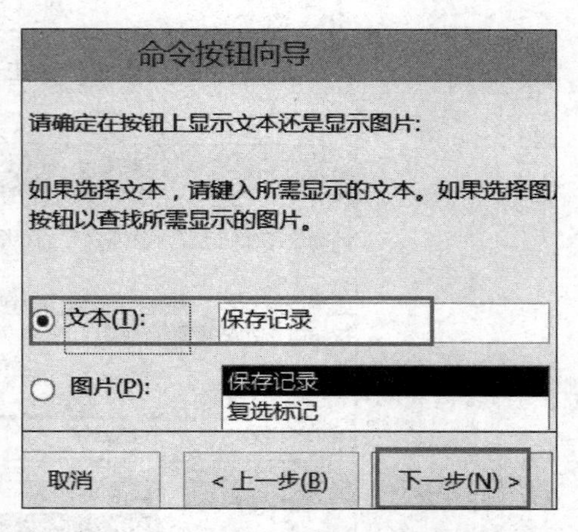

图 4-51 创建学生主要联系方式窗体(八)

命令按钮向导

请指定按钮的名称:

具有特定意义的名称将便于以后对该按钮的引用。

保存记录

以上是向导创建命令按钮所需的全部信息。注意: 此向导创建的是嵌入式宏，不能在 Access 2003 或更早版本中运行或编辑。

取消 < 上一步(B) 下一步(N) > 完成(F)

图 4-52 创建学生主要联系方式窗体(九)

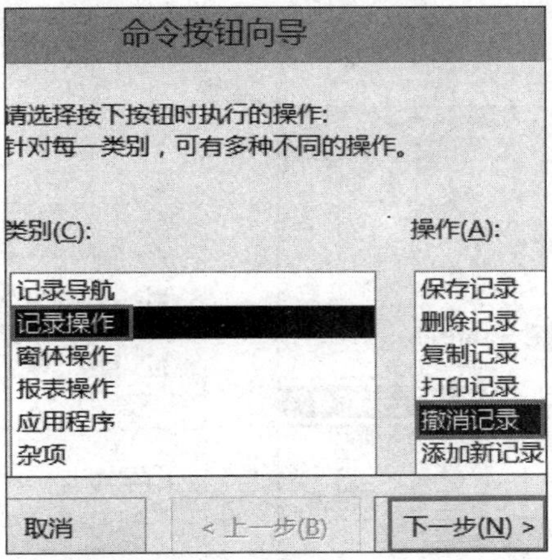

图 4-53 创建学生主要联系方式窗体(十)

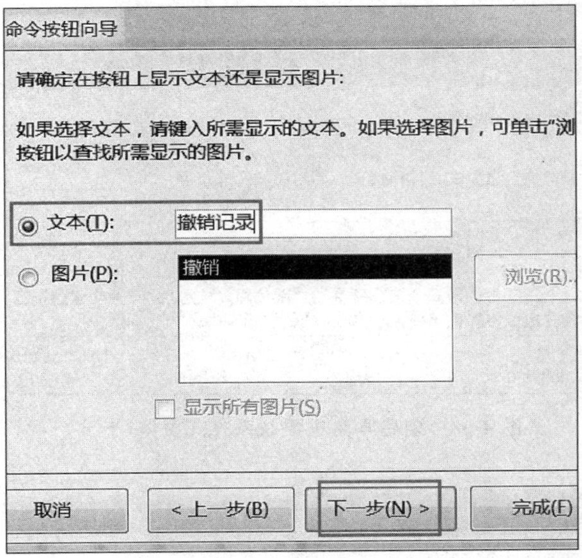

图 4-54 创建学生主要联系方式窗体(十一)

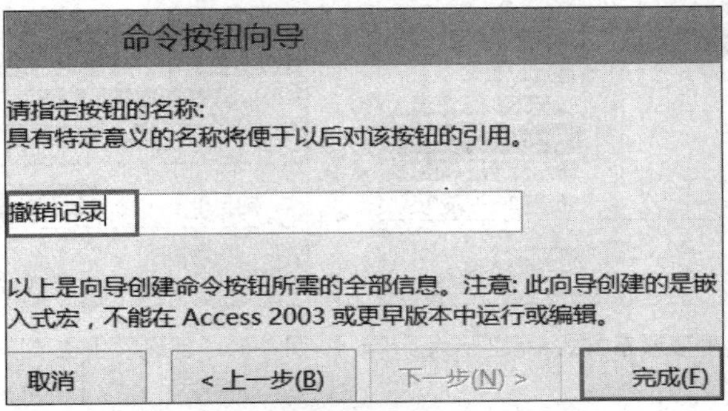

图 4-55 创建学生主要联系方式窗体(十二)

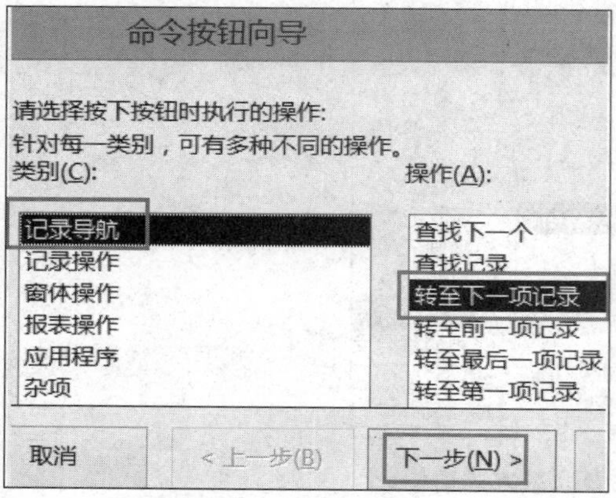

命令按钮向导

请选择按下按钮时执行的操作:
针对每一类别，可有多种不同的操作。
类别(C):
记录导航
记录操作
窗体操作
报表操作
应用程序
杂项
操作(A):
查找下一个
查找记录
转至下一项记录
转至前一项记录
转至最后一项记录
转至第一项记录
取消
< 上一步(B)
下一步(N) >

图 4-56 创建学生主要联系方式窗体(十三)

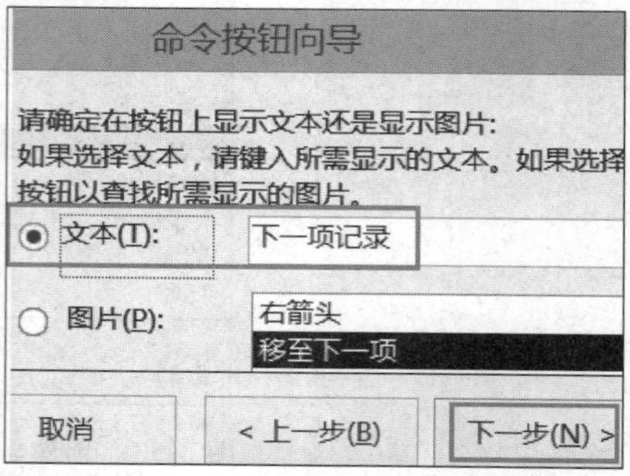

命令按钮向导

请确定在按钮上显示文本还是显示图片:
如果选择文本，请键入所需显示的文本。如果选择按钮以查找所需显示的图片。
文本(T): 下一项记录
图片(P):
右箭头
移至下一项
取消
< 上一步(B)
下一步(N) >

图 4-57 创建学生主要联系方式窗体(十四)

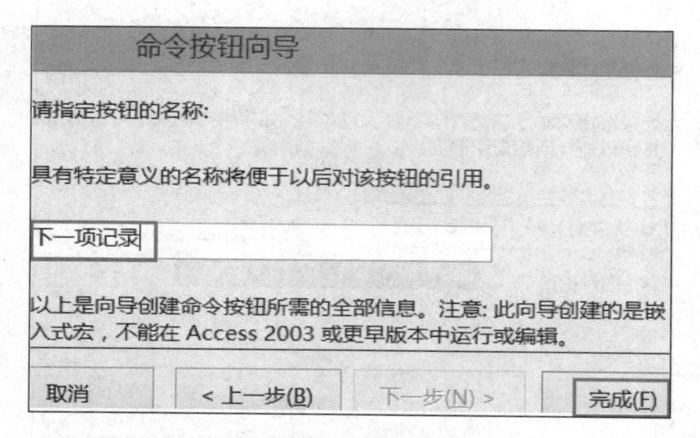

图 4-58 创建学生主要联系方式窗体(十五)

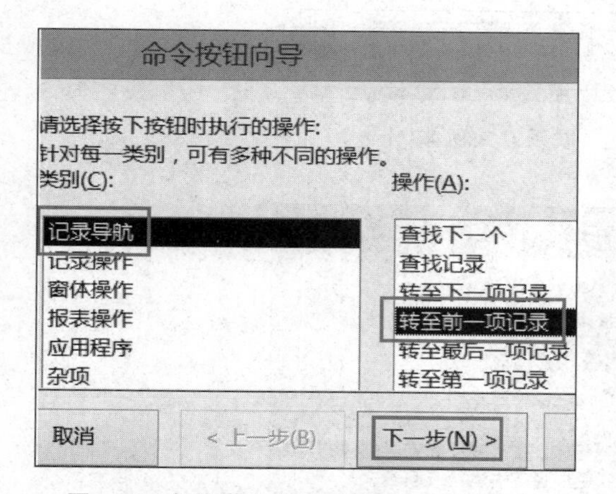

图 4-59 创建学生主要联系方式窗体(十六)

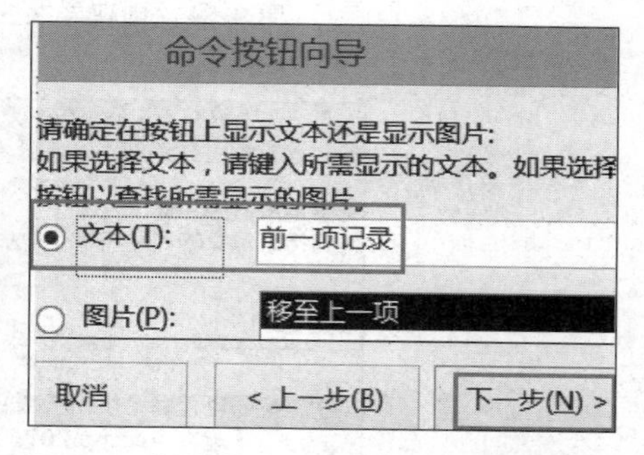

图 4-60 创建学生主要联系方式窗体(十七)

命令按钮向导
请指定按钮的名称:
具有特定意义的名称将便于以后对该按钮的引用。
前一项记录
以上是向导创建命令按钮所需的全部信息。注意: 此向导创建的是嵌入式宏，不能在 Access 2003 或更早版本中运行或编辑。
取消
< 上一步(B)
下一步(N) >
完成(F)

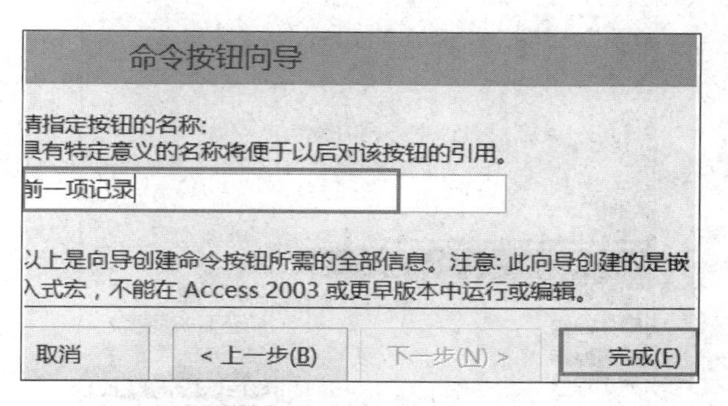

图 4-61 创建学生主要联系方式窗体(十八)

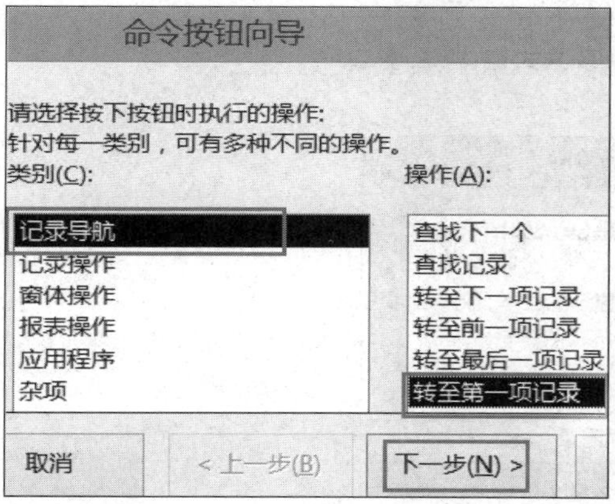

命令按钮向导
请选择按下按钮时执行的操作:
针对每一类别，可有多种不同的操作。
类别(C):
操作(A):
记录导航
记录操作
窗体操作
报表操作
应用程序
杂项
查找下一个
查找记录
转至下一项记录
转至前一项记录
转至最后一项记录
转至第一项记录
取消
< 上一步(B)
下一步(N) >

图 4-62 创建学生主要联系方式窗体(十九)

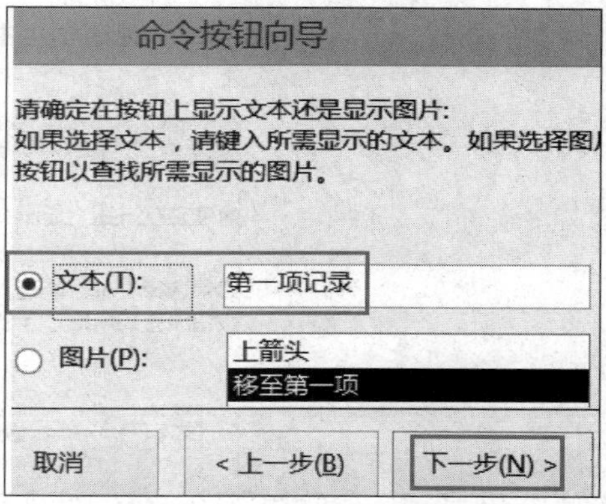

命令按钮向导
请确定在按钮上显示文本还是显示图片:
如果选择文本，请键入所需显示的文本。如果选择图
按钮以查找所需显示的图片。
文本(T):
第一项记录
图片(P):
上箭头
移至第一项
取消
< 上一步(B)
下一步(N) >

图 4-63 创建学生主要联系方式窗体(二十)

命令按钮向导
请指定按钮的名称:
具有特定意义的名称将便于以后对该按钮的引用。
第一项记录
以上是向导创建命令按钮所需的全部信息。注意: 此向导创建的是嵌入式宏，不能在 Access 2003 或更早版本中运行或编辑。
取消
< 上一步(B)
下一步(N) >
完成(F)

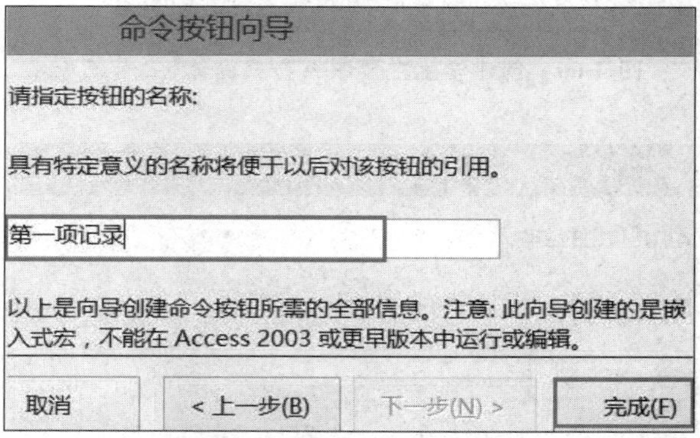

图 4-64 创建学生主要联系方式窗体(二十一)

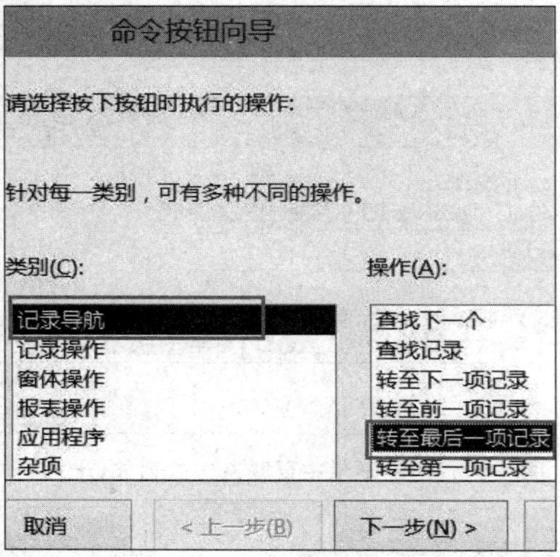

命令按钮向导

请选择按下按钮时执行的操作:

针对每一类别，可有多种不同的操作。

类别(C): 记录导航 记录操作 窗体操作 报表操作 应用程序 杂项

操作(A): 查找下一个 查找记录 转至下一项记录 转至前一项记录 转至最后一项记录 转至第一项记录

取消 < 上一步(B) 下一步(N) >

图 4-65 创建学生主要联系方式窗体(二十二)

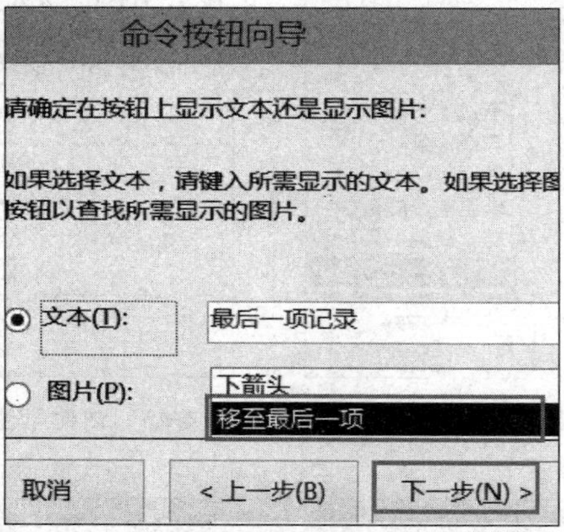

命令按钮向导

请确定在按钮上显示文本还是显示图片:

如果选择文本，请键入所需显示的文本。如果选择图
按钮以查找所需显示的图片。

文本(T): 最后一项记录

图片(P): 下箭头 移至最后一项

取消 < 上一步(B) 下一步(N) >

图 4-66 创建学生主要联系方式窗体(二十三)

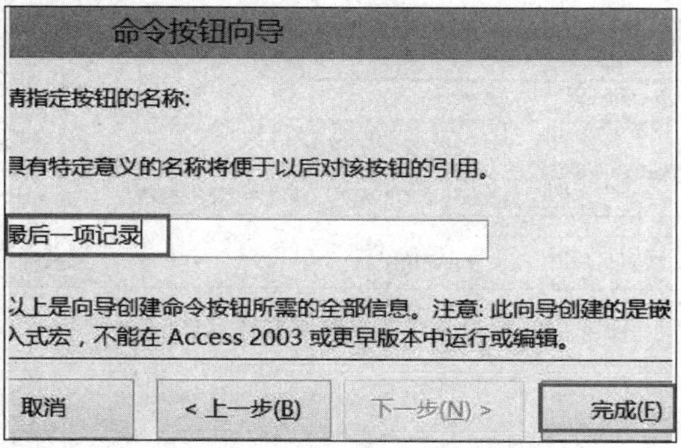

命令按钮向导

请指定按钮的名称:

具有特定意义的名称将便于以后对该按钮的引用。

最后一项记录

以上是向导创建命令按钮所需的全部信息。注意: 此向导创建的是嵌入式宏，不能在 Access 2003 或更早版本中运行或编辑。

取消 < 上一步(B) 下一步(N) > 完成(F)

图 4-67 创建学生主要联系方式窗体(二十四)

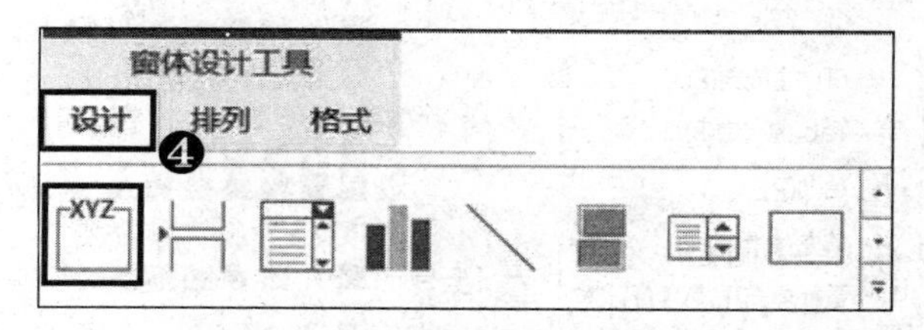

图 4-68　创建学生主要联系方式窗体(二十五)

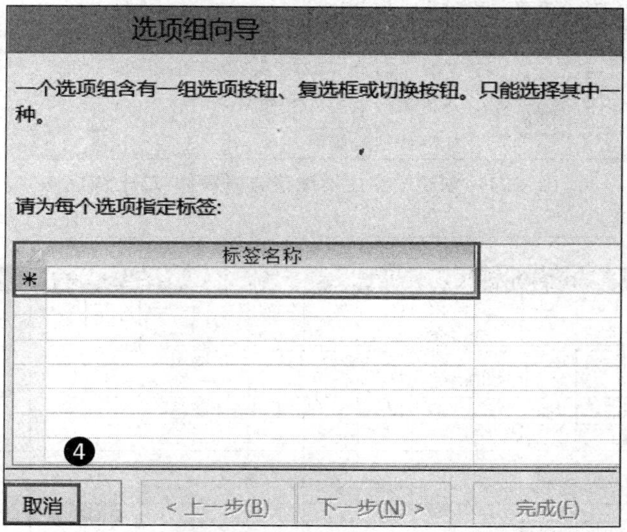

选项组向导

一个选项组含有一组选项按钮、复选框或切换按钮。只能选择其中一种。

请为每个选项指定标签:

标签名称

*

4

取消　< 上一步(B)　下一步(N) >　完成(F)

图 4-69　创建学生主要联系方式窗体(二十六)

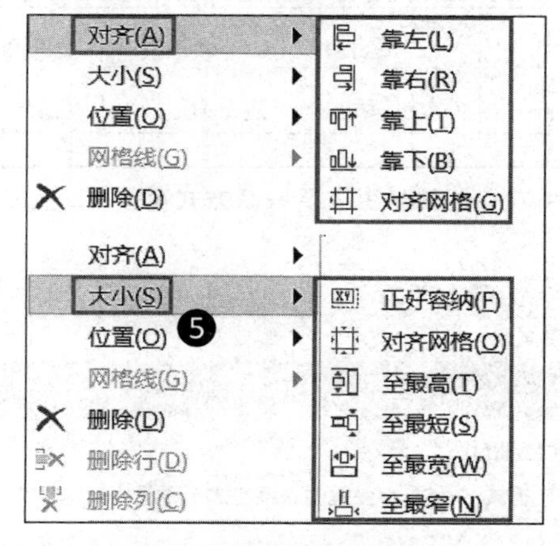

图 4-70　创建学生主要联系方式窗体(二十七)

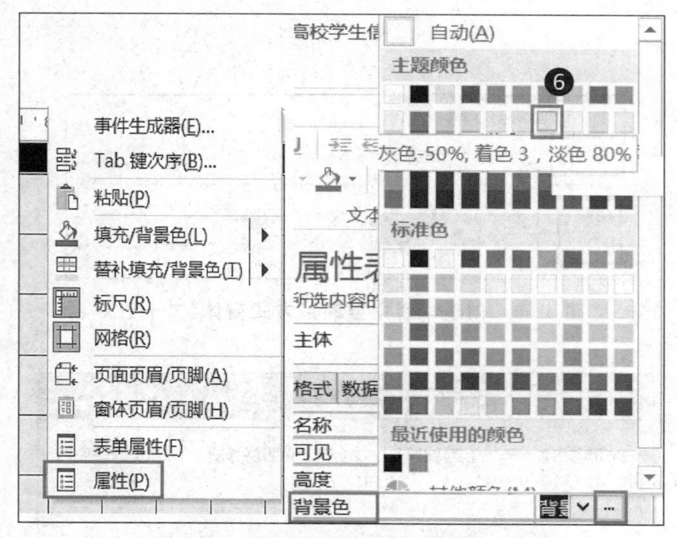

图 4-71 创建学生主要联系方式窗体(二十八)

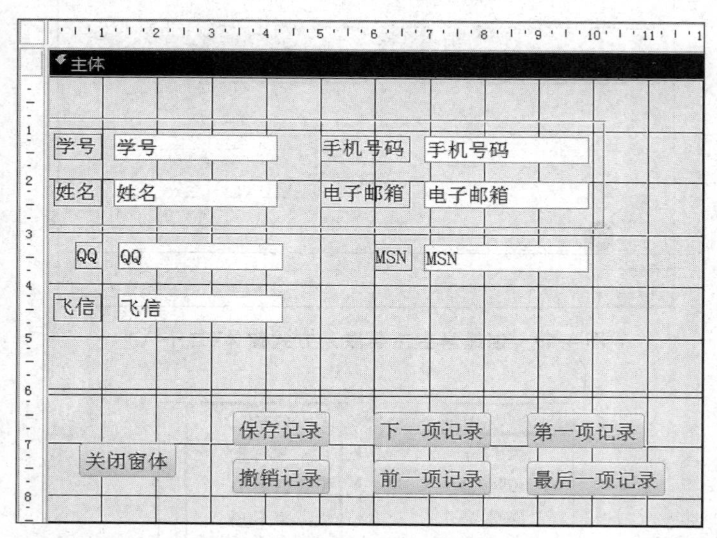

图 4-72 创建学生主要联系方式窗体(二十九)

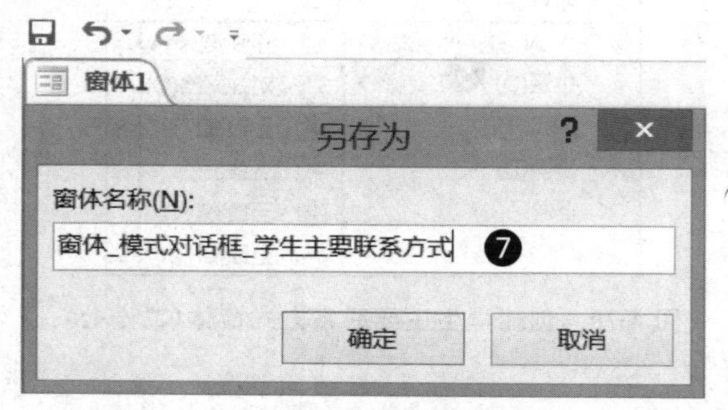

图 4-73 创建学生主要联系方式窗体(三十)

调整“选项组”控件大小，框选“学号”、“姓名”、“手机号”、“电子邮箱”4 个字段。用同样方法添加“直线”控件，用于分隔“学号”、“姓名”等 7 个数据字段与“关闭窗体”、“保存记录”等 7 个按钮。

❺ 调整窗体中各控件或字段的位置、大小、颜色、字体、字号等属性。

按住 Ctrl 键，连续选择“学号”和“姓名”字段，在其上右击，在弹出的快捷菜单中选择“对齐”、进一步选择“靠左”选项，选择“大小”选项、进一步选择“至最宽”选项。如图 4-70 所示。

同样方式设定“手机号码”和“电子邮箱”字段为“靠左”、“对齐”和“大小”、“至最宽”。按住 Ctrl 键，用类似方式设定七个数据字段的“大小”为“至最高”。用类似方式设定“学号”和“手机号码”字段为“靠上”、“对齐”，设定“姓名”和“电子邮箱”字段为“靠下”、“对齐”，设定 QQ 和 MSN 字段为“靠上”、“对齐”，设定 QQ 和飞信字段为“靠左”、“对齐”。

按住 Ctrl 键，连续选择 7 个按钮，都选中后选择“开始”选项卡，在“文本格式”群组中设定“字体”为“宋体”，“字号”为“11”，加粗，文字颜色选择“蓝色”(＃FF0000)，使 7 个按钮上的文字显示效果风格统一。用同样方式设定 7 个数据字段，“字体”为“宋体”，“字号”为“11”，文字颜色为“黑色”(＃000000)。

❻ 调整窗体主体背景色。右击窗体主体面板的空白处，在弹出的快捷菜单中选择“属性”选项，在“属性表”的“格式”标签页的“背景色”中选择“主题颜色”，选择“灰色 50%，着色 3，淡色 80%”，如图 4-71 所示。

窗体效果设定好后的设计视图效果如图 4-72 所示。

❼ 单击“保存”按钮，在弹出的“另存为”对话框中输入窗体名称“窗体_模式对话框_学生主要联系方式”，如图 4-73 所示。右击窗体设计视图的名称标签，在弹出的快捷菜单中选择“窗体视图”选项，视图效果如图 4-74 所示。可以在此窗体测试数据记录的修改、撤销等操作。

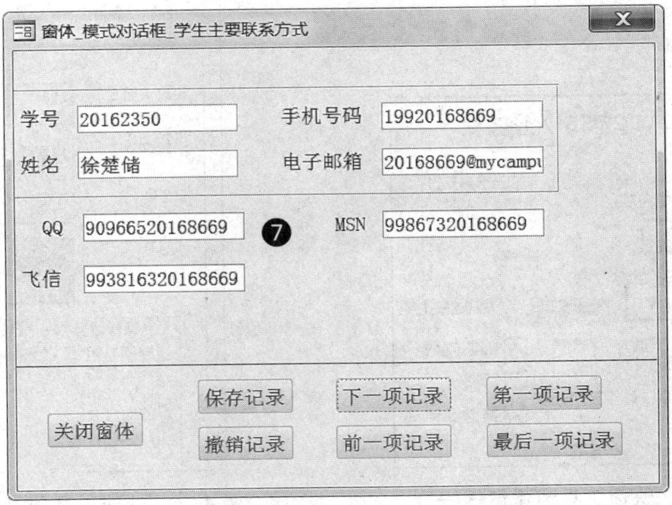

图 4-74 创建学生主要联系方式窗体(三十一)

4.4 窗体工具创建窗体

在 Access 2013 中,可以根据用户对数据库应用的需要使用窗体工具创建窗体。

4.4.1 快速工具创建窗体

利用快速工具创建窗体,只用便捷操作就可以快速创建窗体,数据来源与窗体数据字段间直接对应,一般适用于不太复杂的窗体。使用快速工具时,来自基础数据源的所有字段默认都将被加载到窗体中,基础数据源可以来自数据表和查询,可以迅速创建窗体后修改布局视图或设计视图中的新窗体,以便更好地满足应用需要。

打开"高校学生信息系统"数据库,用快速工具创建一个以"学生"表为数据源的窗体,以浏览学生的详细信息。使用快速工具创建"窗体_快速工具_学生信息"窗体。创建窗体时,以"学生"表为数据源,将"学生"表中所有字段都添加到窗体,过程如图 4-75~图 4-77 所示。

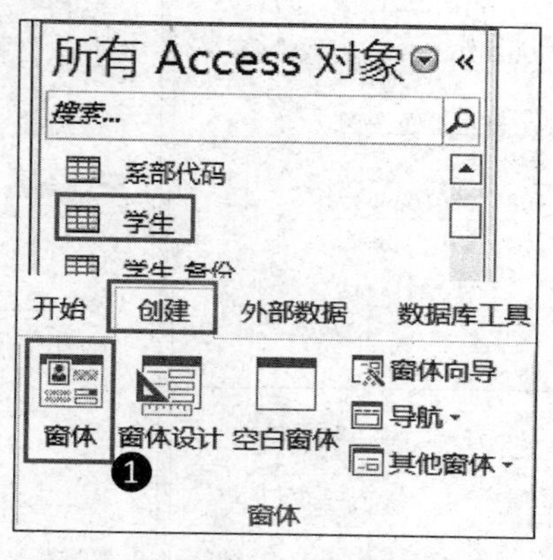

图 4-75 快速工具创建窗体(一)

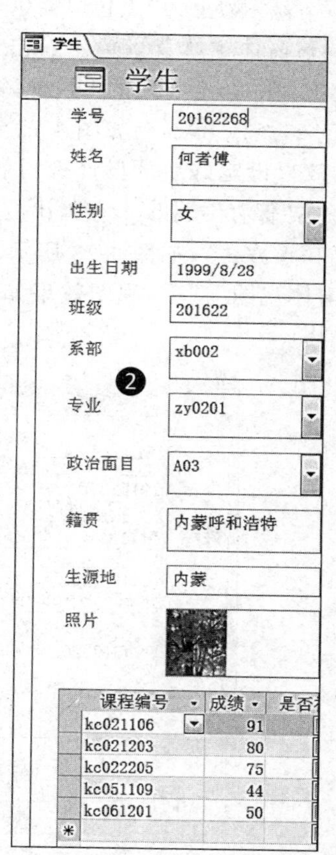

图 4-76 快速工具创建窗体(二)

❶ 在导航栏中选择“学生”表，选择“创建”选项卡“窗体”群组中的“窗体”选项，用以快速创建窗体，如图 4-75 所示。

❷ 所创建的窗体效果如图 4-76 所示。其中快速工具创建初始时选择的“学生”表所有字段都成为创建窗体的数据源，因“学生”表建有子表，因此在快速工具创建窗体时会相应体现子表。

❸ 单击“保存”按钮，在弹出的“另存为”对话框中输入窗体名称“窗体_快速工具_学生信息”，单击“确定”按钮，完成保存操作，如图 4-77 所示。

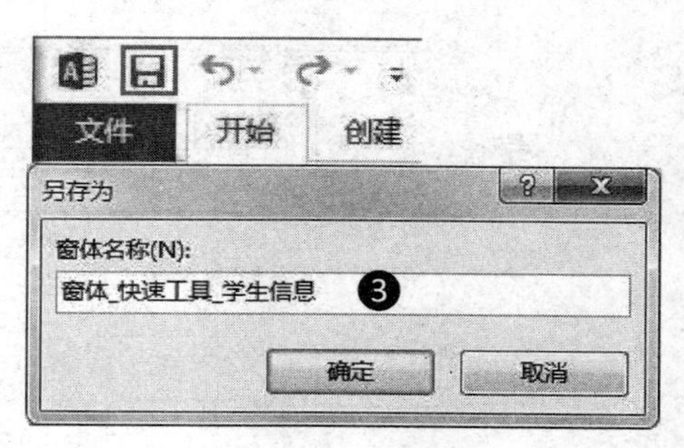

图 4-77 快速工具创建窗体(三)

4.4.2 窗体设计创建窗体

创建窗体时，可以使用窗体设计定制窗体数据源。这种方式更加灵活，可以根据需要设定。

打开“高校学生信息系统”数据库，用“窗体设计”创建一个以“学生”表为主要数据来源的窗体，以浏览学生详细信息。使用窗体设计工具创建“窗体_窗体设计_学生信息”窗体的过程如图 4-78～图 4-83 所示。

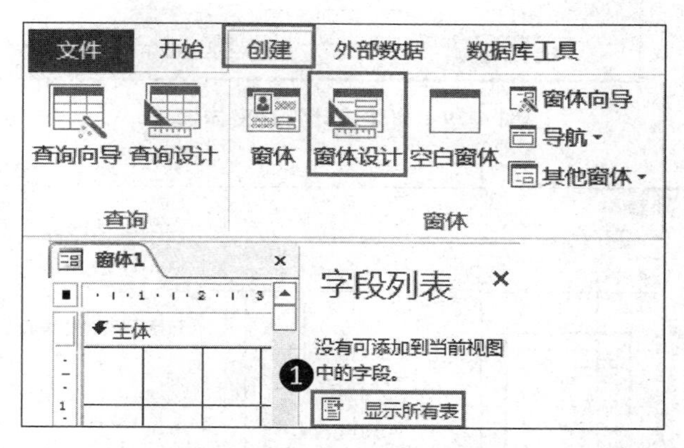

图 4-78 窗体设计创建窗体(一)

❶ 选择“创建”选项卡“窗体”群组中的“窗体设计”选项，将创建出新窗体面板，弹出“字段列表”对话框。若字段列表对话框没有弹出或已关闭，可选择“窗体设计工具设计”选项卡“工具”群组中的“添加现有字段”打开“字段列表”对话框选择“显示所有表”，以打开表列，如图 4-78 所示。

❷ 添加“学生”表中的“学号”字段，可以用双击方式，也可以用鼠标拖曳字段到窗体面板相应位置。继续添加“学生”表的“姓名”、“性别”、“出生日期”、“班级”字段，添加“系部代码”表的“名称”字段。

❸ 添加“专业代码”表的“名称”字段，此时因“学生”表和“系部代码”表都与“专业代码”表有相应关系(在数据表关于表间关系内容中已建立)，将弹出“选择关系”对话框，选

择数据源依据应为来自"学生"表的关系，而非"系部代码"表的关系，选择"代码 来自 专业代码 匹配 专业 来自 学生"选项，单击"确定"按钮，如图 4-79 所示。

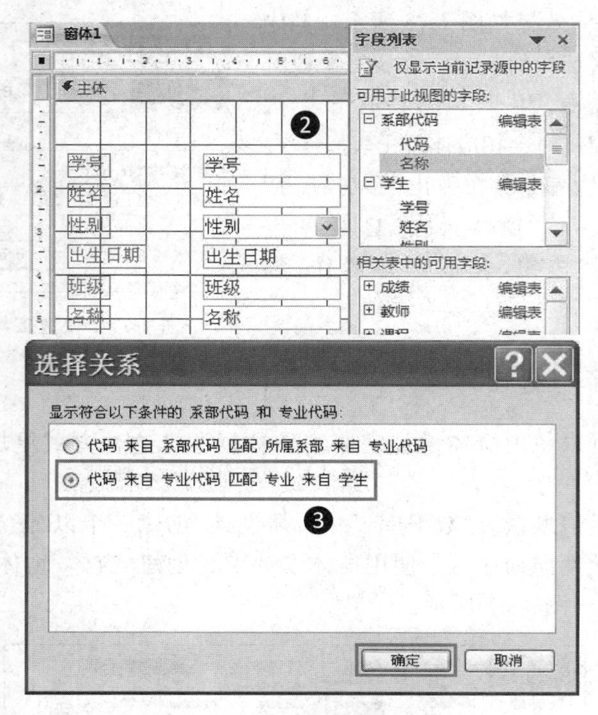

图 4-79 窗体设计创建窗体(二)

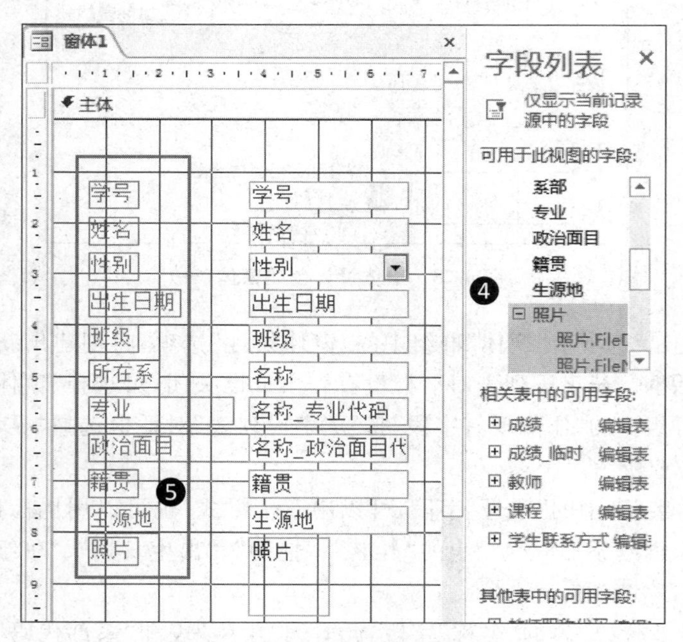

图 4-80 窗体设计创建窗体(三)

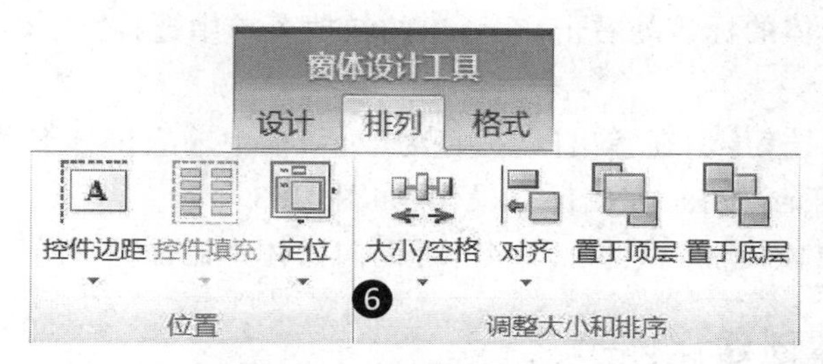

图 4-81 窗体设计创建窗体(四)

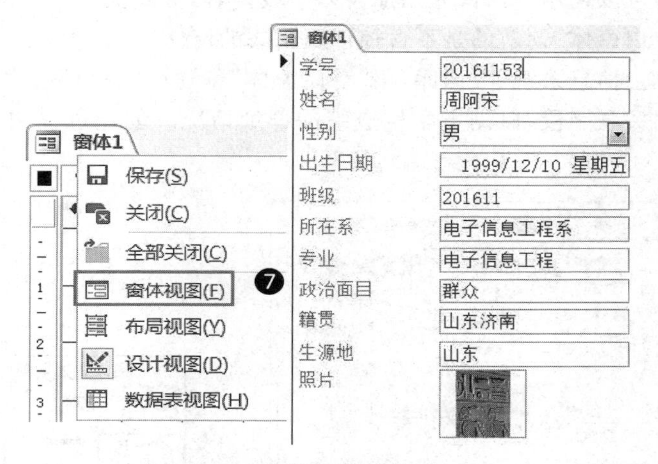

图 4-82 窗体设计创建窗体(五)

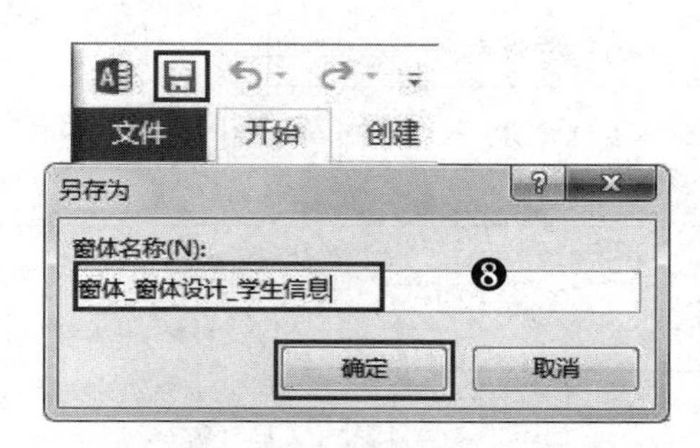

图 4-83 窗体设计创建窗体(六)

❹ 添加“政治面目代码”表的“名称”字段。继续添加“学生”表的“籍贯”、“生源地”、“照片”字段。

❺ 添加完成后,修改各字段对应的标题标签文本,以适应显示需要。例如,将“名称_专业代码”字段对应标题的标签文本由“名称_专业代码”改为“专业”,类似地,还有“所在系”和“政治面目”,如图 4-80 所示。

❻ 选择“窗体设计工具”中的“排列”选项卡,在“位置”群组和“调整大小和排序”群组中调整窗体面板中的各字段及其标签的位置、大小、边框等,以使窗体显示效果更佳,如图 4-81 所示。

❼ 在新创建窗体的标签处右击，在弹出的快捷菜单中选择“窗体视图”，显示视图，如图 4-82 所示。

❽ 单击“保存”按钮，在弹出的“另存为”对话框中输入窗体名称“窗体_窗体设计_学生信息”，单击“确定”按钮，完成保存操作，如图 4-83 所示。

创建窗体时，窗体设计工具灵活高效，可以向窗体中添加控件等。

4.4.3 空白窗体创建窗体

创建窗体时，可以使用空白窗体添加窗体字段内容，方式灵活。与同一群组中的“窗体设计”相比，“空白窗体”创建的是不含控件及格式的窗体。

打开“高校学生信息系统”数据库，用“空白窗体”创建以“成绩”表为主要数据源的窗体，添加相关表的关联字段，以浏览学生成绩的详细情况。创建过程如图 4-84～图 4-89 所示。

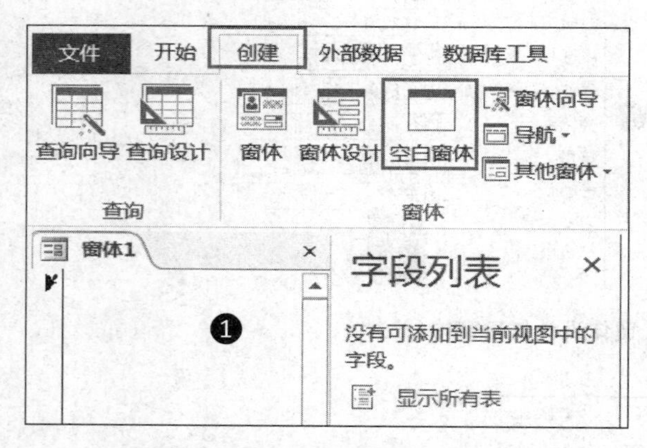

图 4-84 空白窗体创建窗体(一)

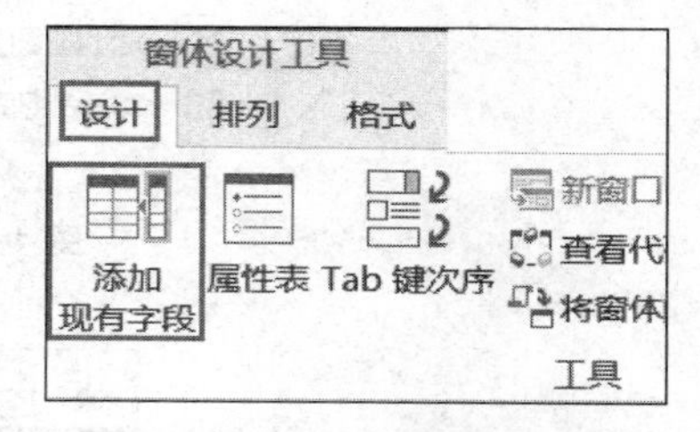

图 4-85 空白窗体创建窗体(二)

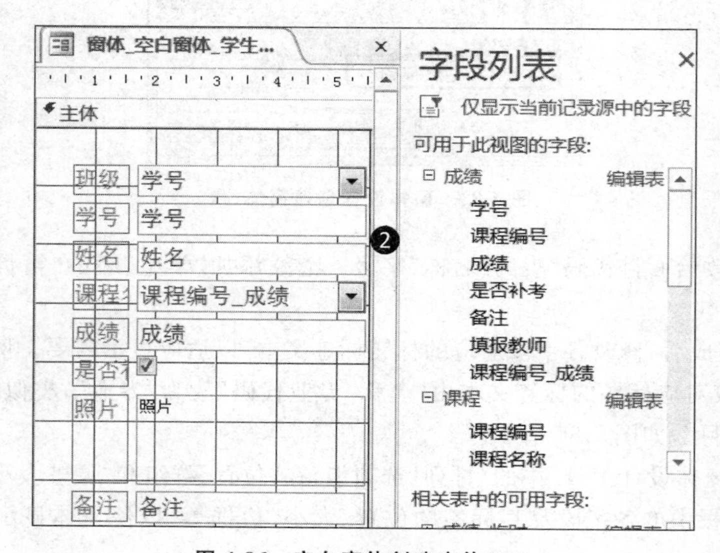

图 4-86 空白窗体创建窗体(三)

图 4-87 空白窗体创建窗体(四)

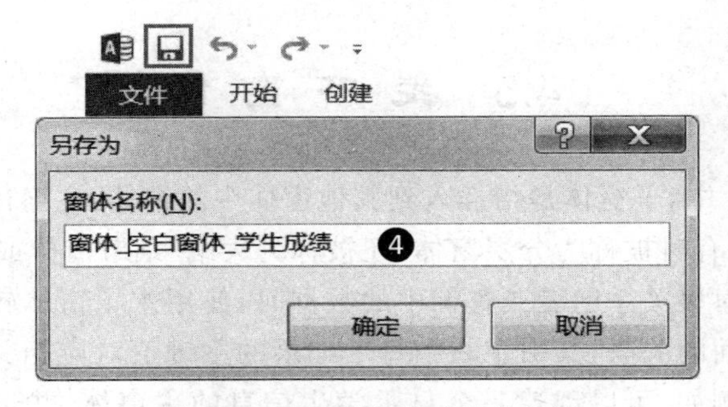

图 4-88 空白窗体创建窗体(五)

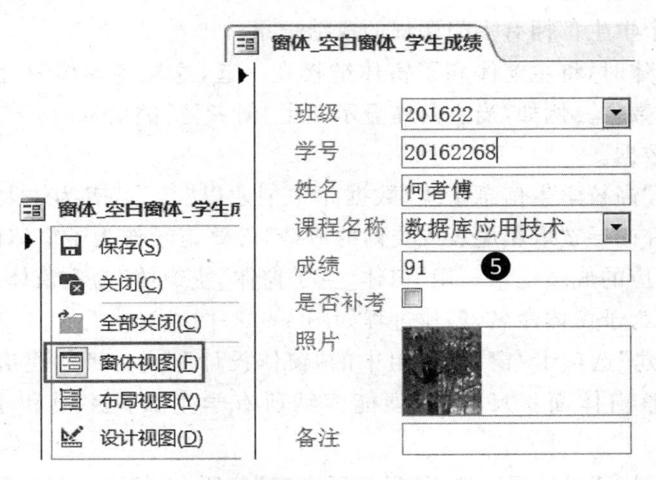

图 4-89 空白窗体创建窗体(六)

❶ 选择"创建"选项卡"窗体"群组中的"空白窗体"选项,创建新的空白窗体,同时弹出"字段列表"对话框,如图 4-84 所示。若字段列表对话框没有显示或被关闭,可选择"窗

体布局工具设计”选项卡“工具”群组中的“添加现有字段”打开“字段列表”对话框，如图 4-85 所示。

❷ 在“字段列表”对话框中添加“成绩”表“学号”字段。在“字段列表”对话框中可以看到数据库中的各数据表，找到并添加“学生”表的“姓名”和“班级”字段。将“班级”字段位置调换到上方置顶，“班级”字段下方依次是“学号”、“姓名”字段。用同样方法添加“课程”表的“课程名称”字段，添加“成绩”表的“成绩”和“是否补考”字段，添加“学生”表的“照片”字段，添加“成绩”表的“备注”字段，如图 4-86 所示。

❸ 在布局视图中调整字段标签宽度，以使之能够容纳相应字段的标题。调整字段，以使各字段内容显示完整、显示效果更佳，如图 4-87 所示。

❹ 单击“保存”按钮，在“另存为”对话框中输入“窗体_空白窗体_学生成绩”作为窗体名称，单击“确定”按钮，完成保存操作，如图 4-88 所示。

❺ 对“窗体_空白窗体_学生成绩”窗体名称标签上右击，在弹出的快捷菜单中选择“窗体视图”，窗体视图显示效果如图 4-89 所示。

4.5 主子窗体

在 Access 2013 中，子窗体是指插入到其他窗体中的窗体，主窗体容纳有子窗体。主窗体/子窗体的组合有时被称为分层窗体，还被称为大纲/细节窗体或父/子窗体。

要显示具有一对多关系的表或查询中的数据时，使用主子窗体较为有效。一对多关系是指两个对象之间的关联，其中主表中每个记录的主键值对应相关表中许多记录的一个或多个匹配值。例如，可以创建一个显示学生信息的主窗体，并包含显示每个学生所有成绩记录的子窗体，这样“学生”表中的数据是关系的“一”端，“成绩”表中的数据是关系的“多”端(每个学生都拥有多门课程的成绩记录)。

创建主子窗体时，将主窗体和子窗体链接在一起，这样子窗体只会显示与主窗体中当前记录有关的数据。例如，当主窗体显示学生“何者傅”的信息时，子窗体只显示“何者傅”的多个成绩数据。

下面详述在“高校学生信息系统”数据库中创建以“学生”表为主要数据源的主窗体的过程，再用控件向导选取相应表或查询的成绩，必要记录作为子窗体的数据源，显示主窗体当前学生对应的成绩记录。用“窗体_主子窗体_主窗体”为主窗体命名，用“窗体_主子窗体_子窗体”为子窗体命名，创建过程如图 4-90～图 4-100 所示。

❶ 选择“创建”选项卡“窗体”群组中的“窗体设计”选项，将创建出新窗体，在“属性表”对话框中调整窗体面板尺寸，以便能容纳所有学生数据字段和子窗体，如图 4-90 所示。

❷ 在“字段列表”对话框中选择“显示所有表”选项，以打开表列。添加“学生”表中的“学号”、“姓名”、“性别”、“出生日期”和“班级”字段。

在“相关表中的可用字段”栏添加“专业代码”表的“名称”字段，添加“系部代码”表的“名称”字段。此时，因“学生”表、“系部代码”表都与“专业代码”表有相应关系(在数据表关于表间关系中已创建关系)，将弹出“选择关系”提示框，选择“代码 来自 系部代码 匹配 系部 来自 学生”选项，单击“确定”按钮。

添加“政治面目代码”表的“名称”字段，添加“学生”表的“籍贯”、“生源地”和“照片”字段。添加完成后，修改各字段对应的标题标签文本，以适应显示需要，例如，将“名称_专业代码”字段对应标题标签文本由“名称_专业代码”改为“专业”，类似的还有“所在系”和“政治面目”，适当调整各字段及其标签大小等属性，以使显示效果更佳。如图 4-91 所示。

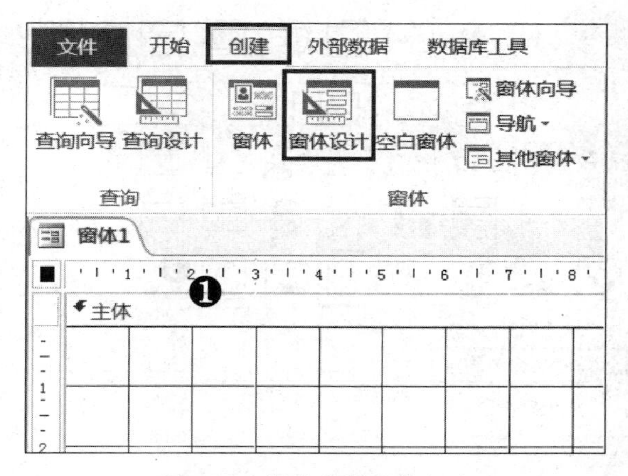

图 4-90 创建主子窗体(一)

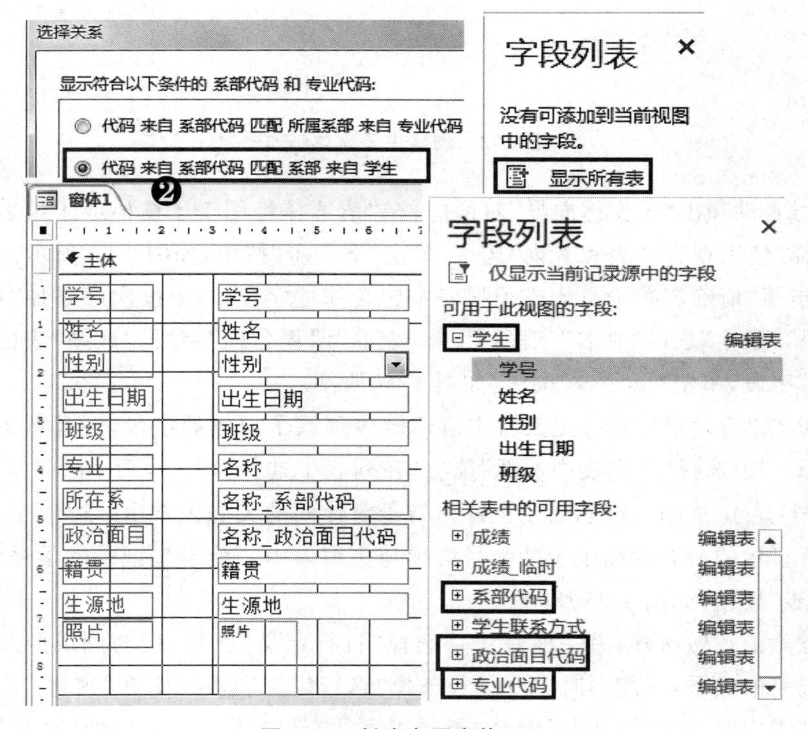

图 4-91 创建主子窗体(二)

❸ 选择“窗体设计工具”中“设计”选项卡“控件”群组中的控件下拉列表按钮，在下拉列表中选择“使用控件向导”选项，使此选项处于选中状态（此时“使用控件向导”图标处于高亮激活状态），在表列中选择“子窗体/子报表”图标，在新窗体面板中拖动鼠标，画出矩形区域作为子窗体区域，如图4-92所示。

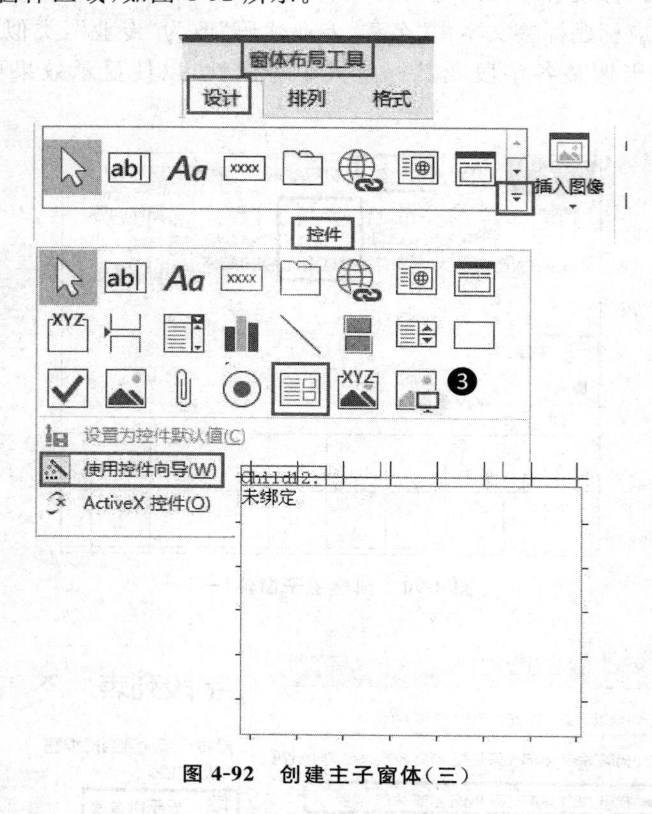

图 4-92 创建主子窗体（三）

❹ 此时自动弹出“子窗体向导”对话框，在“请选择将用于子窗体或子报表的数据来源：”中选择“使用现有的表和查询”选项，单击“下一步”按钮，如图4-93所示。

❺ 在步骤“请确定在子窗体或子报表中包含哪些字段：”中按次序添加“成绩”表的“学号”字段，“学生”表的“姓名”字段，“课程”表的“课程名称”字段，“成绩”表的“成绩”和“是否补考”字段，单击“下一步”按钮，如图4-94所示。

❻ 在步骤“请确定是自行定义将主窗体链接到该子窗体的字段，还是从下面的列表中进行选择：”中选择“从列表中选择”选项，在列表中选择“对 ＜SQL 语句＞ 中的每个记录用 学号 显示 成绩”选项，表示主窗体与子窗体间的关联关系由“学号”字段建立，即子窗体中所显示的所有成绩记录的学号必须与主窗体中当前学生记录的学号保持相同。单击“下一步”按钮，如图4-95所示。

此步骤除上述做法外，另一种做法是选择“自行定义”选项，但与同属此步骤的上述做法为二选一的关系，不能同时进行。若选择“自行定义”选项，则在“窗体/报表字段：”选择下拉列表中的“学号”，在“子窗体/子报表字段”选择下拉列表中的“学号”，单击“下

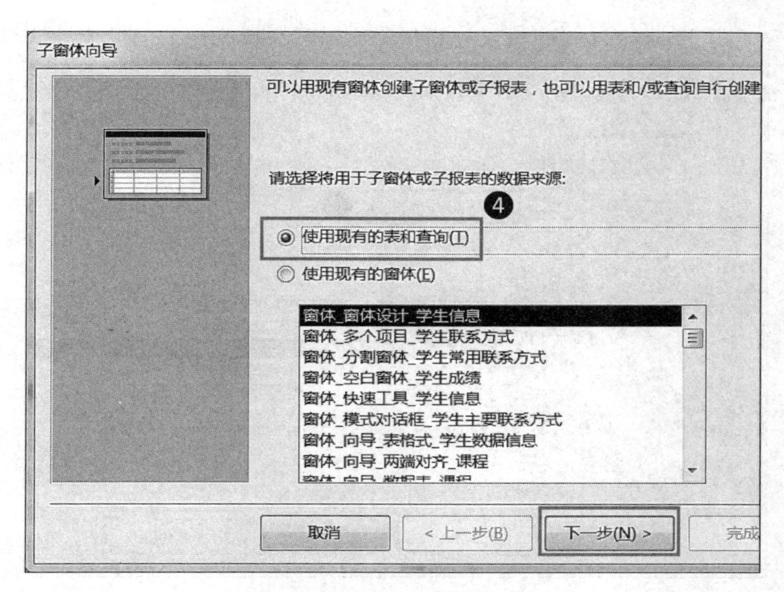

图 4-93 创建主子窗体(四)

图 4-94 创建主子窗体(五)

一步”按钮。如图 4-96 所示。

❼ 在步骤“请指定子窗体或子报表的名称：”中输入“窗体_主子窗体_子窗体”作为子窗体名称，单击“完成”按钮，如图 4-97 所示。

❽ 在新窗体面板中调整主窗体和子窗体内各字段及标签的大小位置等属性，以使窗体展示效果更佳，如图 4-98 所示。

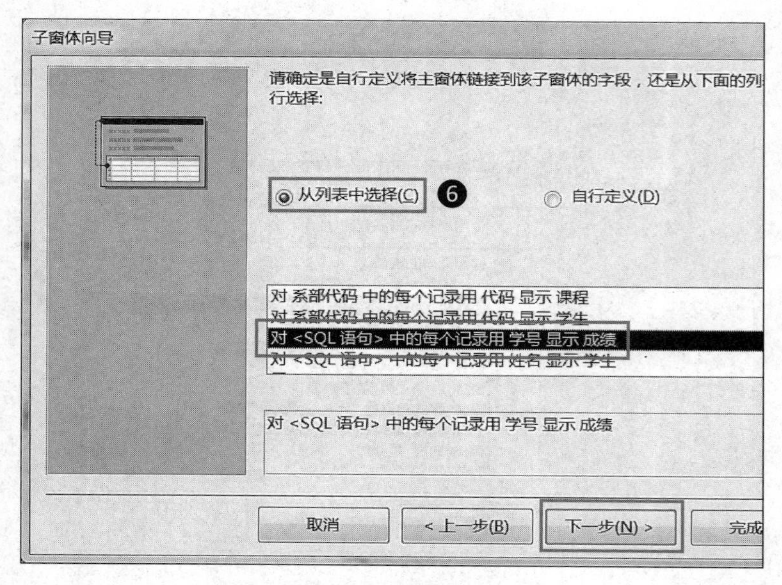

图 4-95　创建主子窗体（六）

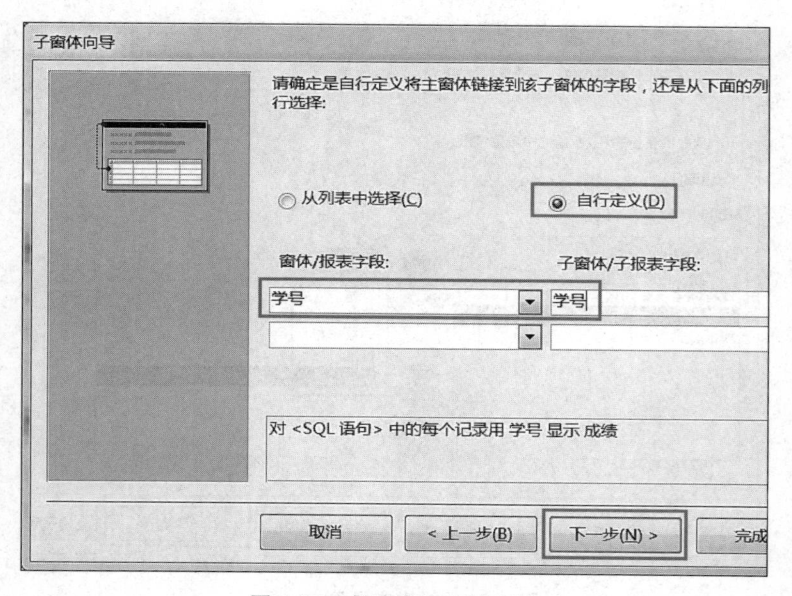

图 4-96　创建主子窗体（七）

❾ 在新建窗体的名称标签处右击，在弹出的快捷菜单中选择“窗体视图”选项，效果如图 4-99 所示。

❿ 单击“保存”按钮，在弹出的“另存为”对话框中输入窗体名称“窗体_主子窗体_主窗体”，单击“确定”按钮完成保存。完成保存后，在导航“窗体”对象中可以看到新创建的主窗体和子窗体，即“窗体_主子窗体_主窗体”、“窗体_主子窗体_子窗体”，如图 4-100 所示。

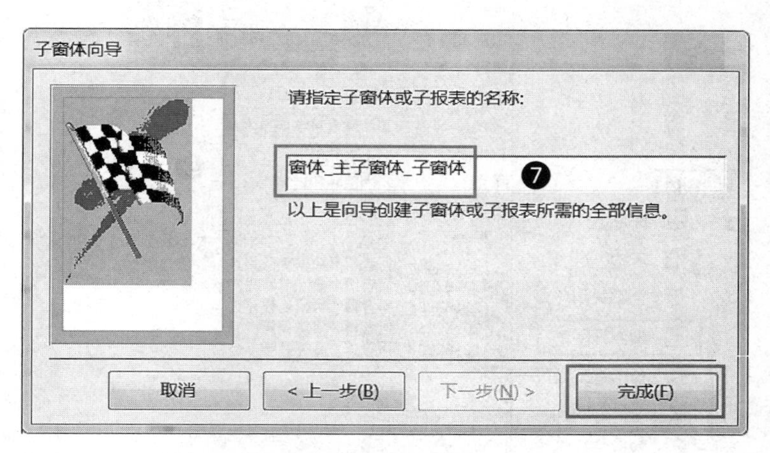

图 4-97 创建主子窗体(八)

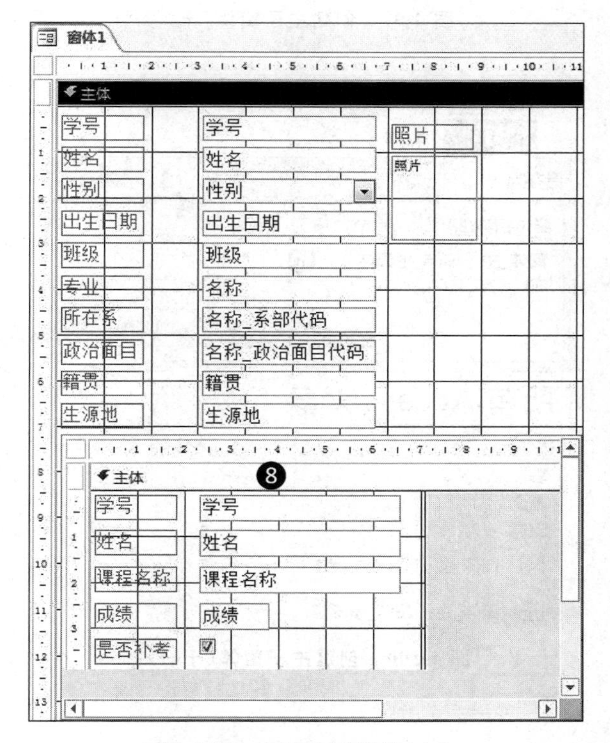

图 4-98 创建主子窗体(九)

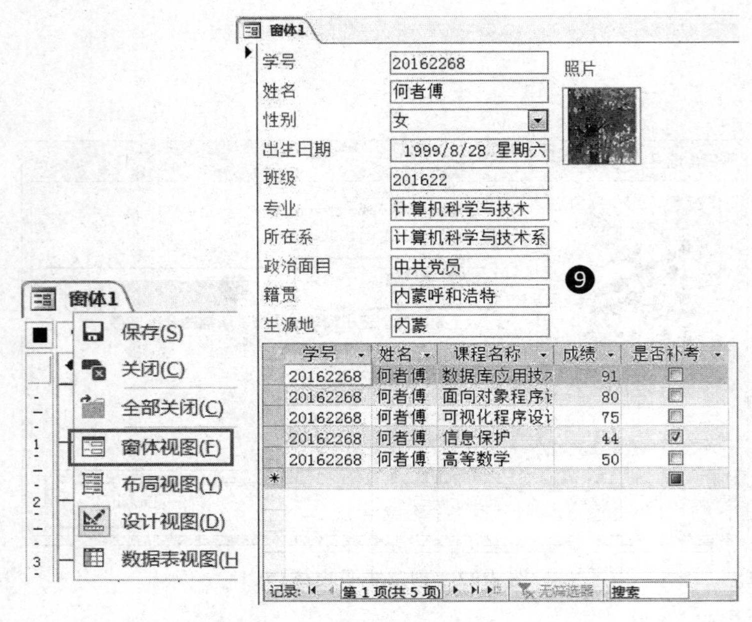

图 4-99　创建主子窗体(十)

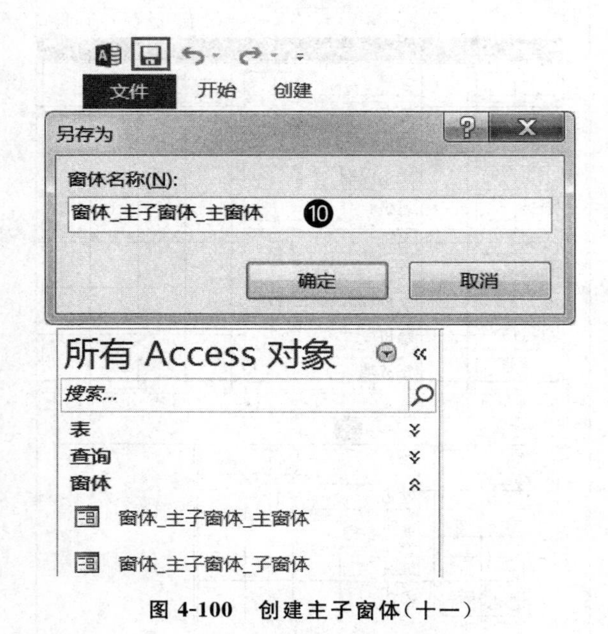

图 4-100　创建主子窗体(十一)

小　　结

本章主要介绍 Access 2013 数据库中的窗体应用，介绍窗体的基本知识。通过实例训练，说明在 Access 2013 数据库中创建窗体和调整窗体设置的方法。

习 题

1. 请按本章训练详解完成 Access 2013 数据库关于窗体的应用实例。

2. 请以本章训练为基础,在“高校学生信息系统”数据库中创建更多具有实际用途的窗体,并创建所需的基础数据源查询。

第5章 chapter 5

报　　表

5.1　报表概述

使用数据库时，一般使用报表对数据进行比较、分类汇总、排序，通过多种报表控件设置信息格式，生成清单、订单、标签以及其他多种多样的报表。报表支持数据浏览、设置格式、汇总数据、打印数据、导出保存等，是一种十分重要的数据库对象，在 Access 2013 数据库中，数据表主要用于存储数据，查询主要用于检索数据，窗体主要用于提供交互界面，而报表的主要作用是显示输出数据。

报表中显示的各部分内容，来源于基础表和查询中的字段，但无需包含每个基础表或查询中的所有字段。报表只可以查看数据，不可以修改或输入数据。通过报表设计能设定和调整报表上所有内容的大小、位置、外观效果，不同格式报表可以满足不同用户需求。

5.1.1　报表视图

Access 2013 中的报表视图有四种，分别是报表视图、打印预览视图、布局视图和设计视图。在“开始”选项卡“视图”群组的“视图”下拉列表中可以看到上述四种视图的选项，如图 5-1 所示。报表视图样例如图 5-2所示。打印预览视图样例如图 5-3 所示。布局视图样例如图 5-4 所示。设计视图样例如图 5-5 所示。

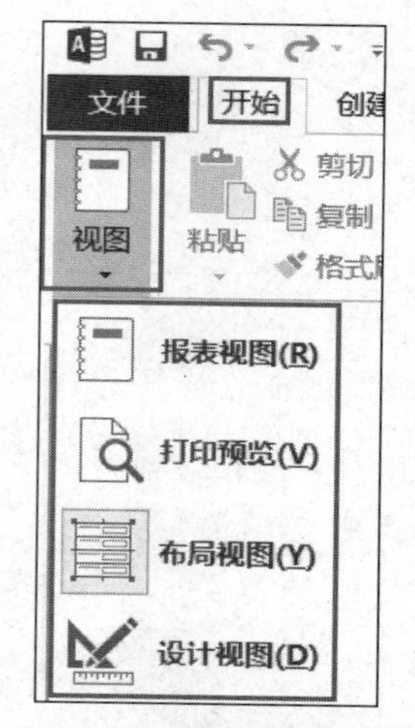

图 5-1　报表的视图菜单

报表视图是报表的显示视图，报表视图中会将报表设计与基础数据来源相对应，会执行数据筛选和查看。打印预览视图用于查看报表的打印效果，报表设计完成后，可以在打印预览视图中测试是否符合需求，打印预览视图不仅与报表数据和设计有关，还与所选纸型大小等打印设置因素有关。布局视图的界面和报表视图界面几乎一样，但二者的区别在于布局视图中各个控件的位置可以移动，可以重新布局各种控件，删除不需要的控件，还可以设置各个控件的属性，而在报表视图中不能添加和修改各种控件。设计视图用于创建、修改、设计报表结构，可以在设计视图中添加控件、设置属性，改进报表的展示效果。

课程报表(按课程所属部门分组，按课程性质排序)

课程所在部门	姓名	课程性质	课程编号	课程名称
基础部				
	汪贺邱	考试	kc061201	高等数学
计算机科学与技术系				
	魏段邹	考查	kc021106	数据库应用技术
	魏段邹	考查	kc021203	面向对象程序设计
	魏段邹	考查	kc022205	可视化程序设计
	吕史姜	考试	kc021122	程序设计基础
	魏段邹	考试	kc021123	编译原理
	杜易白	考试	kc021126	操作系统
人文社科部				
	戴常崔	考试	kc072101	大学英语
通信工程系				
	贾龙谭	考查	kc033201	通信原理
	田赖秦	考试	kc031102	计算机网络
信息安全系				
	丁万廖	考查	kc051109	信息保护
行政管理系				
	卢侯方	考试	kc041115	行政管理

图 5-2 报表视图样例

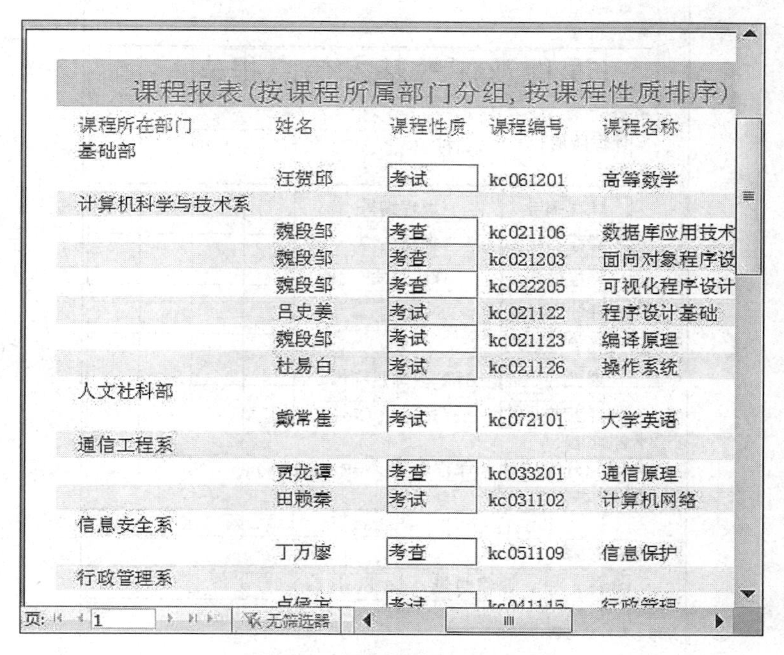

课程报表(按课程所属部门分组，按课程性质排序)

课程所在部门	姓名	课程性质	课程编号	课程名称
基础部				
	汪贺邱	考试	kc061201	高等数学
计算机科学与技术系				
	魏段邹	考查	kc021106	数据库应用技术
	魏段邹	考查	kc021203	面向对象程序设
	魏段邹	考查	kc022205	可视化程序设计
	吕史姜	考试	kc021122	程序设计基础
	魏段邹	考试	kc021123	编译原理
	杜易白	考试	kc021126	操作系统
人文社科部				
	戴常崔	考试	kc072101	大学英语
通信工程系				
	贾龙谭	考查	kc033201	通信原理
	田赖秦	考试	kc031102	计算机网络
信息安全系				
	丁万廖	考查	kc051109	信息保护
行政管理系				

图 5-3 打印预览视图样例

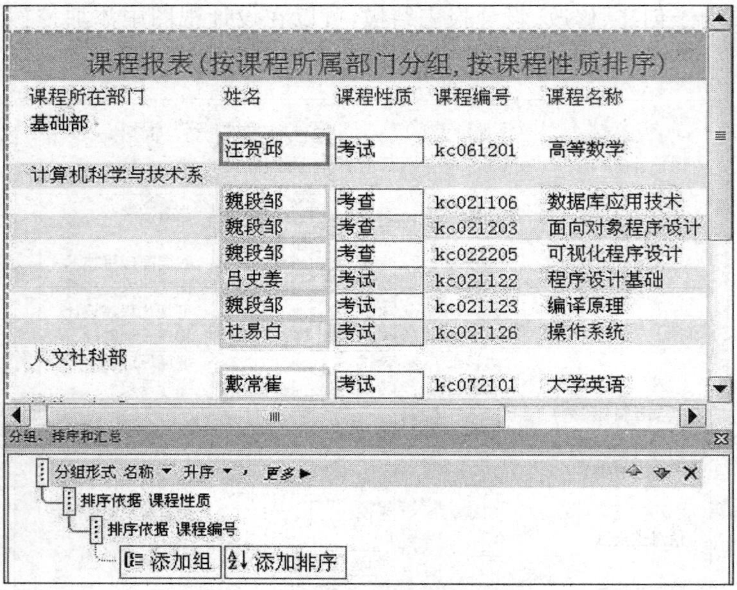

课程报表(按课程所属部门分组，按课程性质排序)

课程所在部门	姓名	课程性质	课程编号	课程名称
基础部				
	汪贺邱	考试	kc061201	高等数学
计算机科学与技术系				
	魏段邹	考查	kc021106	数据库应用技术
	魏段邹	考查	kc021203	面向对象程序设计
	魏段邹	考查	kc022205	可视化程序设计
	吕史姜	考试	kc021122	程序设计基础
	魏段邹	考试	kc021123	编译原理
	杜易白	考试	kc021126	操作系统
人文社科部				
	戴常崔	考试	kc072101	大学英语

分组、排序和汇总

分组形式 名称 ▾ 升序 ▾ ， 更多 ▶

排序依据 课程性质

排序依据 课程编号

添加组 添加排序

图 5-4 布局视图样例

报表页眉

页面页眉

课程及任教基本信息报表

名称页眉

课程所属 名称

主体

课程编号 课程编号

课程名称 课程名称

课程性质 课程性质

任课教师姓名 姓名

任课教师性别 性别

任课教师职称 名称_教师职称代码

任课教师年龄 nt(Format(Now(

名称页脚

部门分组统计，课程数量： =Count(*)

页面页脚

=Date() [Pages] & "页，第" & [Page]

报表页脚

全体汇总，课程数量： =Count(*)

分组、排序和汇总

分组形式 名称 ▾ 升序 ▾ ， 更多 ▶

排序依据 课程编号

添加组 添加排序

图 5-5 设计视图样例

5.1.2 报表结构

报表通常由7个部分组成，即报表页眉、报表页脚、页面页眉、页面页脚、组页眉、组页脚和主体，如图5-6所示，其中组页眉即名称页眉、组页脚即名称页脚。上述7个部分都是报表的“节”，每个“节”都有特定的功能。

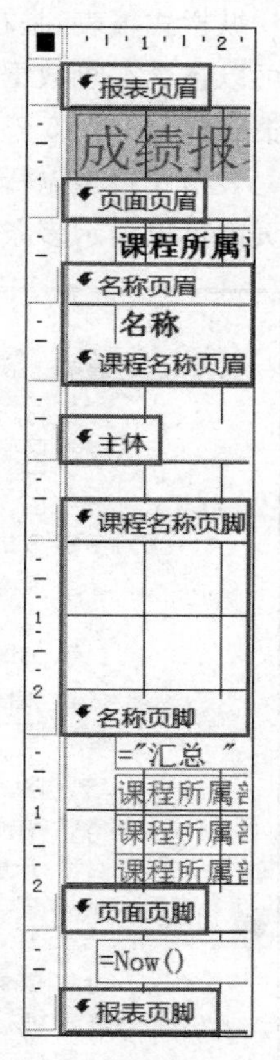

图5-6 报表结构样例

在一个报表中，报表页眉只出现一次，并只能显示在报表的开始处。报表页眉位于页面页眉之前，即第一页的页眉之前，用于显示一般封面信息，如徽标、标题和日期等。当在报表页眉中放置使用“总和”聚合函数的计算控件时，将计算整个报表的总和。

页面页眉位于报表页眉下方，出现在报表每一页的顶部，页面页眉显示的内容可以包括页码、标题或字段标签等，例如，可以使用页面页眉在每页上方显示报表中各字段的列标题等信息。

根据需要，可以使用“报表布局工具”中“设计”选项卡“分组和汇总”群组中的“分组和排序”选项，设置“组页眉/组页脚”区域，以实现报表的分组输出和分组统计。使用组页眉可以在记录组的开头设置信息，即组名称或组总计。例如，在按学生班级分组的报表中，可以使用组页眉打印出学生班级。当在组页眉中放置使用“总和”聚合函数计算控件时，将计算当前组的总和。一个报表上可具有多个组页眉，具体取决于已添加的分组级别数。

报表的主体显示当前表或查询中所有记录的详细信息，用于放置组成报表主体的控件。对报表基础来源的每条记录，主体节重复出现，在报表主体里，可以使用计算字段对每行数据进行某种运算。

与组页眉相似，可以根据需要设置“组页眉/组页脚”区域，形成分组报表，报表中会出现组页脚，组页脚位于每个记录组的末尾，用于在每个记录分组末尾放置信息，如组名称或汇总信息等。一个报表上可具有多个组页脚，具体取决于已添加的分组级别数。

页面页脚出现在报表每一页的结尾底部，可以显示页码、总计、制作人员、打印日期等与报表相关的信息。

在一个报表中，报表页脚只在结尾处显示一次，使用报表页脚可显示整个报表的总和或其他汇总信息。需要注意的是，在设计视图中，报表页脚显示在页面页脚下方，但在所有其他视图、打印、预览、导出报表时，报表页脚将出现在报表最后一页的页面页脚之前，紧接在最后一个组页脚或最后页上的主体行之后。

5.1.3 报表分类

报表的分类有纵栏式报表、表格式报表、图表式报表、标签式报表。

纵栏式报表，是在主体节内以垂直的方式在每页上显示一个或多个记录。纵栏式报表可以包含汇总数据，既可以用多段显示一条记录，也可以用多段显示多条记录。纵栏式报表样例如图 5-7 所示。

表格式报表以行和列的方式显示数据，每条记录显示为一行，每个字段显示为一列，一页内可以显示多条记录，支持计算和统计功能。表格式报表举例如图 5-8 所示。

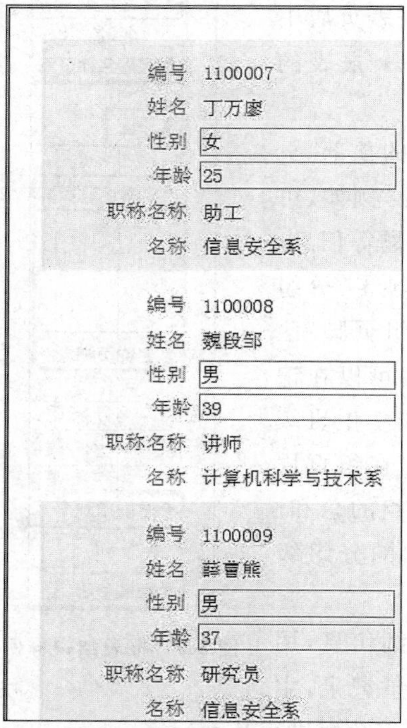

编号 1100007
姓名 丁万廖
性别 女
年龄 25
职称名称 助工
名称 信息安全系

编号 1100008
姓名 魏段邹
性别 男
年龄 39
职称名称 讲师
名称 计算机科学与技术系

编号 1100009
姓名 薛曹熊
性别 男
年龄 37
职称名称 研究员
名称 信息安全系

图 5-7 纵栏式报表样例

学号	姓名	课程名称	成绩	是否补考	备注
20161153	周阿宋	数字逻辑电路	82	☐	
20161165	朱耶袁	数字逻辑电路	76	☐	
20161254	胡尔才	数字逻辑电路	91	☐	
20163258	胡尔才	数字逻辑电路	76	☐	
20162167	林斯许	数据库应用技术	88	☐	
20162268	何者傅	数据库应用技术	91	☐	
20162350	徐楚储	数据库应用技术	100	☐	
20163157	刘乃韩	数据库应用技术	93	☐	
20163270	马也曾	数据库应用技术	81	☐	
20164159	陈殆唐	数据库应用技术	60	☑	
20164260	杨得冯	数据库应用技术	85	☐	
20164361	黄阖于	数据库应用技术	46	☑	
20165162	吴另董	数据库应用技术	97	☐	
20165364	孙之程	数据库应用技术	91	☑	
20162268	何者傅	面向对象程序设计	80	☐	
20162268	何者傅	可视化程序设计	75	☐	
20162268	何者傅	信息保护	44	☑	
20162167	林斯许	高等数学	51	☐	
20162268	何者傅	高等数学	50	☐	
20163157	刘乃韩	高等数学	70	☐	
20164260	杨得冯	高等数学	89	☐	

图 5-8 表格式报表样例

图表式报表，是以图形方式展示数据的报表。图表式报表利用图形对数据进行统计，可以更加直观地表示出数据之间的关系，提供多种图表支持，可以显示并打印报表。图表式报表样例如图 5-9 所示。

标签式报表是将数据表示成标签的报表，标签上显示所指定的数据信息，通过标签式报表可以得到多个数据格式一致的标签，主要用于批量打印，例如书签、名片、信封等。标签式报表样例如图 5-10 所示。

本章将根据案例需要详解报表的创建和设定过程。

为便于训练，请复制第 4 章的“高校学生信息系统”数据库，将其重命名为“学号＋姓名＋_报表_＋高校学生信息系统. 扩展名”命名，如“20168151 测试者_报表_高校学生信息系统. accdb”。本章训练都在此数据库中完成。

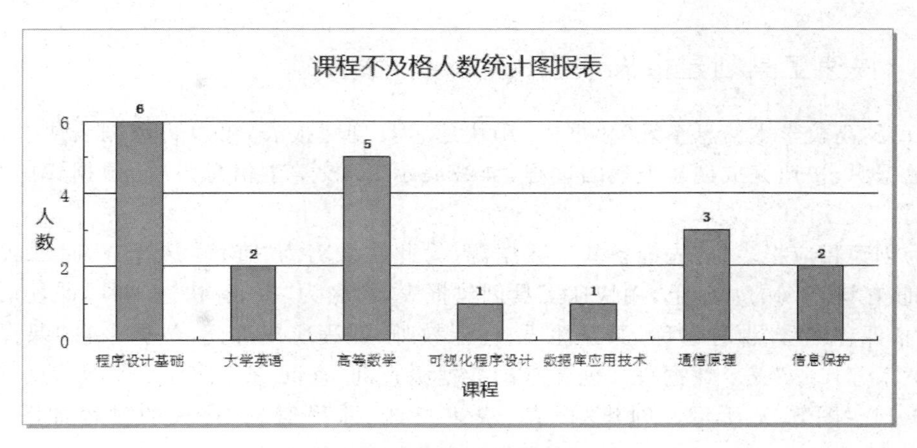

图 5-9　图表式报表样例

编号：kc021106，课程名称：数据库应用技术
课程性质：考查，任课教师：魏段邹
课程所属部门：计算机科学与技术系

编号：kc021122，课程名称：程序设计基础
课程性质：考试，任课教师：吕史姜
课程所属部门：计算机科学与技术系

编号：kc021123，课程名称：编译原理
课程性质：考试，任课教师：魏段邹
课程所属部门：计算机科学与技术系

编号：kc021126，课程名称：操作系统
课程性质：考试，任课教师：杜易白
课程所属部门：计算机科学与技术系

编号：kc021203，课程名称：面向对象程序设计
课程性质：考查，任课教师：魏段邹
课程所属部门：计算机科学与技术系

编号：kc022205，课程名称：可视化程序设计
课程性质：考查，任课教师：魏段邹
课程所属部门：计算机科学与技术系

编号：kc031102，课程名称：计算机网络
课程性质：考试，任课教师：田赖秦
课程所属部门：通信工程系

编号：kc033201，课程名称：通信原理
课程性质：考查，任课教师：贾龙谭
课程所属部门：通信工程系

编号：kc041115，课程名称：行政管理
课程性质：考试，任课教师：卢侯方
课程所属部门：行政管理系

编号：kc051109，课程名称：信息保护
课程性质：考查，任课教师：丁万廖
课程所属部门：信息安全系

编号：kc061201，课程名称：高等数学
课程性质：考试，任课教师：汪贺邱
课程所属部门：基础部

编号：kc072101，课程名称：大学英语
课程性质：考试，任课教师：戴常崔
课程所属部门：人文社科部

图 5-10　标签式报表样例

Access 2013 为创建报表提供了便捷智能的方法，可以很方便地创建所需报表，下面依次详述。

5.2　报表工具创建报表

Access 2013 提供了较多创建报表的方式，本节将详述简单易用的快速工具和空报表工具创建报表。

5.2.1 快速工具创建报表

打开“高校学生信息系统”数据库，用快速工具创建报表，可以将数据表或查询作为基础数据源，快速完成创建报表的过程，详细展示“高校学生信息系统”数据库中课程信息情况。

为创建相应报表，应先准备基础数据源，为此建立名为“查询_选择查询_课程信息”的查询，在该查询的基础上，用快速工具创建报表，命名为“报表_快速工具_课程信息”报表，包括课程编号、课程名称、课程性质、任课教师、课程所属部门，数据来自“课程”、“教师”和“系部代码”三个数据表。创建基础数据源查询“查询_查询设计_课程信息”的过程如图 5-11～图 5-14 所示。创建“报表_快速工具_课程信息”报表的过程如图 5-15～图 5-17 所示。

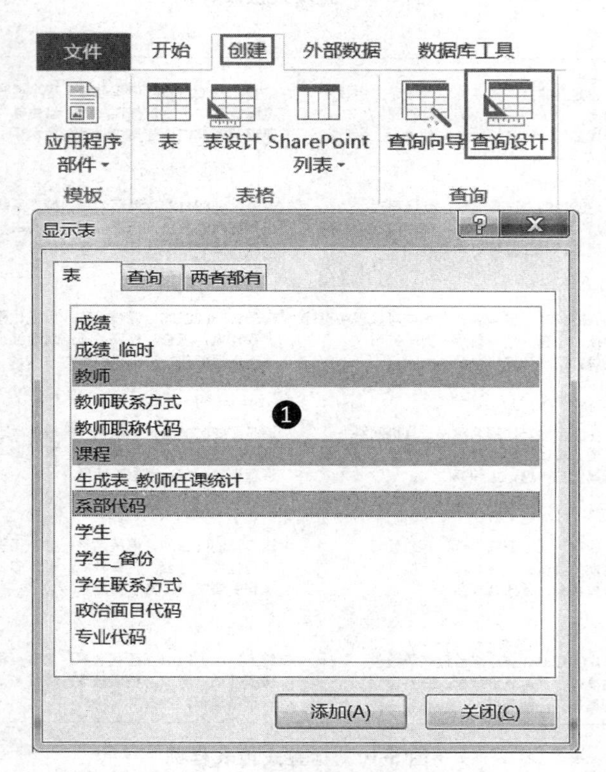

图 5-11 建立课程信息报表的数据源查询(一)

字段:	课程编号	课程名称	课程性质	任课教师: 姓名	课程所属部门: 名称
表:	课程	课程	课程	教师	系部代码
排序:					
显示:	☑	☑	☑	☑	☑
条件:					
或:					

图 5-12 建立课程信息报表的数据源查询(二)

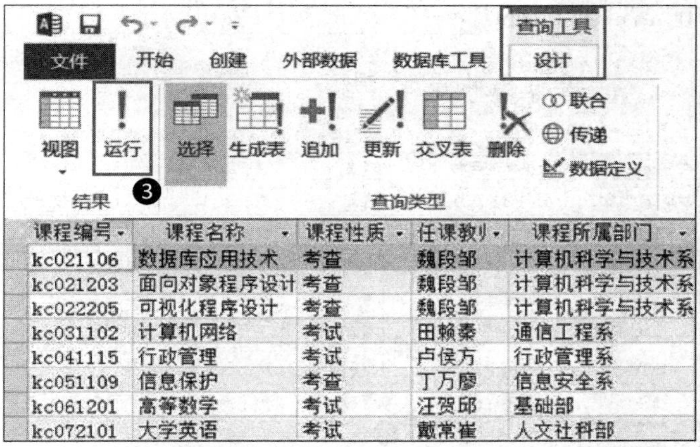

查询工具 设计

文件 开始 创建 外部数据 数据库工具

视图 运行 选择 生成表 追加 更新 交叉表 删除 联合 传递 数据定义

结果 ③ 查询类型

课程编号	课程名称	课程性质	任课教师	课程所属部门
kc021106	数据库应用技术	考查	魏段邹	计算机科学与技术系
kc021203	面向对象程序设计	考查	魏段邹	计算机科学与技术系
kc022205	可视化程序设计	考查	魏段邹	计算机科学与技术系
kc031102	计算机网络	考试	田赖秦	通信工程系
kc041115	行政管理	考试	卢侯方	行政管理系
kc051109	信息保护	考查	丁万廖	信息安全系
kc061201	高等数学	考试	汪贺邱	基础部
kc072101	大学英语	考试	戴常崔	人文社科部

图 5-13 建立课程信息报表的数据源查询(三)

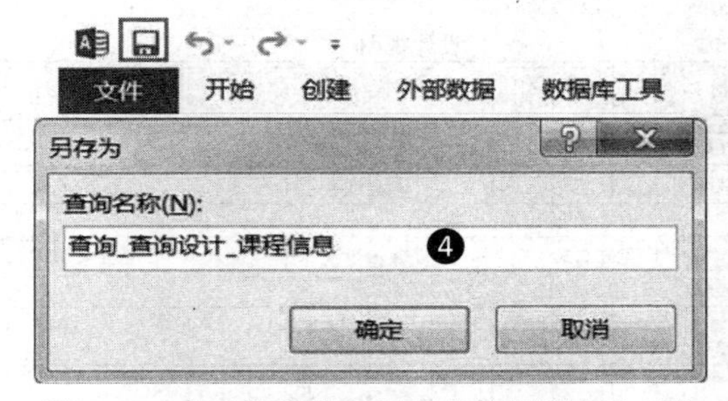

图 5-14 建立课程信息报表的数据源查询(四)

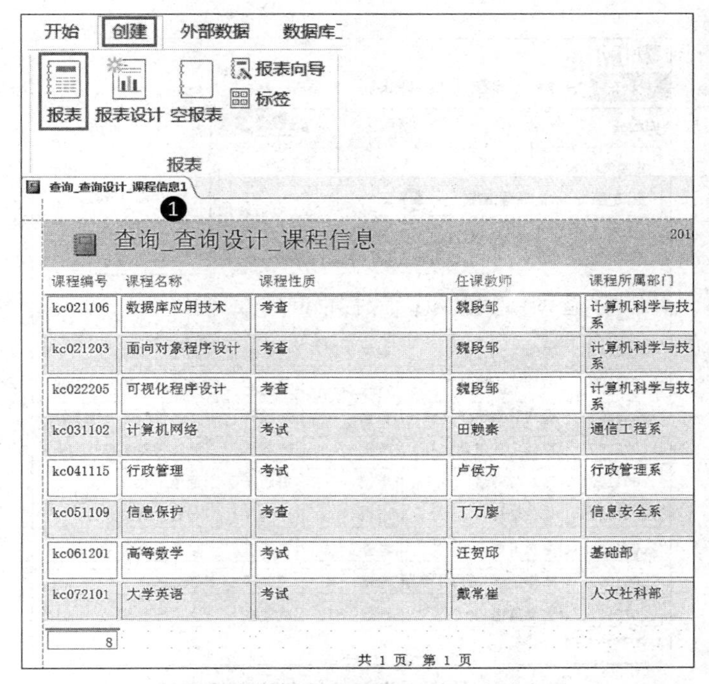

图 5-15 快速工具创建课程信息报表(一)

查询_查询设计_课程信息1

查询_查询设计_课程信息 2016年1月31日 22:59:49

课程编号	课程名称	课程性质	任课教师	课程所属部门
kc021106	数据库应用技术	考查	魏段邹	计算机科学与技术系
kc021203	面向对象程序设计	考查	魏段邹	计算机科学与技术系
kc022205	可视化程序设计	考查	魏段邹	计算机科学与技术系
kc031102	计算机网络	考试	田赖秦	通信工程系
kc041115	行政管理	考试	卢侯方	行政管理系
kc051109	信息保护	考查	丁万廖	信息安全系
kc061201	高等数学	考试	汪贺邱	基础部
kc072101	大学英语	考试	戴常崔	人文社科部

布局视图 ❷

共 1 页，第 1 页

查询_查询设计_课程信息1

设计视图

报表页眉

查询_查询设计_课程信息 =Date() =Time()

页面页眉

课程编号 课程名称 课程性质 任课教师 课程所属部门

主体

课程编号 课程名称 课程性质 任课教师 课程所属部门

页面页脚

& [Pages] & " 页，第 " & [Page] &

报表页脚

=Count(*)

图 5-16 快速工具创建课程信息报表(二)

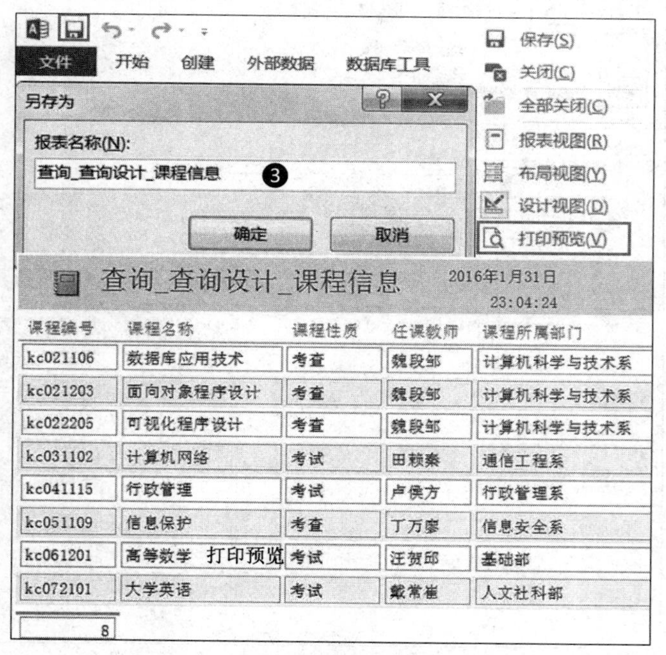

图 5-17 快速工具创建课程信息报表(三)

❶ 选择“创建”选项卡“查询”群组中的“查询设计”选项，通过“显示表”对话框添加“教师”、“课程”和“系部代码”三个表，如图 5-11 所示。

❷ 在设计视图的设计网格区添加“课程”表中的“课程编号”、“课程名称”、“课程性质”字段，添加“教师”表的“姓名”字段，并修改显示标题为“任课教师”（字段网格中为“任课教师: 姓名”，其中冒号为英文半角符号，冒号前表示显示的标题，冒号后是数据字段名称），添加“系部代码”表“姓名”字段，并显示标题为“课程所属部门”（字段网格中为“课程所属部门: 姓名”，其中冒号为英文半角符号，“课程所属部门”为显示标题，“姓名”为数据字段名称），如图 5-12 所示。

❸ 在“查询工具”的“设计”选项卡“结果”群组中选择“运行”选项，将获得当前设计查询的结果，并以数据表视图方式显示，如图 5-13 所示。

❹ 单击“保存”按钮，在弹出的“另存为”对话框中输入查询名称“查询_查询设计_课程信息”，单击“确定”按钮，完成保存操作，如图 5-14 所示。

❶ 在导航中选择“查询_查询设计_课程信息”查询，选择“创建”选项卡“报表”群组中的“报表”选项，快速工具所创建的报表被打开，以布局视图显示，如图 5-15 所示。

❷ 在当前报表的布局视图中修改大小宽高、字号等属性，修改调整标题文本内容等，以使当前报表更符合课程信息报表的需要，如图 5-16 所示。

❸ 单击“保存”按钮，在弹出的“另存为”对话框中输入报表名称“报表_快速工具_课程信息”，单击“确定”按钮，完成保存操作。右击当前报表左上角的名称标签，在弹出的快捷菜单中选择“打印预览”选项，将显示“报表_快速工具_课程信息”报表的打印预览视图，如图 5-17 所示。

5.2.2 空报表工具创建报表

打开“高校学生信息系统”数据库，用空报表工具创建学生专业信息的报表，使用“专业代码”、“系部代码”表的数据作为报表的基础数据源，按专业所属部门分组，按“专业代码”字段升序排序，所创建的报表命名为“报表_空报表_专业信息报表”。使用空报表工具创建学生专业信息报表的过程如图 5-18～图 5-23 所示。

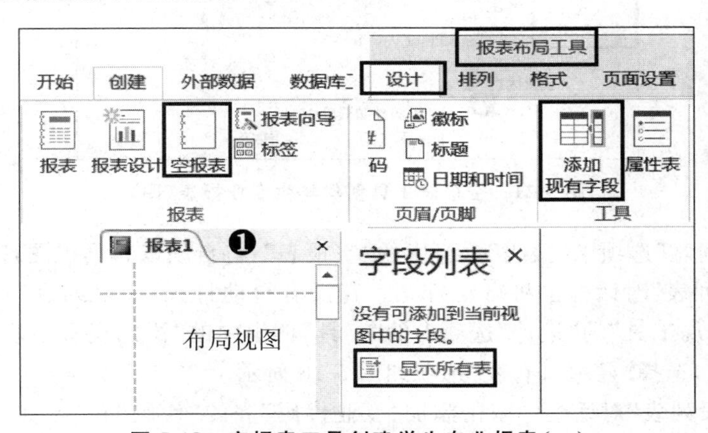

图 5-18 空报表工具创建学生专业报表（一）

报表1

代码	名称	名称_系部代码
zy0101	电子信息工程	电子信息工程系
zy0201	计算机科学与技术	计算机科学与技术系
zy0202	信息管理与信息系统	计算机科学与技术系
zy0301	通信工程	通信工程系
zy0401	行政管理	行政管理系
zy0402	保密管理	行政管理系
zy0501	信息与计算科学	信息安全系
zy0502	信息安全	信息安全系

字段列表

仅显示当前记录源中的字段

其他表中的可用字段:

⊟ 专业代码 编辑表

❷ 代码

名称

所属系部

⊟ 系部代码 编辑表

代码

名称

图 5-19 空报表工具创建学生专业报表(二)

报表1

❸

代码	名称	专业所属部门
zy0101	电子信息工程	电子信息工程系
zy0201	计算机科学与技术	计算机科学与技术系
zy0202	信息管理与信息系统	计算机科学与技术系
zy0301	通信工程	通信工程系
zy0401	行政管理	行政管理系
zy0402	保密管理	行政管理系
zy0501	信息与计算科学	信息安全系
zy0502	信息安全	信息安全系

图 5-20 空报表工具创建学生专业报表(三)

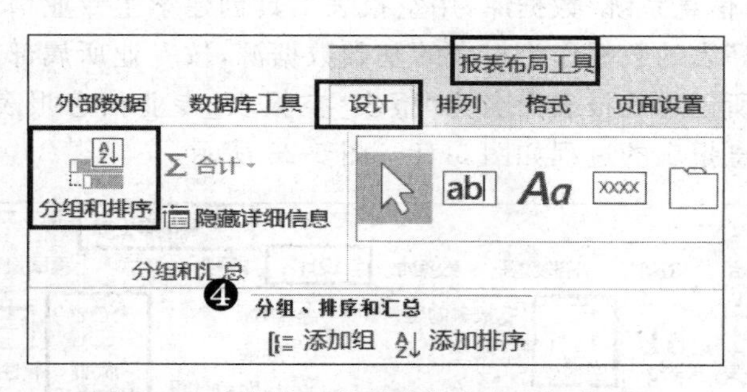

图 5-21 空报表工具创建学生专业报表(四)

❶ 选择“创建”选项卡“报表”分组中的“空报表”,将自动以布局视图打开当前所创建的报表,“字段列表”对话框也将自动打开。若没有自动打开“字段列表”对话框,可以通过选择“报表布局工具”的“设计”选项卡的“工具”群组中的“添加现有字段”选项打开“字段列表”对话框,选择“显示所有表”选项如图 5-18 所示。

❷ 在“字段列表”对话框中双击添加“专业代码”表的“代码”和“名称”字段,添加“系部代码”表的“名称”字段,如图 5-19 所示。

❸ 调整当前创建报表各字段内容显示属性，例如位置、大小、宽窄、字体、字号、颜色、文本内容等，以使报表展示效果更佳，如图 5-20 所示。

❹ 在“报表布局工具”的“设计”选项卡的“分组和汇总”群组中选择“分组和排序”选项，当前所创建报表视图下方将打开“分组、排序和汇总”区域，显示“添加组”和“添加排序”图标，如图 5-21 所示。

❺ 打开“分组、排序和汇总”区域，通过“添加组”添加“系部代码”表“名称”字段为分组字段，显示为“名称_系部代码”，通过“添加排序”添加“专业代码”表的“代码”字段升序排序，如图 5-22 所示。

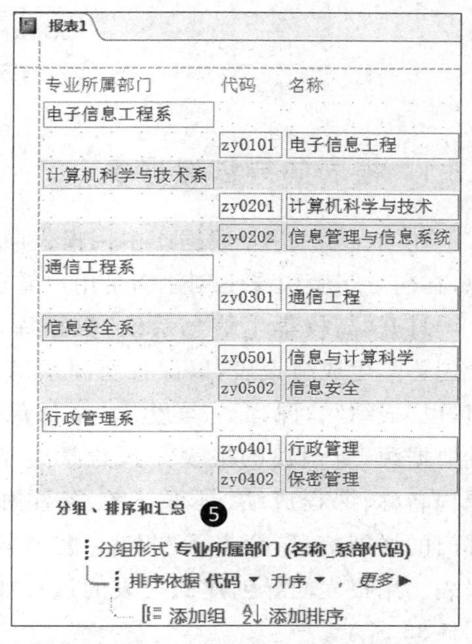

图 5-22 空报表工具创建学生专业报表（五）

❻ 单击“保存”按钮，弹出“另存为”对话框，输入报表名称“报表_空报表_专业信息”，单击“确定”按钮，完成保存操作。右击当前报表名称标签，在弹出的快捷菜单中选择“打印预览”，将显示“报表_空报表_专业信息”报表的打印预览视图，如图 5-23 所示。

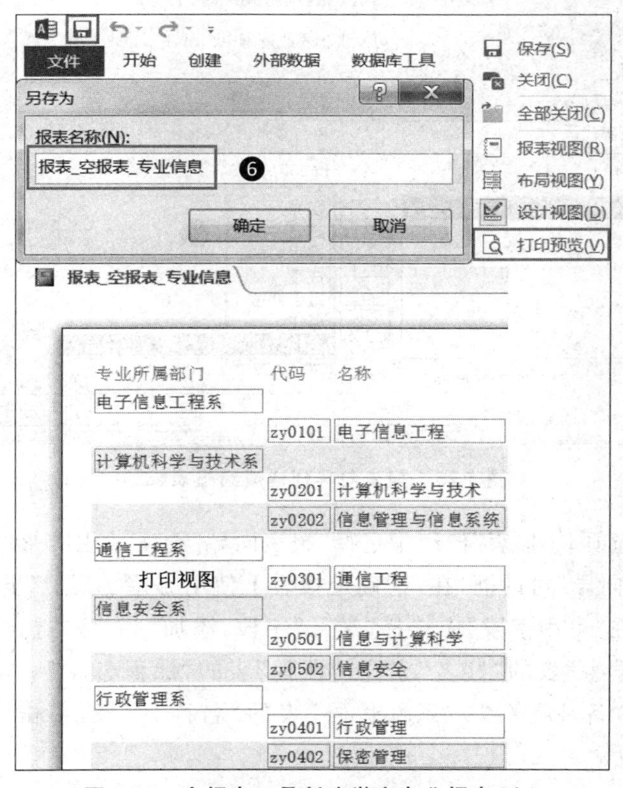

图 5-23 空报表工具创建学生专业报表（六）

5.3 向导创建报表

5.3.1 报表向导创建报表

在 Access 2013 数据库中用报表向导创建报表，可以将数据表或查询作为基础数据源，在向导步骤引导下创建满足用户需求的报表。

打开“高校学生信息系统”数据库，用报表向导创建学生成绩报表，以课程所属系部、课程为分组，以“成绩”、“课程”、“学生”、“系部代码”表为基础数据源，所创建的报表需包含学生学号、姓名、课程名称、课程成绩、是否补考、备注和课程所属部门的详细信息，命名为“报表_报表向导_成绩”报表。用报表向导创建此报表的过程如图 5-24～图 5-35 所示。

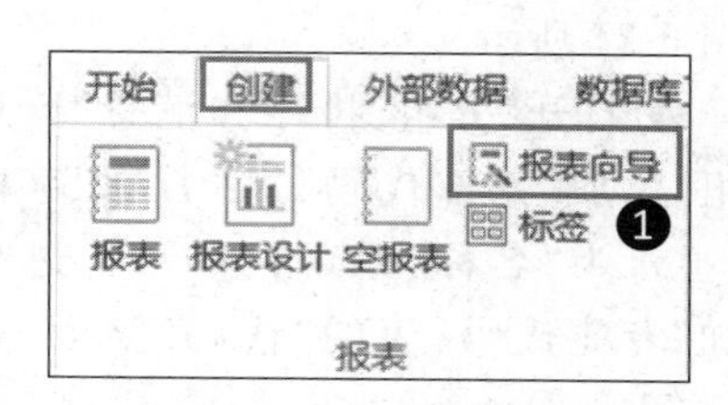

图 5-24 报表向导创建成绩报表(一)

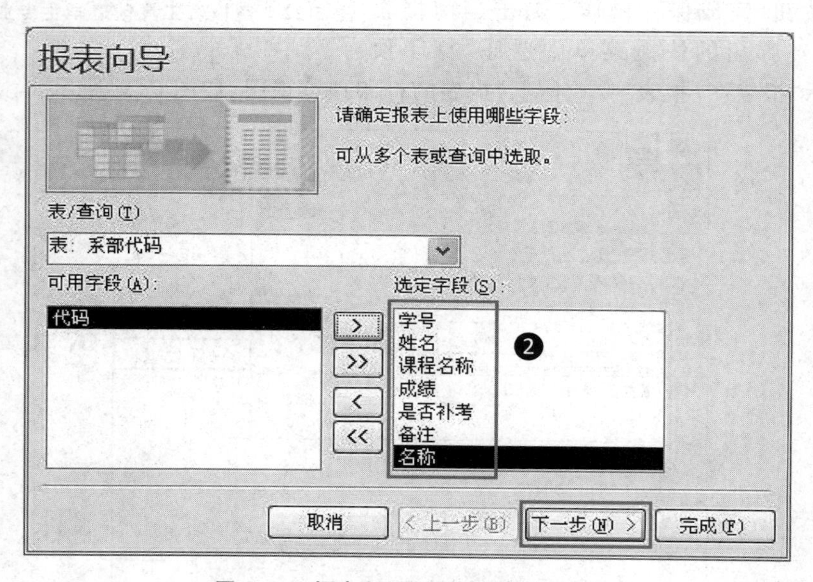

图 5-25 报表向导创建成绩报表(二)

❶ 在“创建”选项卡“报表”群组中选择“报表向导”选项，如图 5-24 所示。

❷ 弹出“报表向导”对话框，在“请确定报表上使用哪些字段：”步骤中的“表/查询”中选择“成绩”表，在“可用字段”中选择“学号”字段，添加到右侧“选定字段”栏中。用同样方法依次添加“学生”表的“姓名”字段，“课程”表的“课程名称”字段，“成绩”表的“成绩”、“是否补考”、“备注”字段，“系部代码”表的“名称”字段，单击“下一步”按钮，如图 5-25所示。

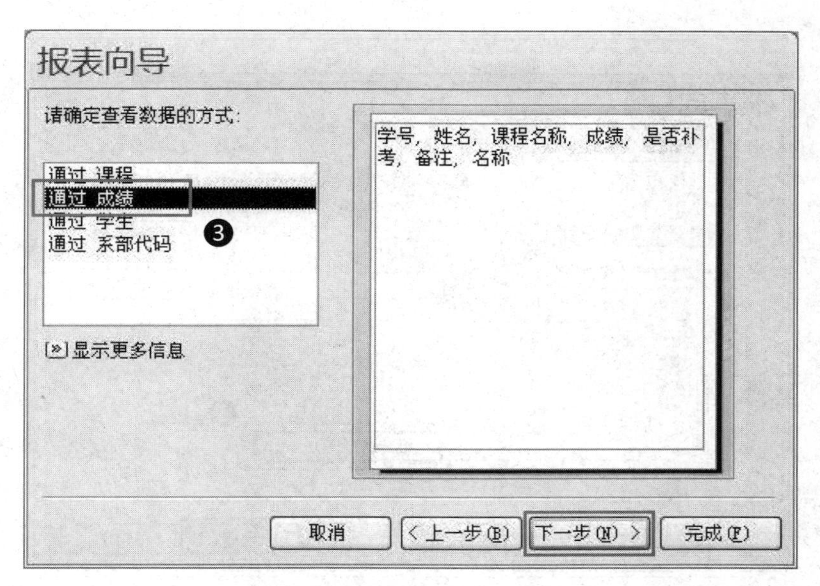

图 5-26 报表向导创建成绩报表(三)

图 5-27 报表向导创建成绩报表(四)

❸ 在“报表向导”对话框的“请确定查看数据的方式:”步骤中选择“通过成绩”选项,单击“下一步”按钮,如图 5-26 所示。

❹ 在“报表向导”对话框的“是否添加分组级别?”步骤中分别添加“名称”和“课程名称”字段为两个分组级别。在左侧栏目中选择“名称”选项,单击[>]按钮,将“名称”字段添加到右侧栏目的一级分组级别中。按相同办法添加“课程名称”为二级分组级别。设定后“名称”为一级分组,“课程名称”为二级分组,若分组级别设定错误,可通过单击[↓]和[↑]按钮调整多个字段的分组优先级别。设定后单击“下一步”按钮,如图 5-27 所示。

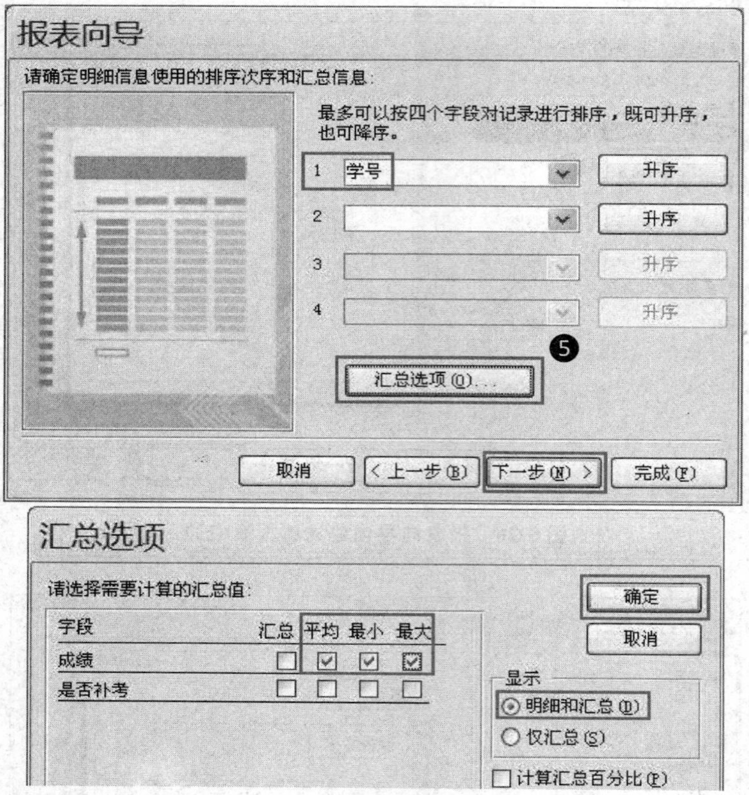

图 5-28 报表向导创建成绩报表(五)

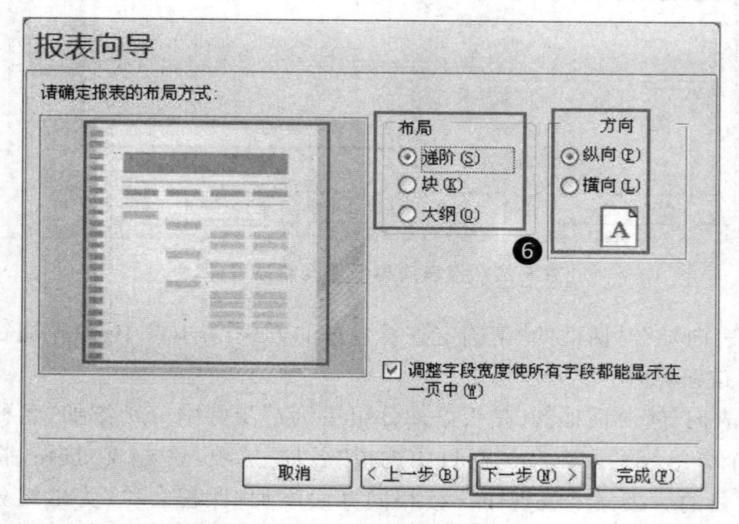

图 5-29 报表向导创建成绩报表(六)

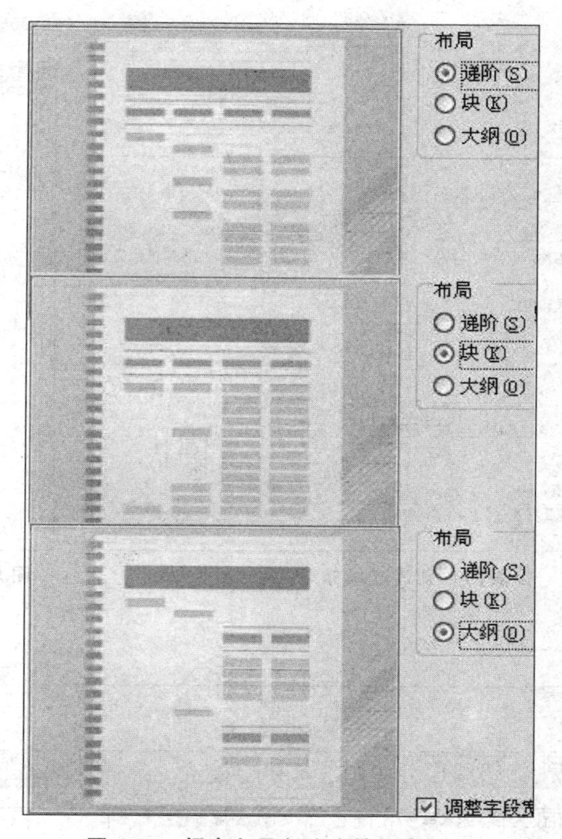

图 5-30 报表向导创建成绩报表(七)

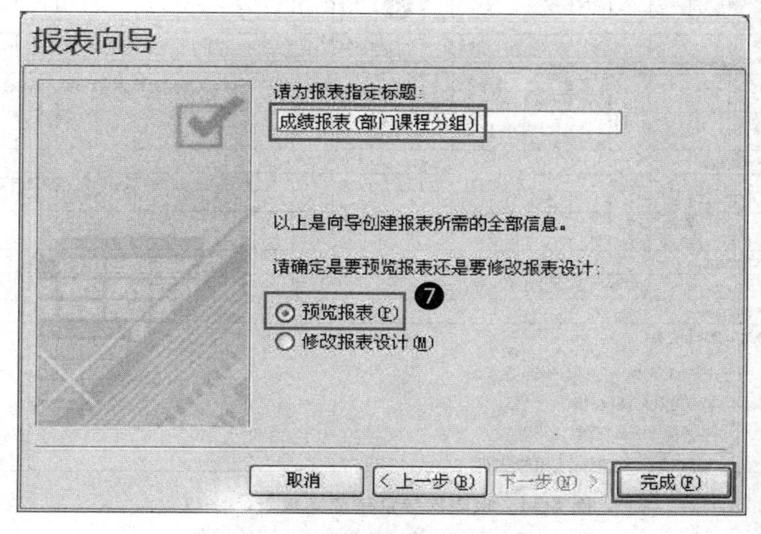

图 5-31 报表向导创建成绩报表(八)

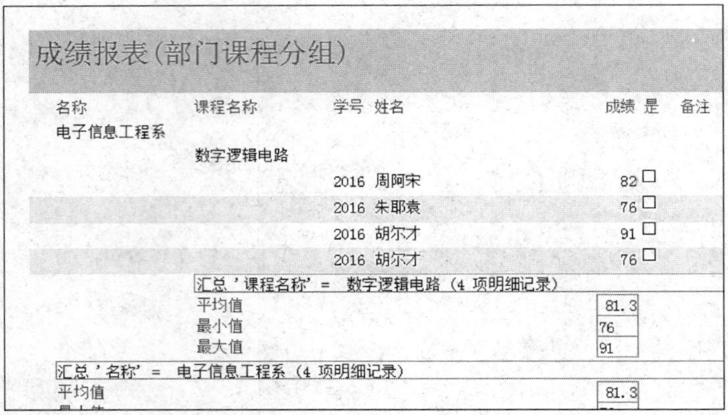

成绩报表(部门课程分组)

名称	课程名称	学号	姓名	成绩	是	备注
电子信息工程系						
	数字逻辑电路					
		2016	周阿宋	82	☐	
		2016	朱耶袁	76	☐	
		2016	胡尔才	91	☐	
		2016	胡尔才	76	☐	

汇总 '课程名称' = 数字逻辑电路 (4 项明细记录)

平均值 81.3

最小值 76

最大值 91

汇总 '名称' = 电子信息工程系 (4 项明细记录)

平均值 81.3

图 5-32 报表向导创建成绩报表(九)

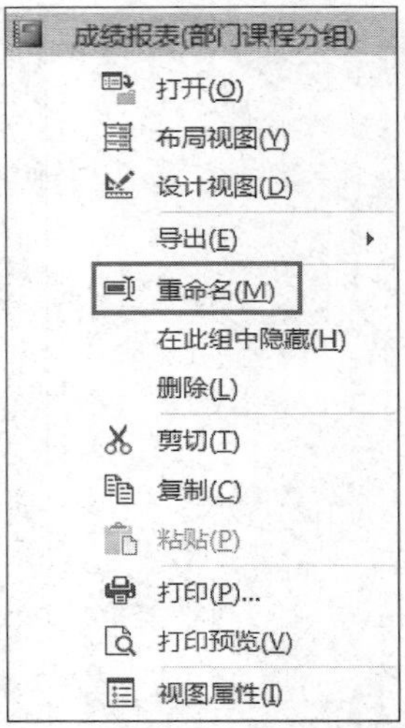

成绩报表(部门课程分组)

打开(O)

布局视图(Y)

设计视图(D)

导出(E)

重命名(M)

在此组中隐藏(H)

删除(L)

剪切(T)

复制(C)

粘贴(P)

打印(P)...

打印预览(V)

视图属性(I)

图 5-33 报表向导创建成绩报表(十)

报表_报表向导_成绩

报表页眉

成绩报表(部门课程分组)

页面页眉

课程所属部门 课程名称 学号 姓名 成绩 是否 备注

名称页眉

名称

课程名称页眉

课程名称 ❽

主体

学号 姓名 成绩 备注

课程名称页脚

="汇总 " & "'课程名称' = " & " " & [课程名称] & " (" & Count(*) & " " & IIf(Count

课程平均分 =Roun

课程最低分 =Min(

课程最高分 =Max(

名称页脚

="汇总 " & "'名称' = " & " " & [名称] & " (" & Count(*) & " " & IIf(Count(*)=1,"明细记录","项明细记

课程所属部门平均 =Roun

课程所属部门最低 =Min(

课程所属部门最高 =Max(

页面页脚

=Now() ="第 " & [Page] & " 页，共 " & [Pages] & " 页

报表页脚

分组、排序和汇总

分组形式 名称 ▾ 升序 ▾ ，更多 ▶

分组形式 课程名称

排序依据 学号

添加组 添加排序

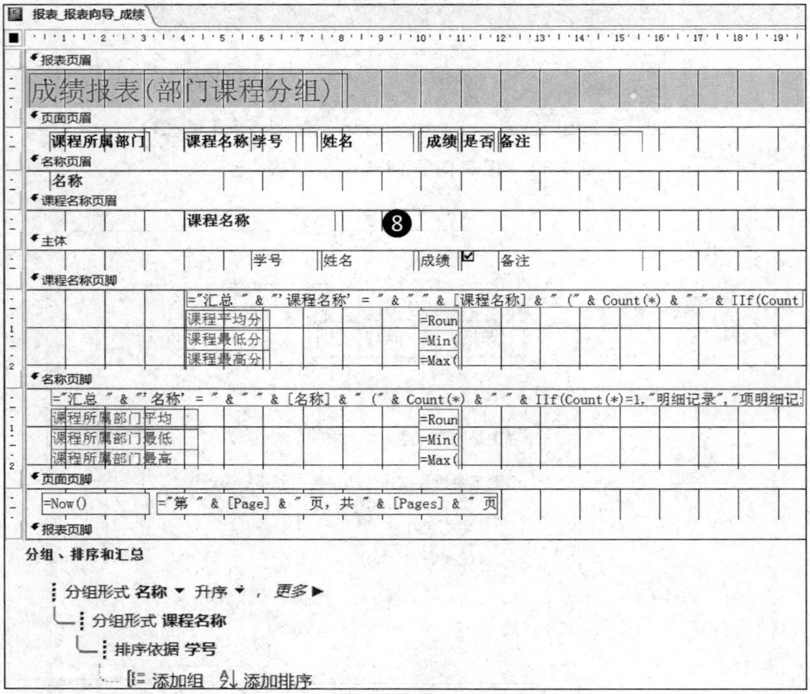

图 5-34 报表向导创建成绩报表(十一)

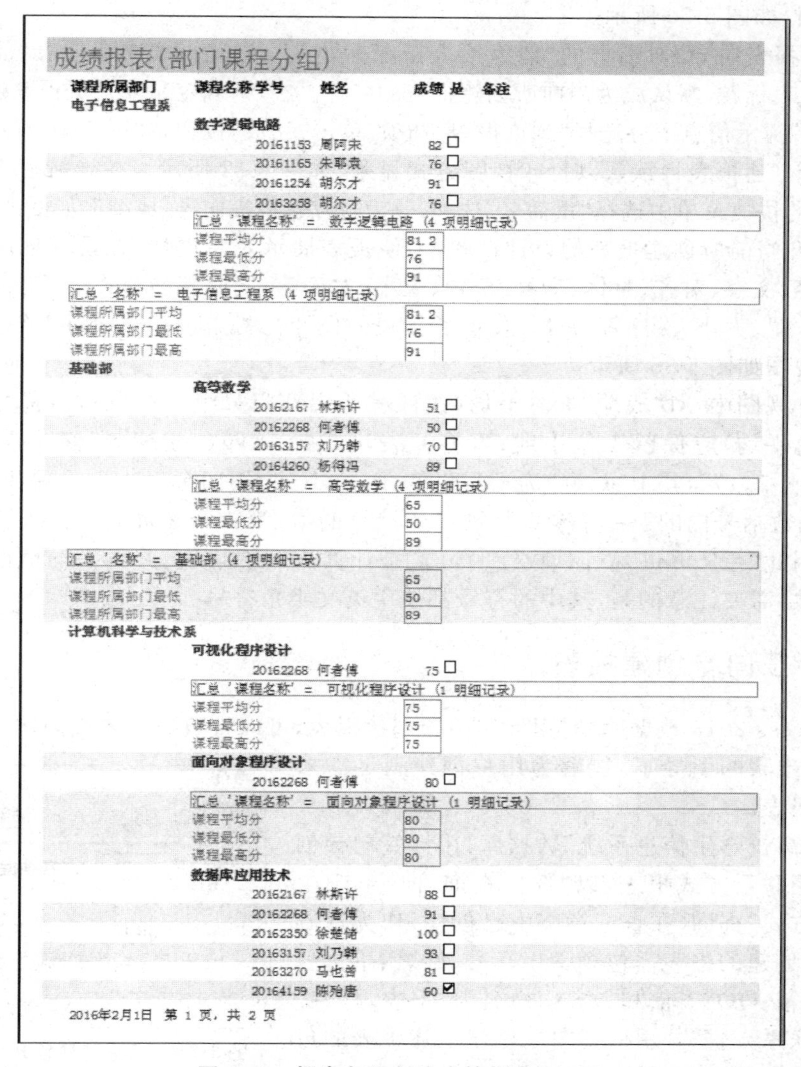

图 5-35 报表向导创建成绩报表(十二)

❺ 在“报表向导”对话框的“请确定明细信息使用的排序次序和汇总信息：”步骤中，设置“最多可以按四个字段对记录进行排序，既可升序，也可降序。”的选项。提示信息下方“1”标号对应空栏中选择“学号”选项，保持默认“升序”排序方式。单击“汇总选项…”按钮，弹出“汇总选项”对话框，在“请选择需要计算的汇总值”提示信息下方勾选“成绩”字段的“平均”、“最小”、“最大”，在“显示”栏中选择“明细和汇总”选项，单击“确定”按钮。返回“报表向导”对话框，单击“下一步”按钮，如图 5-28 所示。

❻ 在“报表向导”对话框的“请确定报表的布局方式：”步骤中的“布局”栏选择“递阶”选项，在“方向”栏选择“纵向”选项，勾选“调整字段宽度使所有字段都能显示在一页中”选项。单击“下一步”按钮，如图 5-29 所示。

在“布局”栏中选择“递阶”、“块”、“大纲”时，左侧将显示相应布局的预览效果，为设定提供参照，如图 5-30 所示。

❼ 在"报表向导"对话框的"请为报表指定标题："下方输入"成绩报表(部门课程分组)"作为报表标题，默认成为当前所创建报表的名称。在"请确定是要预览报表还是要修改报表设计："提示信息下方选择"预览报表"选项，单击"完成"按钮，如图 5-31 所示。自动打开的当前所创建报表将默认以打印视图方式显示，如图 5-32 所示。在导航栏中右击此报表，在弹出的快捷菜单中选择"重命名"选项，改为"报表_报表向导_成绩"，如图 5-33 所示。

❽ 打开当前所创建报表的设计视图，为使报表展示效果更佳，在设计视图中修改各标签的内容、文字、对齐、字体、字号、位置、大小、次序等，同时相应修改各字段的对齐、字体、字号、位置、大小、次序等属性。修改后报表的设计视图如图 5-34 所示，修改后报表的打印预览视图如图 5-35 所示。

在设计视图中，对"成绩"汇总平均(按课程所属部门分组和按课程名称分组都有对成绩的汇总平均)应保留 1 位小数，可将原表达式"＝Avg([成绩])"修改为"＝Round(Avg([成绩]),1)"，其中 Avg()为求平均值，Round()为用四舍五入方式保留小数位数，Round()函数括号内的第一个参数是被保留计算的值，第二个参数是四舍五入保留的小数位数。因此"＝Round(Avg([成绩]),1)"是计算成绩平均值、并将平均值四舍五入保留一位小数，需要注意的是，其中的符号都使用英文半角符号。

5.3.2 标签向导创建报表

在 Access 2013 数据库中，用标签向导创建报表，可以将数据表或查询作为基础数据源，在向导步骤的引导下，能够为用户创建满足需求的标签式报表。

打开"高校学生信息系统"数据库，用标签向导创建学生常用联系方式报表，以"选择查询_向导_学生常用联系方式"查询(在查询章节中已创建)作为基础数据源，所创建的报表需包含学生学号、姓名、手机号码、电子邮箱、QQ、飞信和 MSN，命名为"报表_标签_学生常用联系方式"。用标签向导创建上述报表的过程如图 5-36～图 5-42 所示。

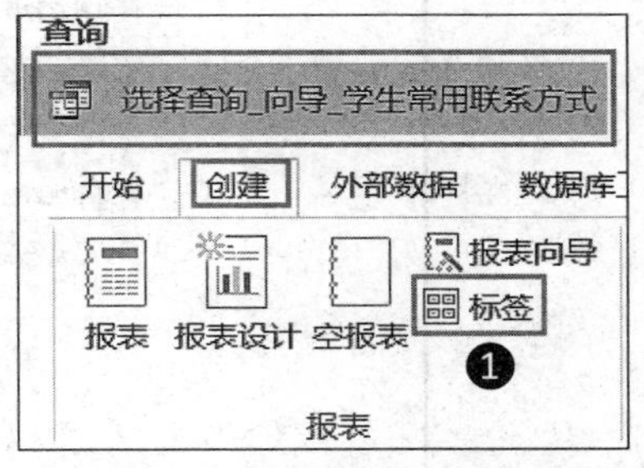

图 5-36 标签向导创建学生常用联系方式报表(一)

❶ 在导航栏中选择"选择查询_向导_学生常用联系方式"查询，作为当前创建标签式报表的基础数据源，在"创建"选项卡的"报表"群组中选择"标签"选项，如图 5-36 所示。

❷ 打开"标签向导"对话框，在"按厂商筛选："的下拉列表中选择"Boeder"选项，在"度量单位"中选择"公制"选项，在"标签类型"中选择"送纸"选项，在"请指定标签尺寸："下方选择"型号："为"Boeder 10570"，"尺寸："为"51mm×89mm"，"横标签号："的值是"2"，单击"下一步"按钮，如图 5-37 所示。

❸ 在"标签向导"对话框的"请选择文本的字体和颜色："下方设定"字体："为"宋体"，"字号："为"12"，"字体粗细："为"细"，"文本颜色："为"黑色"，不勾选"倾斜"和"下划线"选项，单击"下一步"按钮，如图 5-38 所示。

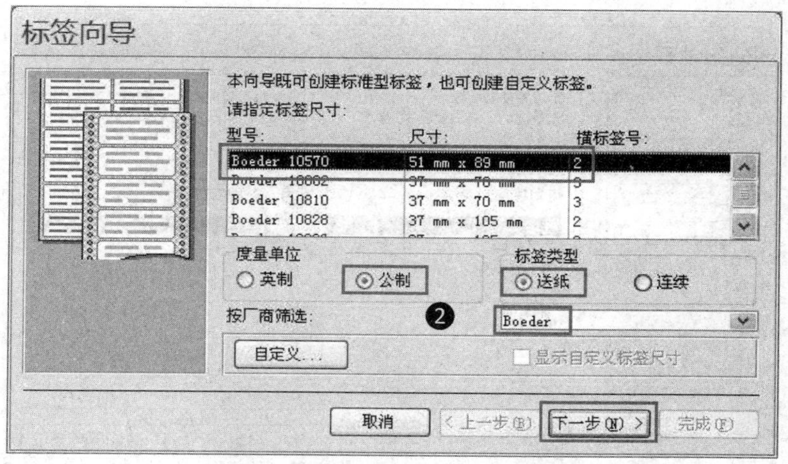

图 5-37 标签向导创建学生常用联系方式报表(二)

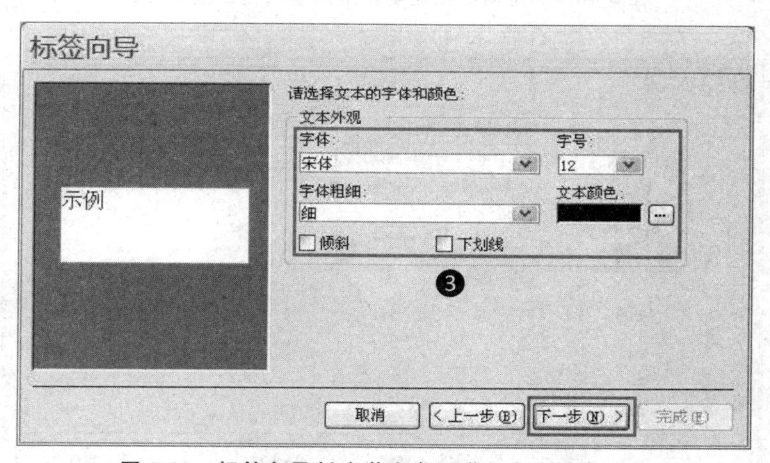

图 5-38 标签向导创建学生常用联系方式报表(三)

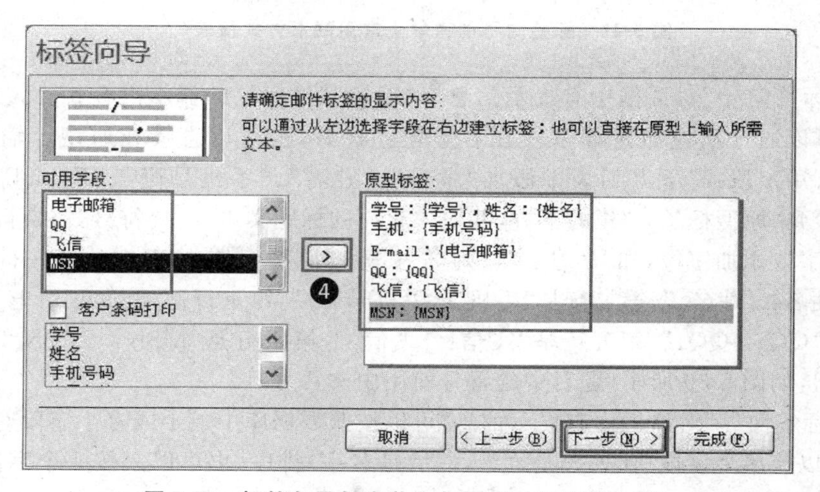

图 5-39 标签向导创建学生常用联系方式报表(四)

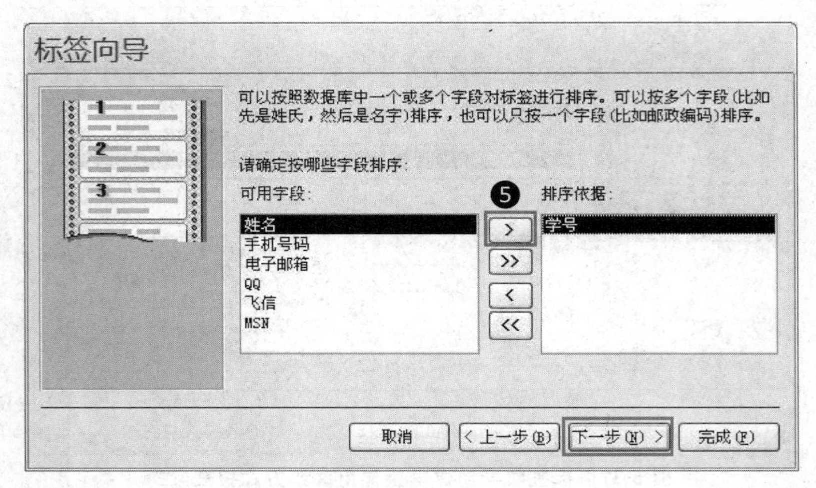

图 5-40 标签向导创建学生常用联系方式报表(五)

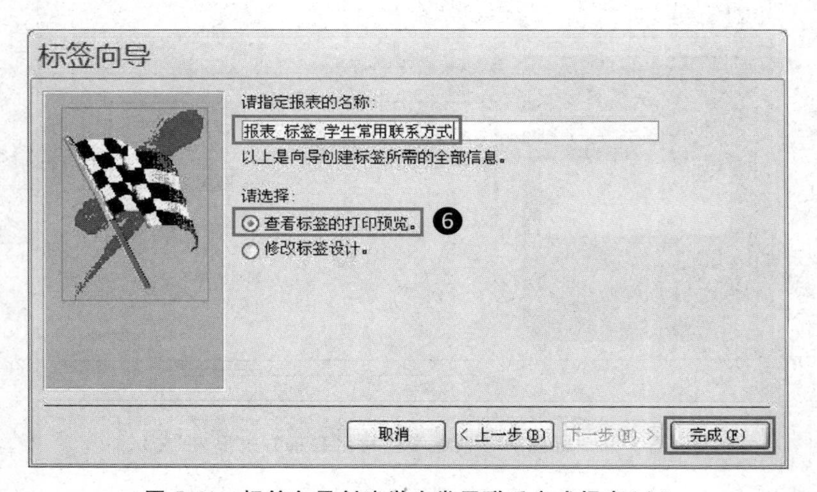

图 5-41 标签向导创建学生常用联系方式报表(六)

❹“标签向导”对话框中有提示信息“请确定邮件标签的显示内容：”及进一步的提示说明“可以通过从左边选择字段在右边建立标签；也可以直接在原型上输入所需文本。”在“可用字段：”下方列表中添加“学号”、“姓名”、“手机号码”、“E-mail”、QQ、“飞信”、MSN到“原型标签：”栏的下方，并输入相应的标题文本、必要符号，需换行时在下一行输入文字或添加字段，如“学号：”、“姓名：”等，“原型标签：”下方的第一行是“学号：{学号}，姓名：{姓名}”，第二行是“手机：{手机号码}”，第三行是“E-mail：{电子邮箱}”，第四行是“QQ：{QQ}”，第五行是“飞信：{飞信}”，第六行是“MSN：{MSN}”，单击“下一步”按钮，如图5-39所示(题目中的冒号使用中文冒号)。

❺“标签向导”对话框中有提示信息“可以按照数据库中一个或多个字段对标签进行排序。可以按多个字段(比如先是姓氏，然后是名字)排序，也可以只按一个字段(比如邮政编码)排序”，在“请确定按哪些字段排序：”提示下方的“可用字段”中选择“学号”字段，

单击 > 按钮，添加“学号”字段到“排序依据：”栏中，单击“下一步”按钮，如图 5-40 所示。

❻ 在“标签向导”对话框的“请指定报表名称：”提示下方输入“报表_标签_学生常用联系方式”，作为当前所创建报表的名称，下方的提示“以上是向导创建标签所需的全部信息。”说明标签向导创建过程即将结束，在“请选择：”下方选择“查看标签的打印预览。”选项，单击“完成”按钮，如图 5-41 所示。

当前创建的报表将自动以“打印预览”方式打开，如图 5-42 所示。

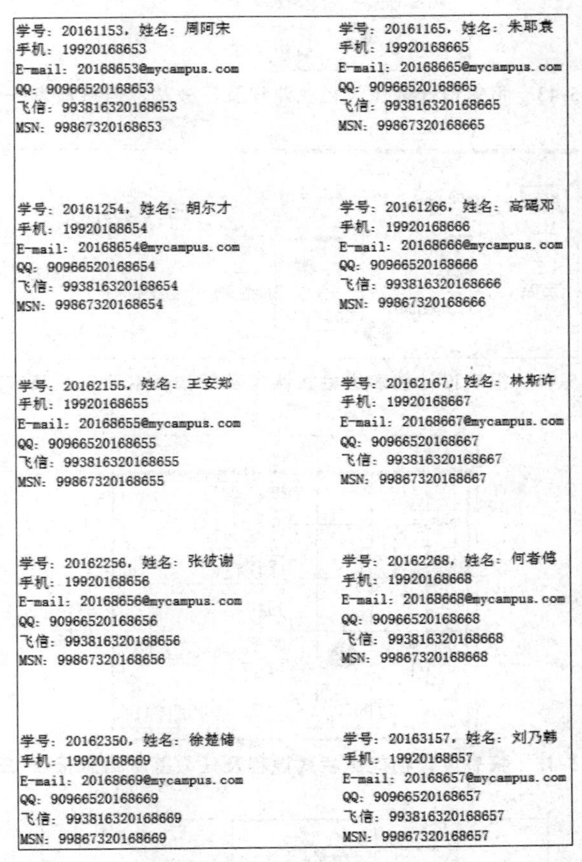

图 5-42 标签向导创建学生常用联系方式报表（七）

5.4 报表设计创建报表

5.4.1 报表设计创建纵栏式报表

在 Access 2013 中，使用“创建”选项卡“报表”分组中的“报表设计”选项，可以更加灵活高效地组织基础数据源，创建出符合应用需求的纵栏式报表。

打开“高校学生信息系统”数据库，运用“报表设计”创建纵栏式课程及任教基本信息报表，以“课程”、“教师”、“系部代码”、“教师职称代码”表作为基础数据源，所创建的报表需包含课程编号、课程名称、课程性质、任课教师姓名、任课教师性别、任课教师职称、任课教师年龄，命名为“报表_报表设计_纵栏式_课程及任教”报表。创建上述报表的过程如图 5-43～图 5-60 所示。

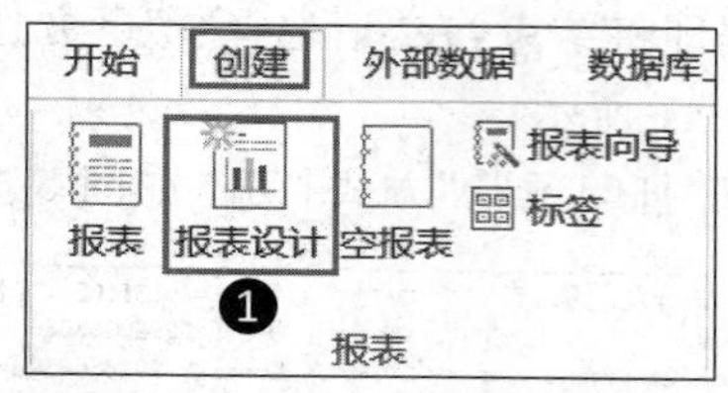

图 5-43　报表设计创建纵栏式课程及任教基本信息报表(一)

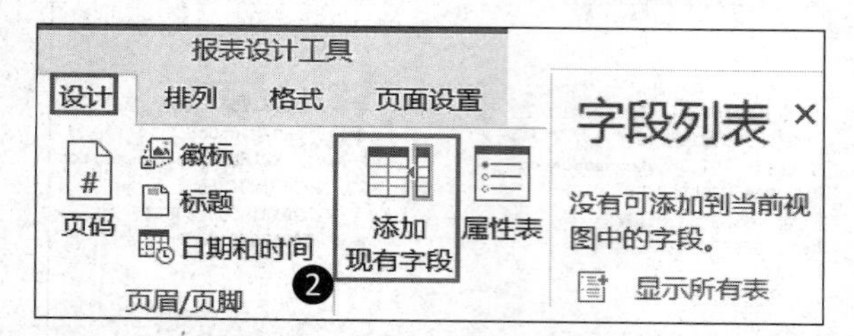

图 5-44　报表设计创建纵栏式课程及任教基本信息报表(二)

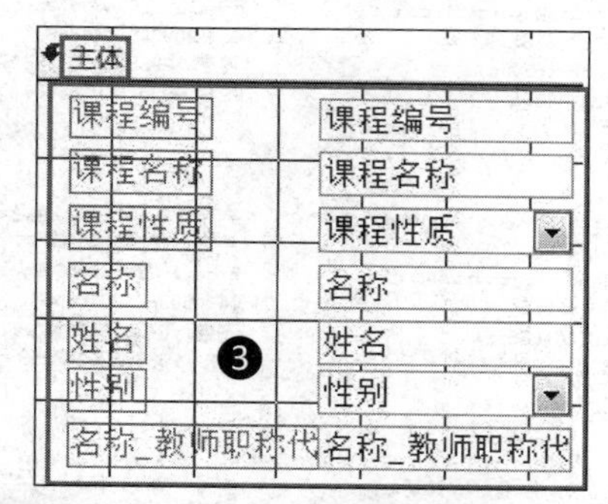

图 5-45　报表设计创建纵栏式课程及任教基本信息报表(三)

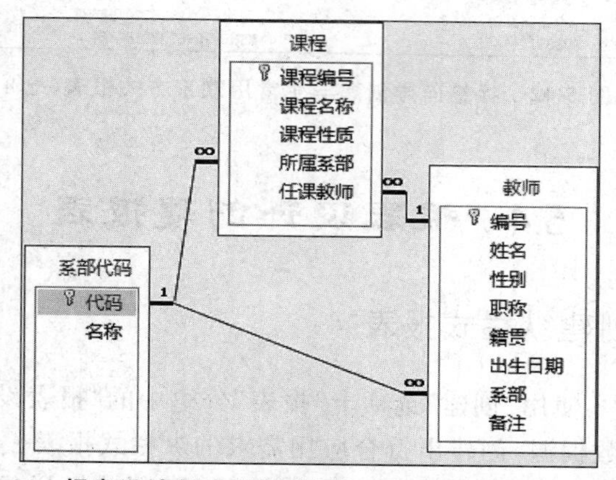

图 5-46　报表设计创建纵栏式课程及任教基本信息报表(四)

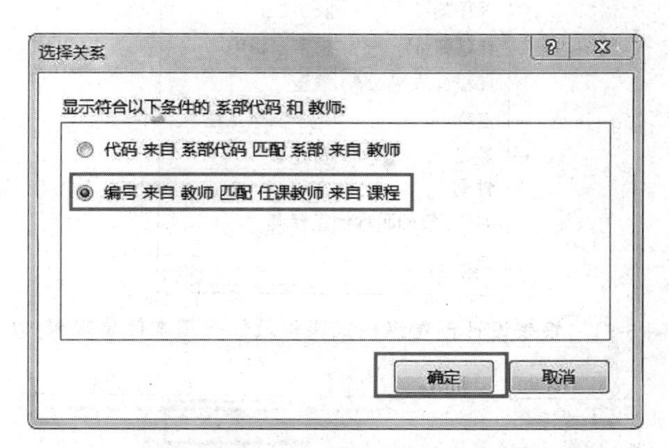

图 5-47　报表设计创建纵栏式课程及任教基本信息报表(五)

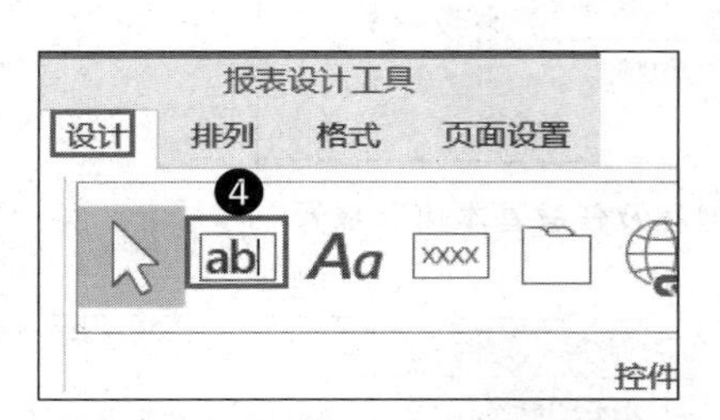

图 5-48　报表设计创建纵栏式课程及任教基本信息报表(六)

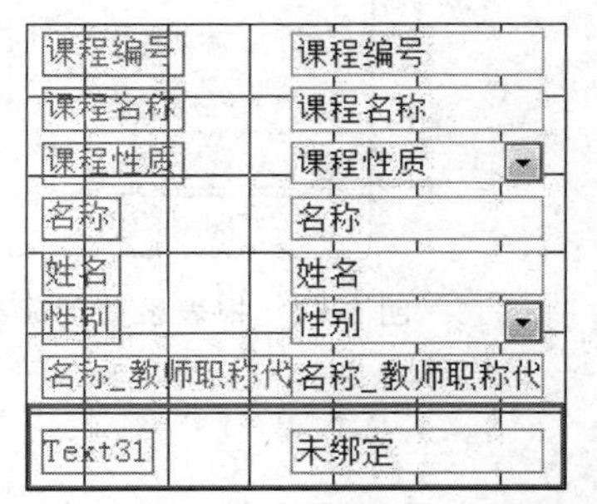

图 5-49　报表设计创建纵栏式课程及任教基本信息报表(七)

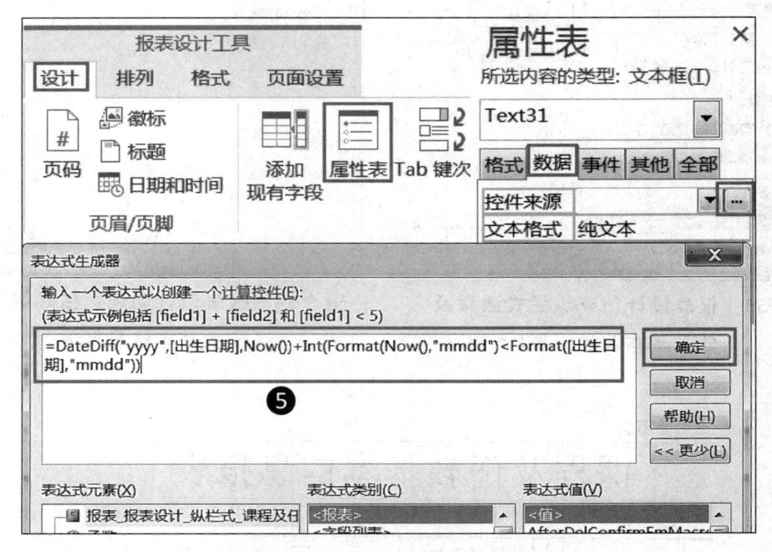

图 5-50　报表设计创建纵栏式课程及任教基本信息报表(八)

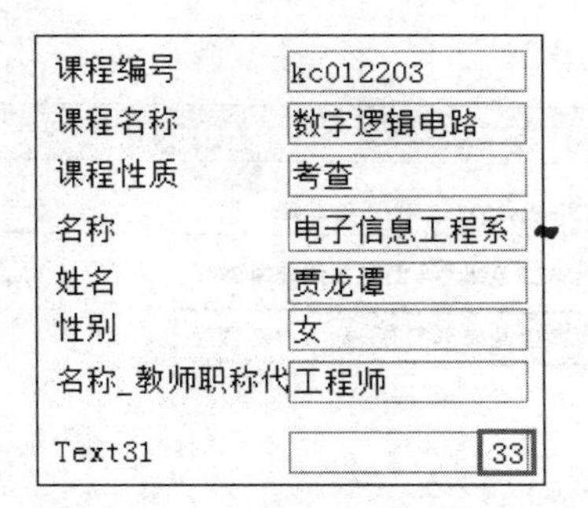

图 5-51 报表设计创建纵栏式课程及任教基本信息报表(九)

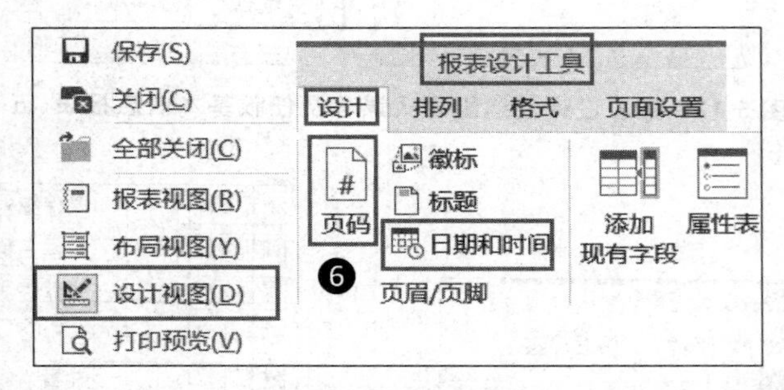

图 5-52 报表设计创建纵栏式课程及任教基本信息报表(十)

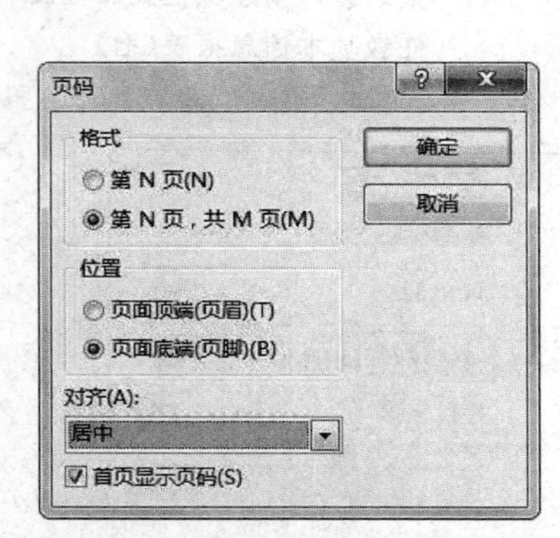

图 5-53 报表设计创建纵栏式课程及任教基本信息报表(十一)

图 5-54 报表设计创建纵栏式课程及任教基本信息报表(十二)

图 5-55 报表设计创建纵栏式课程及任教基本信息报表(十三)

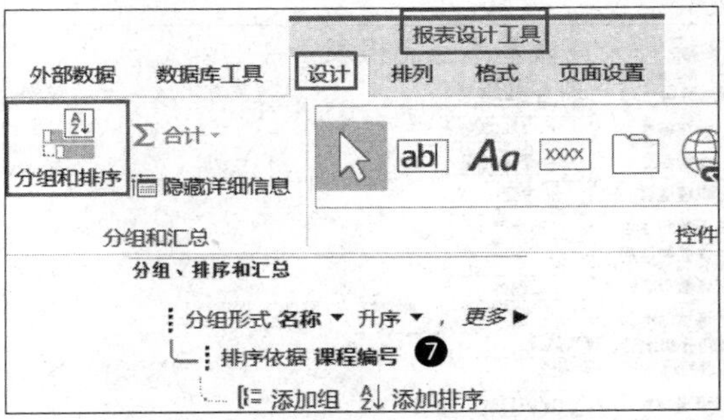

图 5-56　报表设计创建纵栏式课程及任教基本信息报表(十四)

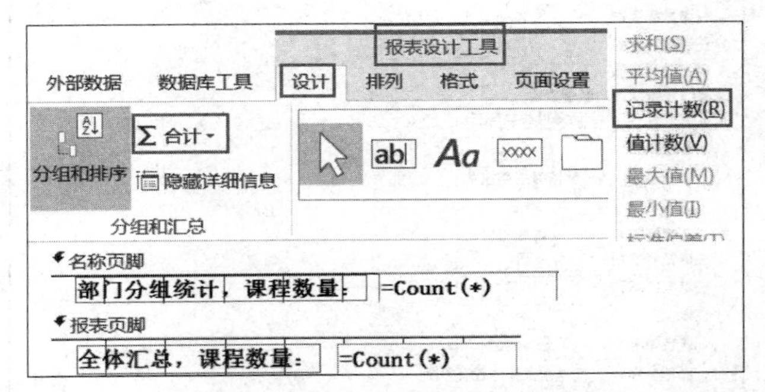

图 5-57　报表设计创建纵栏式课程及任教基本信息报表(十五)

图 5-58　报表设计创建纵栏式课程及任教基本信息报表(十六)

课程及任教基本信息报表

课程所属 电子信息工程系
课程编号 kc012203
课程名称 数字逻辑电路
课程性质 考查
任课教师姓名 贾龙逗
任课教师性别 女
任课教师职称 工程师
任课教师年龄 33
部门分组统计，课程数量: 1
课程所属 基础部
课程编号 kc061201
课程名称 高等数学
课程性质 考试
任课教师姓名 汪贺郎
任课教师性别 女
任课教师职称 讲师
任课教师年龄 40
部门分组统计，课程数量: 1
课程所属 计算机科学与技
课程编号 kc021106
课程名称 数据库应用技术
课程性质 考查
任课教师姓名 魏段部
任课教师性别 男
任课教师职称 讲师
任课教师年龄 41
课程编号 kc021203
课程名称 面向对象程序设计
课程性质 考查
任课教师姓名 魏段部
任课教师性别 男
任课教师职称 讲师
任课教师年龄 41

16-02-01 第1页，共3页

❽

图 5-59 报表设计创建纵栏式课程及任教基本信息报表(十七)

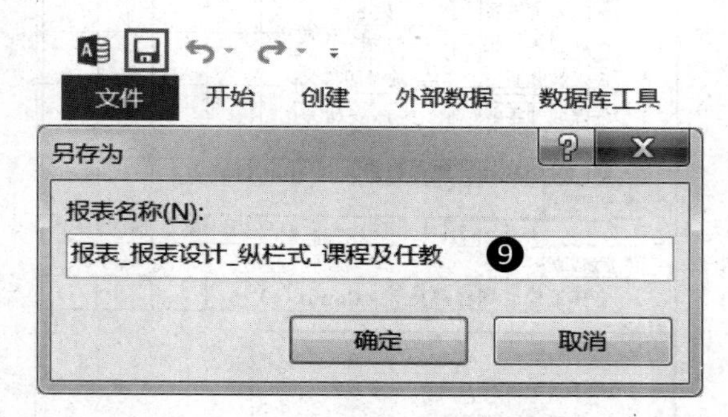

图 5-60 报表设计创建纵栏式课程及任教基本信息报表(十八)

❶ 在“创建”选项卡“报表”群组中选择“报表设计”选项，如图 5-43 所示。

❷ 以设计视图打开当前所创建的报表后，选择“报表设计工具”的“设计”选项卡“工具”群组中的“添加现有字段”选项，以打开“字段列表”对话框，如图 5-44 所示。

❸ 在“字段列表”对话框中选择“显示所有表”选项，打开各数据表，添加“课程”表的“课程编号”、“课程名称”、“课程性质”字段，添加“系部代码”表的“名称”字段，添加“教师”表的“姓名”、“性别”字段，添加“教师职称代码”表的“名称”字段，如图 5-45 所示。

其中，添加“教师”表的“姓名”字段时，将弹出“选择关系”对话框。因在所添加的表中，由“数据表”章节建立的表间关系决定了在“教师”与“课程”表间存在一对多关系，在“系部代码”与“教师”表间也存在一对多关系，如图 5-46 所示，所以这里需要在“选择关系”对话框中明确所添加的“教师”表“姓名”字段应为课程所属任课教师的姓名，即选“编号 来自 教师 匹配 任课教师 来自 课程”选项，单击“确定”按钮，如图 5-47 所示。

❹ 在“报表设计工具”的“设计”选项卡“控件”群组中选择控件列表中的“文本框”控件，在当前所创建报表设计视图的主体中添加该控件，如图 5-48 所示。报表的设计视图添加控件后的效果如图 5-49 所示。在“字段列表”对话框中选择添加“教师”表的“出生日期”字段。“出生日期”字段仅用于给随后步骤表达式生成器提供数据引导，不用于显示，将在后面的步骤中删除。

❺ 选择所添加的文本框控件(用于显示教师年龄的控件)，在“报表设计工具”的“设计”选项卡“工具”群组中选择“属性表”选项，在打开的“属性表”对话框中选择“数据”标签页，在“控件来源”栏中单击[...]按钮，打开“表达式生成器”对话框，在“表达式生成器”对话框的表达式输入区输入“=DateDiff("yyyy",[出生日期],Now())+Int(Format(Now(),"mmdd")<Format([出生日期],"mmdd"))”，表达式中的符号都使用英文半角符号。此表达式用于计算任课教师年龄，年龄精确计算到年月日，如图 5-50 所示。为检查计算是否正常运行和计算准确情况，可切换到当前报表的报表视图查看，如图 5-51 所示。

❻ 右击当前报表名称标签，在弹出的快捷菜单中选择“设计视图”选项，以设计视图方式打开当前报表，修改当前所创建报表。选择“报表设计工具”的“设计”选项卡，在“页眉/页脚”群组中选择“页码”选项，弹出“页码”对话框，其中的“格式”设置为“第 N 页，共 M 页”，“位置”设置为“页面底端(页脚)”，“对齐”设置为“居中”，勾选“首页显示页码”选项，单击“确定”按钮，如图 5-52 和图 5-53 所示。选择“报表设计工具”的“设计”选项卡，在“页眉/页脚”群组中选择“日期和时间”选项，将弹出“日期和时间”对话框，其中勾选“包含日期”选项，设定为“16-01-31”样式，不勾选“包含时间”选项，单击“确定”按钮，如图 5-52 和图 5-54 所示。在设计视图中给当前报表添加页面页眉，使每个打印页面都有此页眉，页面页眉的文本内容是“课程及任教基本信息报表”。在页面页脚中拖动日期进入左下角，拖动页码到右下角，如图 5-55 所示。(如果无法拖动，可用剪切再粘贴的方法)

❼ 为使报表展示效果更佳，在设计视图中修改各标签的内容、文字、对齐、字体、字号、位置、大小、次序等，同时相应修改各字段的对齐、字体、字号、位置、大小、次序等属性。

给所创建报表添加分组，选择“报表设计工具”的“设计”选项卡“分组和汇总”群组中的“分组和排序”选项，在“分组”中添加“名称”(系部名称)字段为“升序”，在“排序”中添加“课程编号”字段为“升序”，如图 5-56 所示。

根据需要适当设定当前报表设计视图中的报表页眉、页面页眉、组页眉(即名称页眉)、主体、组页脚(即名称页脚)、页面页脚、报表页脚7个区域。

在所创建报表的设计视图中选择“课程编号”字段,选择“报表设计工具”的“设计”选项卡“分组和汇总”群组中的“合计”选项,在下拉列表中选择“记录计数”选项,在组页脚(即名称页脚)和报表页脚处都添加“记录计数”,相应添加文本提示,如图5-57所示。

在设计视图中,两处合计计数都用的是“=Count(*)”,分别在组页脚(即名称页脚)和报表页脚。在页面页脚中,日期使用“=Date()”,页码使用“="第 " & [Page] & " 页,共 " & [Pages] & " 页"”,其中的符号都用英文半角符号。修改后的报表设计视图如图5-58所示。

❽ 修改后报表的打印预览视图,各截取一部分组合为样例,如图5-59所示。

❾ 单击“保存”按钮,弹出“另存为”对话框,输入报表名称“报表_报表设计_纵栏式_课程及任教”,单击“确定”按钮,完成保存操作,如图5-60所示。

5.4.2 报表设计创建图表式报表

在Access 2013中,采用“创建”选项卡“报表”分组中的“报表设计”选项,将数据表或查询作为基础数据源,可以更加灵活高效地创建出符合应用需求的图表式报表。

打开“高校学生信息系统”数据库,运用“报表设计”创建图表式报表,用以展示课程不及格人数的统计情况,使用“条件汇总_课程不及格人数”查询为基础数据源,所创建的图表式报表中需要展示出各门课程不及格的人数情况,命名为“报表_报表设计_图表式_课程不及格人数统计”报表。基础数据源“条件汇总_课程不及格人数”查询已在查询中创建,“条件汇总_课程不及格人数”查询的设计视图和数据表视图如图5-61所示。创建“报表_报表设计_图表式_课程不及格人数统计”报表的过程如图5-62～图5-80所示。

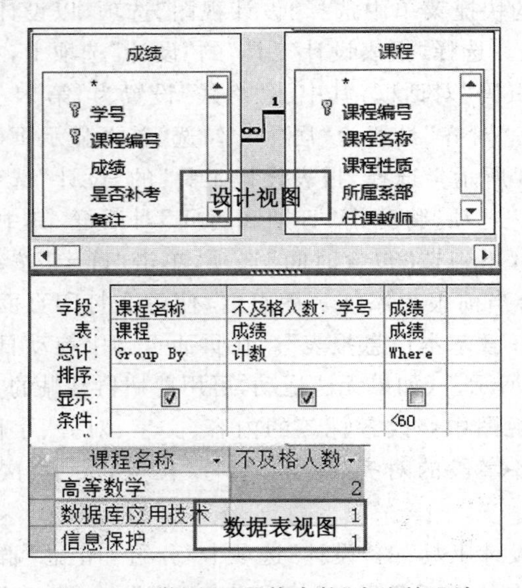

图5-61 “课程不及格人数”查询的设计视图和数据表视图

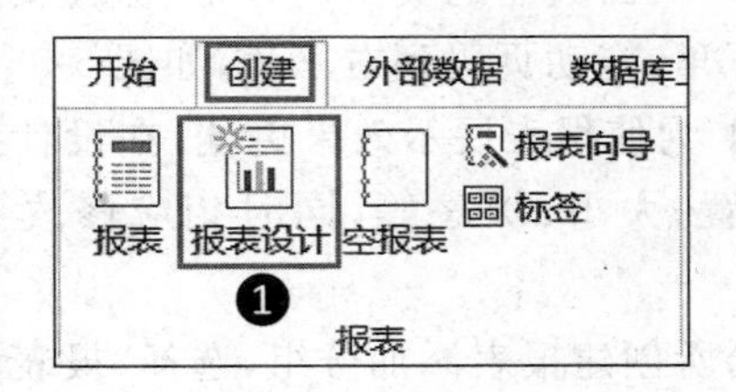

图5-62 创建图表式课程不及格人数统计报表(一)

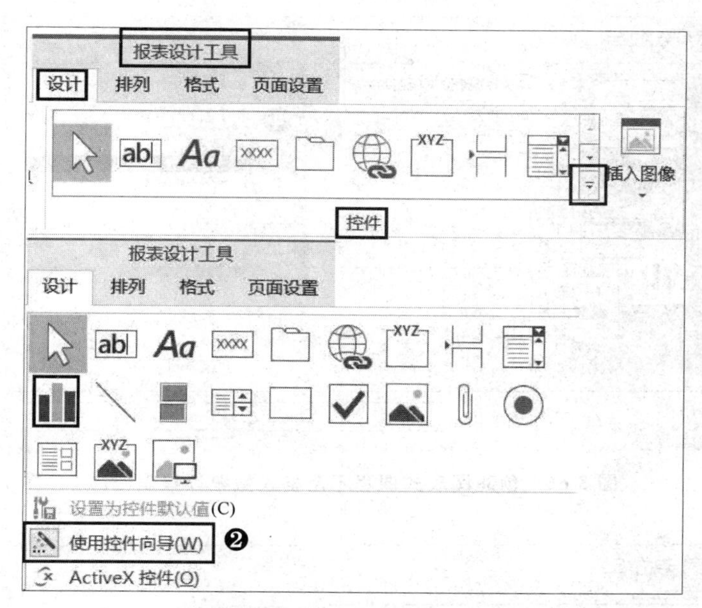

图 5-63 创建图表式课程不及格人数统计报表(二)

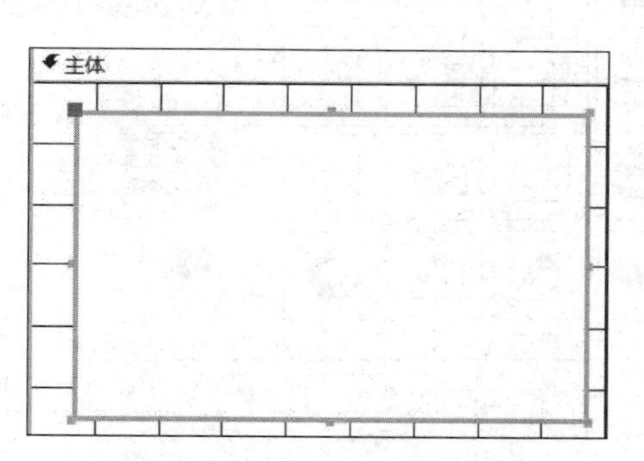

图 5-64 创建图表式课程不及格人数统计报表(三)

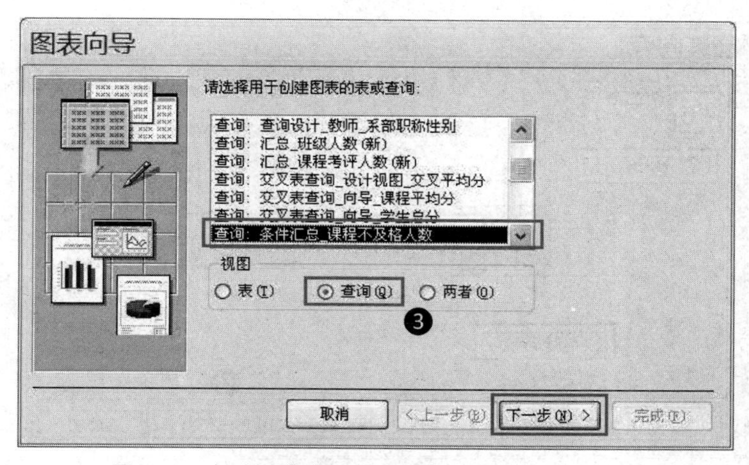

图 5-65 创建图表式课程不及格人数统计报表(四)

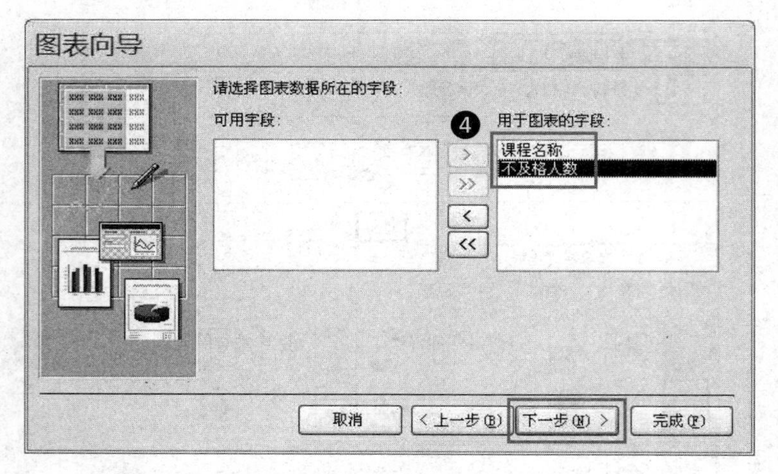

图 5-66 创建图表式课程不及格人数统计报表(五)

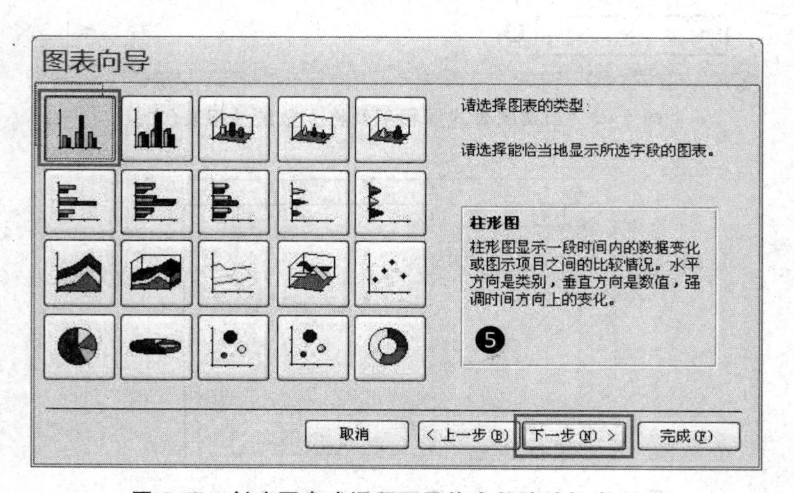

图 5-67 创建图表式课程不及格人数统计报表(六)

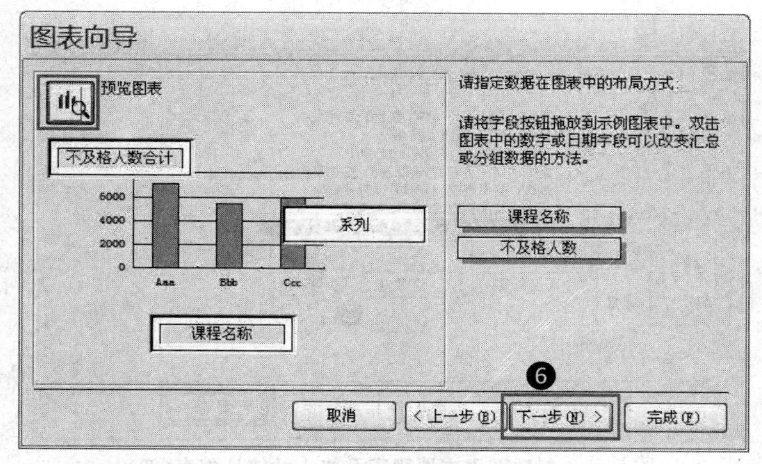

图 5-68 创建图表式课程不及格人数统计报表(七)

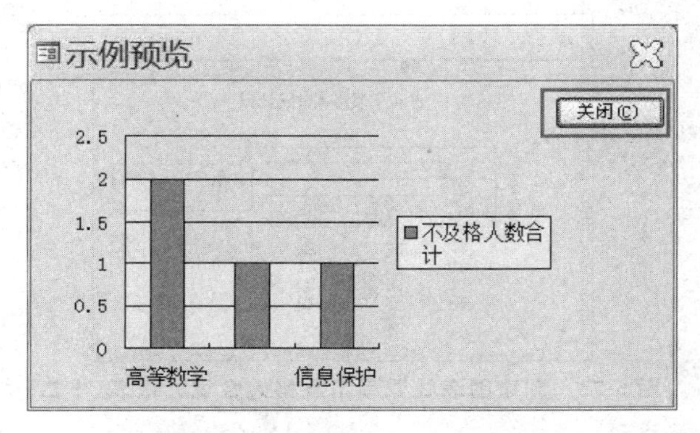

图 5-69　创建图表式课程不及格人数统计报表(八)

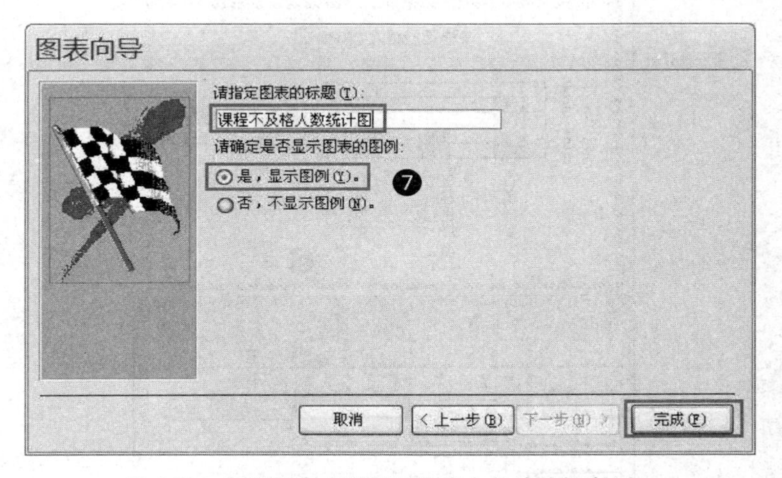

图 5-70　创建图表式课程不及格人数统计报表(九)

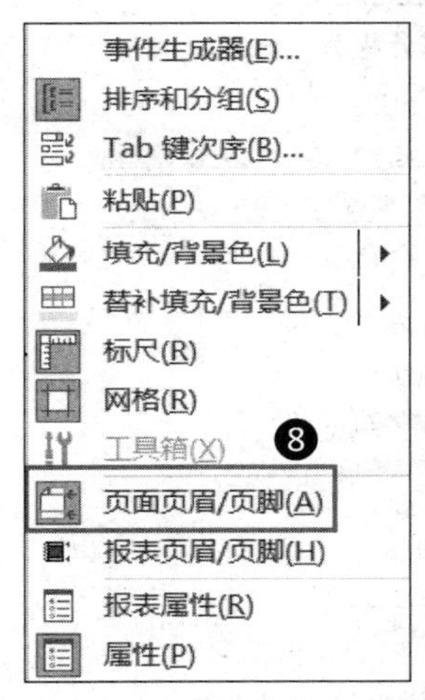

图 5-71　创建图表式课程不及格人数统计报表(十)

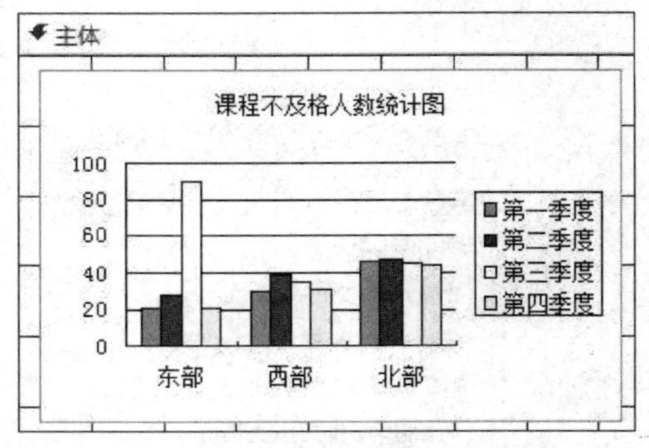

图 5-72　创建图表式课程不及格人数统计报表(十一)

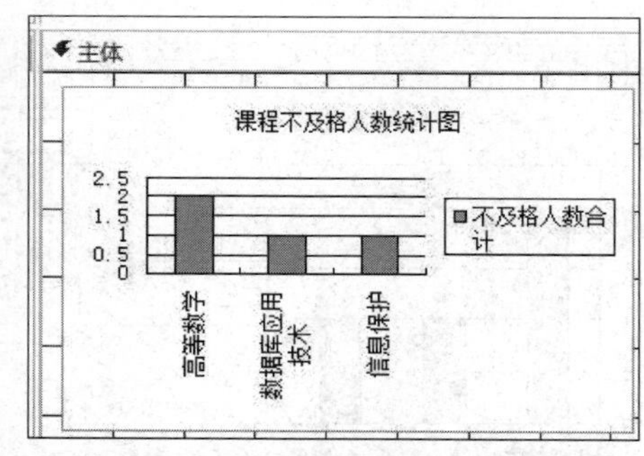

图 5-73 创建图表式课程不及格人数统计报表(十二)

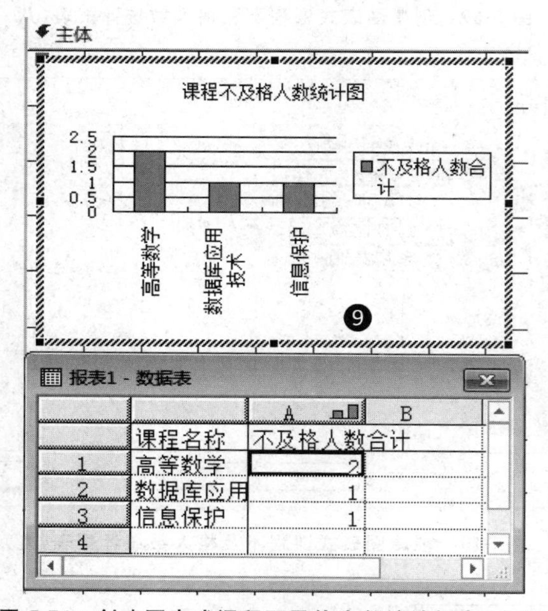

图 5-74 创建图表式课程不及格人数统计报表(十三)

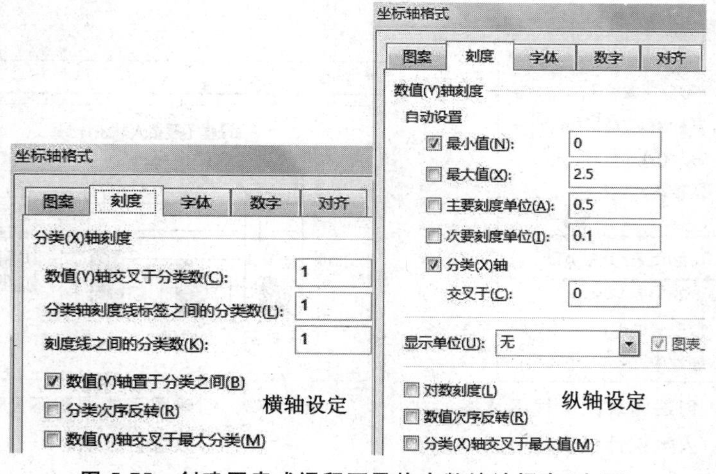

图 5-75 创建图表式课程不及格人数统计报表(十四)

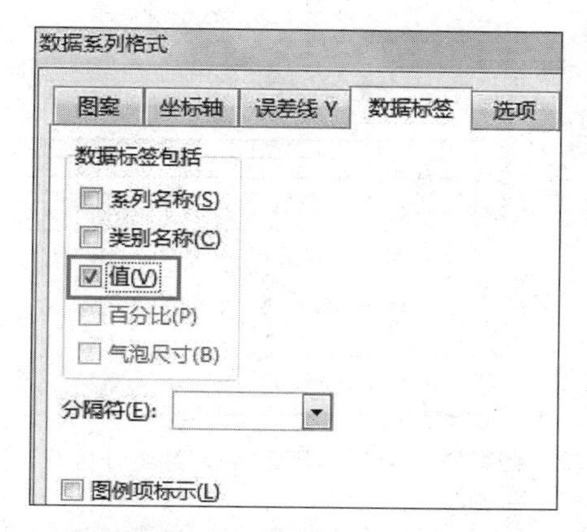

图 5-76 创建图表式课程不及格人数统计报表(十五)

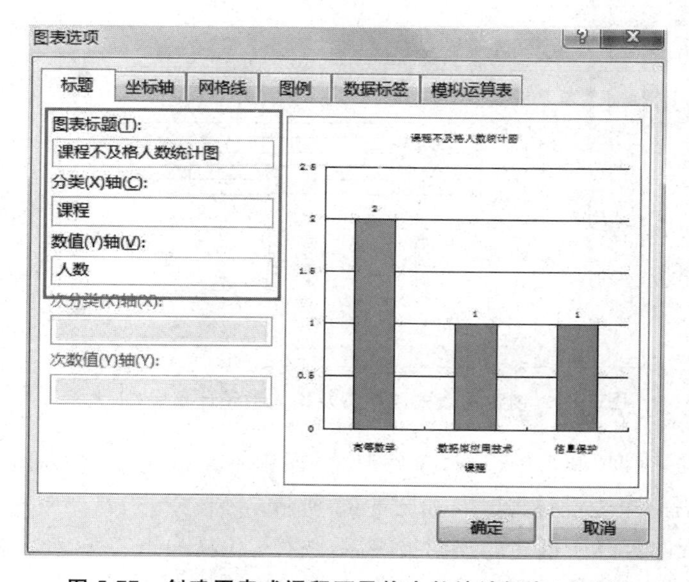

图 5-77 创建图表式课程不及格人数统计报表(十六)

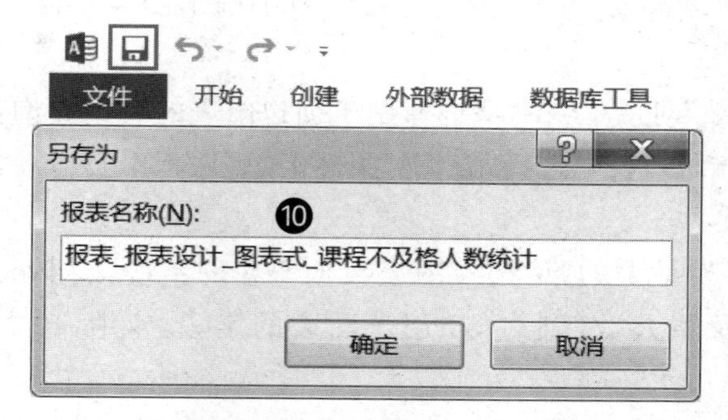

图 5-78 创建图表式课程不及格人数统计报表(十七)

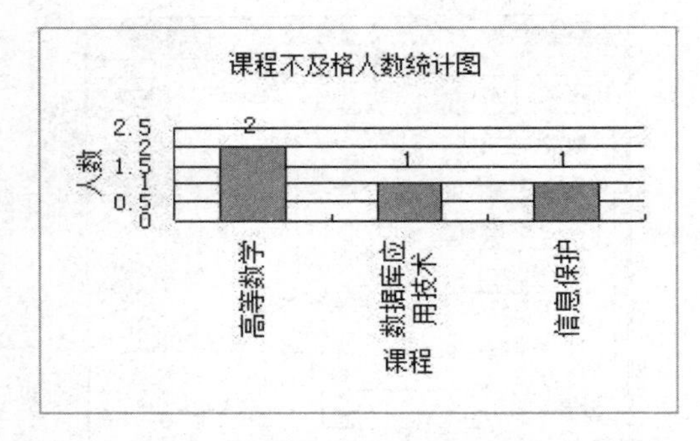

图 5-79 创建图表式课程不及格人数统计报表(十八)

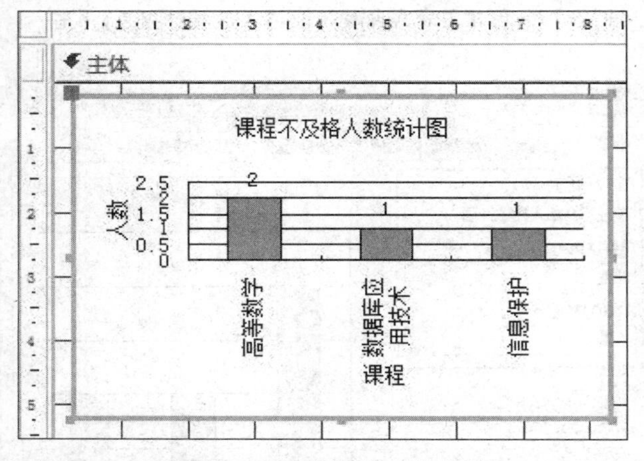

图 5-80 创建图表式课程不及格人数统计报表(十九)

❶ 在导航栏"查询"群组中选择"条件汇总_课程不及格人数"查询,在"创建"选项卡"报表"群组中选择"报表设计"选项,如图 5-62 所示。

❷ 以设计视图打开所创建的当前报表后,选择"报表设计工具"的"设计"选项卡"控件"群组中的"图表"选项,选择"使用控件向导"选项,使其处于激活状态,选择"图表"选项后,在当前所创建报表设计视图的"主体"节中画出图表控件,如图 5-63 和图 5-64 所示。

❸ 弹出"图表向导"对话框,在"请选择用于创建图表的表或查询:"步骤的"视图"中选择"查询"选项,在查询列表中选择"查询:条件汇总_课程不及格人数"选项,单击"下一步"按钮,如图 5-65 所示。

❹ 在"图表向导"对话框的"请选择图表数据所在的字段:"步骤中的"可用字段"添加"课程名称"和"不及格人数"到右侧"用于图表的字段:"中,单击"下一步"按钮,如图 5-66 所示。

❺ 在"图表向导"对话框的"请选择图表的类型:"步骤中的图表类型栏中选择"柱形图"选项,此时对话框右侧的提示信息显示"柱形图显示一段时间内的数据变化或图示项目之间的比较情况。水平方向是类别,垂直方向是数值,强调时间方向上的变化。",单击

“下一步”按钮,如图 5-67 所示。

❻ 此时对话框右侧的提示信息显示“请将字段按钮拖放到示例图标中。双击图表中的数字或日期字段可以改变汇总或分组数据的方法。”,如图 5-68 所示。单击“图表向导”对话框左上角的“预览图表”按钮,将打开“示例预览”窗口,确认形制无误后,单击“示例预览”窗口“关闭”按钮,如图 5-69 所示,回到图 5-68 所示的“图表向导”对话框,单击“下一步”按钮。

❼ 在“图表向导”对话框“请指定图表的标题:”提示下方输入“课程不及格人数统计图”,在“请确定是否显示图表的图例:”下方选择“是,显示图例。”选项,单击“完成”按钮,如图 5-70 所示。

❽ 右击报表设计视图,在弹出的快捷菜单中选择“页面页眉/页脚”,关闭“页面页眉”和“页面页脚”的节,如图 5-71 和图 5-72 所示。将当前所创建报表从设计视图切换到“报表视图”,确认相应数据与图表的对应情况,无误后切换回到设计视图,此时因数据对应图表,设计视图将依照数据对应显示图表,如图 5-73 所示。

❾ 在当前所创建报表的设计视图中双击图表,进入图表的编辑模式,进行图表设定的修改,如图 5-74 所示。在图表编辑模式下双击图表横轴,弹出“坐标轴格式”对话框,在“图案”、“刻度”、“字体”、“数字”、“对齐”各标签页中相应修改各项设定。用同样方式设定纵轴,如图 5-75 所示。在图表编辑模式下选择图例,按 Delete 键删除图例(也可以调整设定字号、图例大小位置等),以利于图表的展示效果。在图表编辑模式下双击柱形图中任一柱形,弹出“数据系列格式”对话框,选择“数据标签”页,在“数据标签包括”中勾选“值”,如图 5-76 所示。在图表编辑模式下右击图表,在弹出的快捷菜单中选择“图表选项”选项,在弹出的“图表选项”对话框的“标题”标签页中设定三个标题,即“图表标题”、“分类(X)轴”、“数值(Y)轴”,如图 5-77 所示。

❿ 回到当前所创建报表的设计视图,单击“保存”按钮,弹出“另存为”对话框,输入报表名称“报表_报表设计_图表式_课程不及格人数统计”,单击“确定”按钮,完成保存操作,如图 5-78 所示。右击当前报表名称标签,在弹出的快捷菜单中选择“打印预览”选项,将显示“报表_报表设计_图表式_课程不及格人数统计”报表的打印预览视图,如图 5-79 所示。右击当前报表名称标签,在弹出的快捷菜单中选择“设计视图”选项,将显示“报表_报表设计_图表式_课程不及格人数统计”报表的设计视图,如图 5-80 所示。

小　　结

本章主要介绍了 Access 2013 数据库中报表对象的应用,介绍了报表的相关基本知识,通过实训说明在 Access 2013 数据库中创建报表和调整设置的方式方法,可以将数据库报表打印出来。

习　题

1. 请按本章训练详解完成所介绍的 Access 2013 数据库报表的应用实例。

2. 请以本章训练为基础，在"高校学生信息系统"数据库中创建更多具有实际用途的报表，设定适当的格式，并创建基础数据源。

第6章 chapter 6

数据库管理

随着信息技术和网络的发展，网络应用广泛深入影响数据库的管理和安全。在这种情况下，数据库应用过程中需要管理和优化。Access 2013 提供了对数据库进行管理和安全维护的有效方法。本章将介绍数据库的管理和安全设置。

为便于训练，复制第 5 章中的“高校学生信息系统”数据库，将其重命名为“学号＋姓名＋_数据库管理与安全_＋高校学生信息系统.扩展名”命名，如“20168151 测试者_数据库管理与安全_高校学生信息系统.accdb”。本章训练都在此数据库中完成。

6.1 数据库密码

为维护数据库安全，出现多种数据库的安全技术，用于保护数据库中数据不被未授权用户使用。要防止未授权用户打开数据库，设置数据库密码是一种很便捷的保护方式。

6.1.1 设置密码

在 Access 2013 中打开“高校学生信息系统”数据库，为数据库设定密码“123456”，使此数据库打开时需要输入密码才能使用。设置密码时，数据库要以独占方式打开。设置密码过程如图 6-1～图 6-6 所示。此处使用的密码样例较为简单，应用中应该考虑使用英文、数字等更多位数字符组合作为密码，避免密码本身简单造成的安全隐患。

❶ 选择“文件”选项卡的“打开”选项，转到“打开”界面，选择“计算机”选项，单击“浏览”按钮，弹出“打开”对话框，找到并选择相应数据库文件，单击“打开”下拉按钮，在下拉菜单中选择“以独占方式打开”选项，如图 6-1～图 6-3 所示。

❷ 选择“文件”选项卡的“信息”选项，在信息栏中单击“用密码进行加密”按钮，如图 6-4 所示。

❸ 弹出“设置数据库密码”对话框，在“密码：”提示下方输入密码“123456”，在“验证：”下方再次输入密码“123456”，以核验设定的密码，单击“确定”按钮。如图 6-5 所示。

图 6-1 数据库设定密码(一)

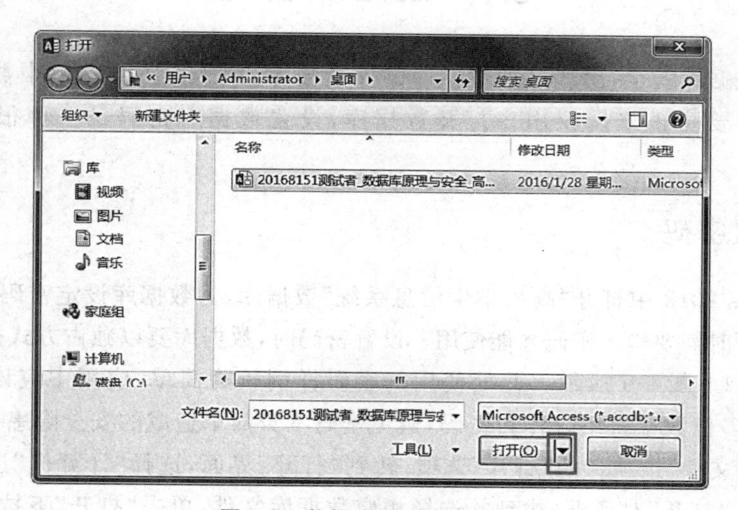

图 6-2 数据库设定密码(二)

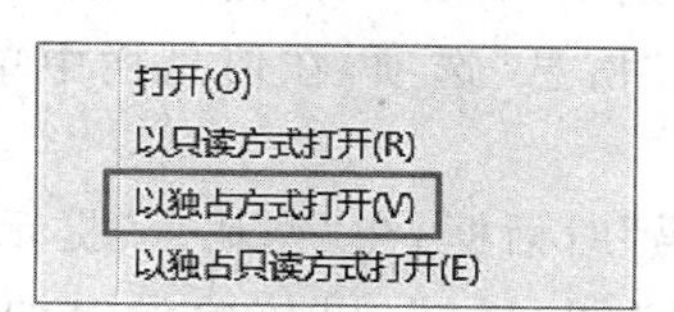

图 6-3 数据库设定密码(三)

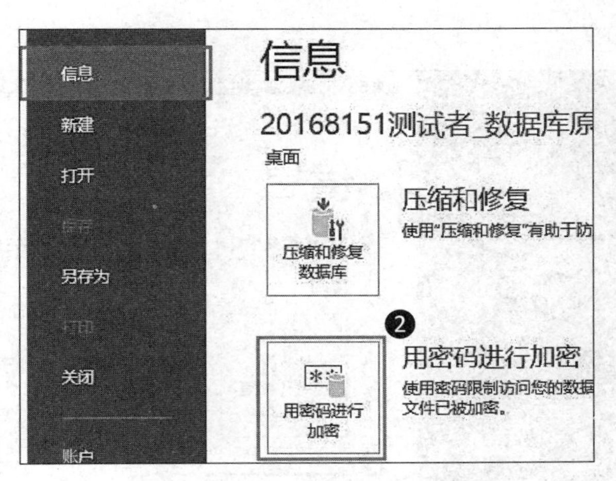

图 6-4 数据库设定密码(四)

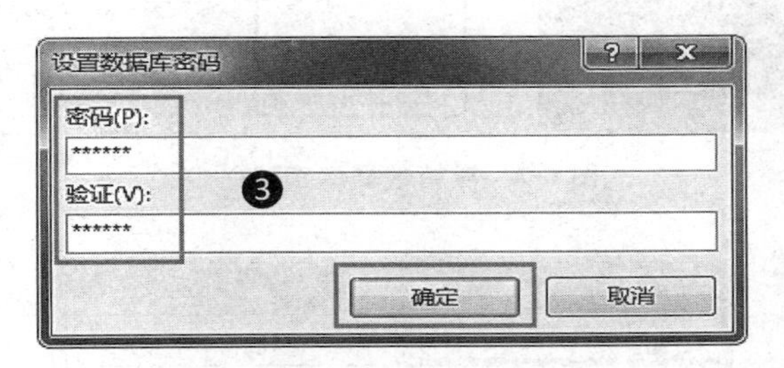

图 6-5 数据库设定密码(五)

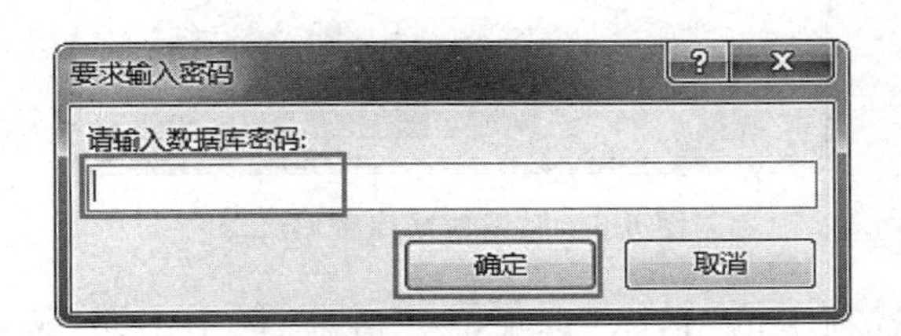

图 6-6 数据库设定密码(六)

若为数据库设置密码,应注意密码的设置方式,尽量采用更安全的密码拼写组合,不要使用较为规律的密码组合,以提高安全性。设定密码时,应妥善保管密码,一旦设定成功,将需要提供密码才能打开数据库,否则数据库无法使用。验证所设定的密码是否生效,可关闭数据库,重新打开,此时将弹出“要求输入密码”的提示,输入正确的密码,单击“确定”按钮后将打开相应数据库,如图 6-6 所示。

6.1.2 撤销密码

打开“高校学生信息系统”数据库,撤销对数据库所设定的密码“123456”,使该数据库无需输入密码就能够打开使用。撤销密码时,数据库要以独占方式打开,过程如图 6-1～图 6-3 所示,打开时要求输入密码,如图 6-6 所示,不再赘述。撤销密码的过程如图 6-7和

图 6-8 所示。

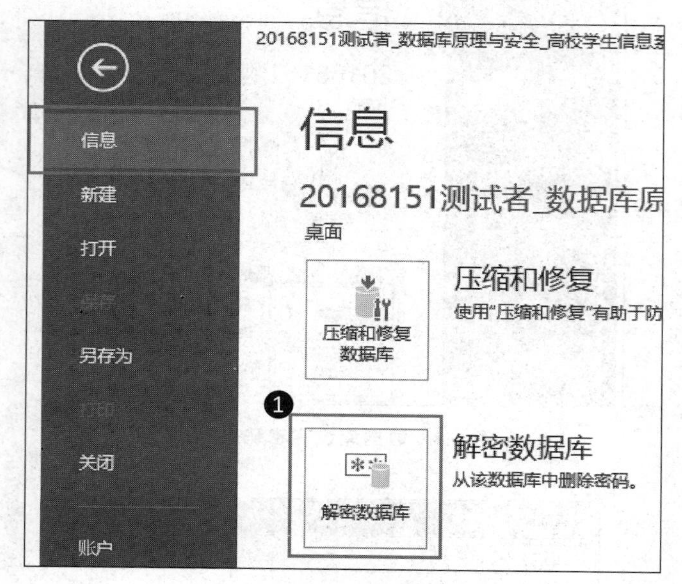

图 6-7　撤销数据库密码(一)

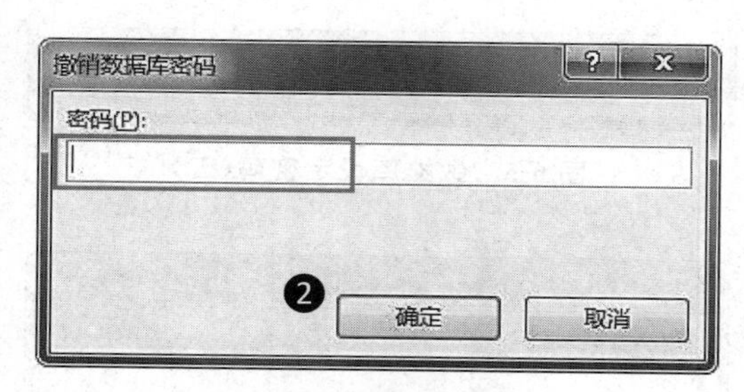

图 6-8　撤销数据库密码(二)

❶ 选择"文件"选项卡的"信息"选项,在"信息"栏中选择"解密数据库"按钮。如图 6-7 所示。

❷ 弹出"撤销数据库密码"对话框,在"密码:"提示下输入所设定的密码"123456",完成密码撤销,如图 6-8 所示。

6.2　压缩和修复数据库

使用数据库中,Access 2013 会创建临时隐藏对象。创建后不再需要时,这些临时对象仍将保留在数据库中。删除数据库对象时,系统不会自动回收该对象所占用的磁盘空间,也就是说,尽管对象已被删除,数据库文件仍然保留着相对应的磁盘空间。随着数据库文件不断被遗留的临时对象和已删除对象所填充,其占用空间的量逐渐变大,性能也会逐渐降低。性能降低可能表现为打开对象速度变慢,查询运行时间更长,操作需要更长时间，数据库的访问性能相应变差。

压缩数据库可以重新组织数据库文件在磁盘上的存储方式。数据库的压缩实际上是复制该数据库文件，并重新组织文件在磁盘上的存储。压缩数据库并不是压缩数据，而是通过释放未使用的空间缩小数据库文件。压缩数据库可以防止因数据库变大造成的性能下降，降低因此造成的数据库损坏风险，对数据库没有损害。压缩数据库可以大大提高读取效率，优化数据库性能。可以先打开数据库，再进行压缩和修复数据库，也可以不打开数据库进行压缩和修复数据库的操作。

6.2.1 压缩和修复已打开的数据库

打开数据库，可以进行压缩和修复数据库操作，过程如图 6-9 所示。

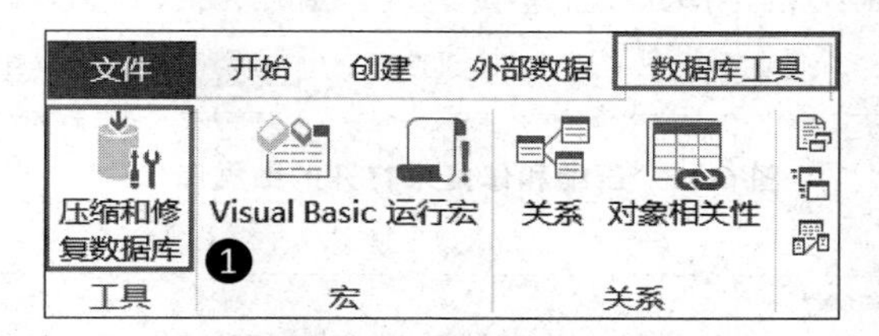

图 6-9 压缩和修复已打开的数据库

❶ 选择“数据库工具”选项卡“工具”群组中的“压缩和修复数据库”选项，完成压缩和修复数据库操作，如图 6-9 所示。压缩和修复数据库前后，对比检验发现数据库文件大小发生改变，可自行测试对比。

6.2.2 压缩和修复未打开的数据库

未打开数据库时，也可以进行压缩和修复数据库操作，过程如图 6-10～图 6-12 所示。

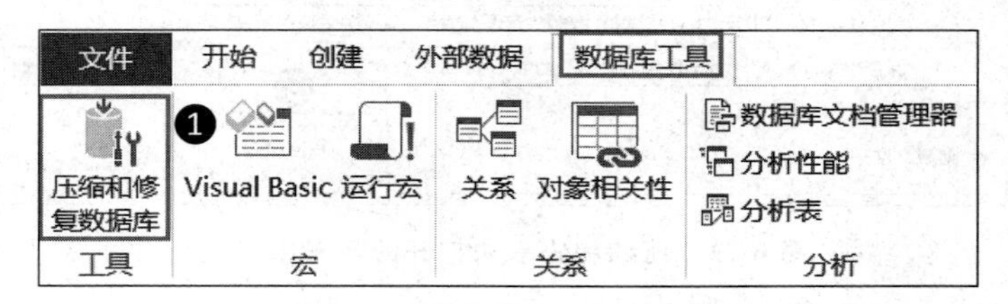

图 6-10 压缩和修复未打开的数据库(一)

❶ 打开 Access 2013，在“数据库工具”选项卡“工具”群组中选择“压缩和修复数据库”选项，如图 6-10 所示。

❷ 弹出“压缩数据库来源”对话框，选择相应数据库文件，单击“压缩”按钮，如图 6-11 所示。

❸ 弹出“将数据库压缩为”对话框，输入文件名，此处选择源文件，要求压缩后覆盖(但若需另存不覆盖，可输入其他保存路径或文件名)，单击“保存”按钮，如图 6-12 所示。

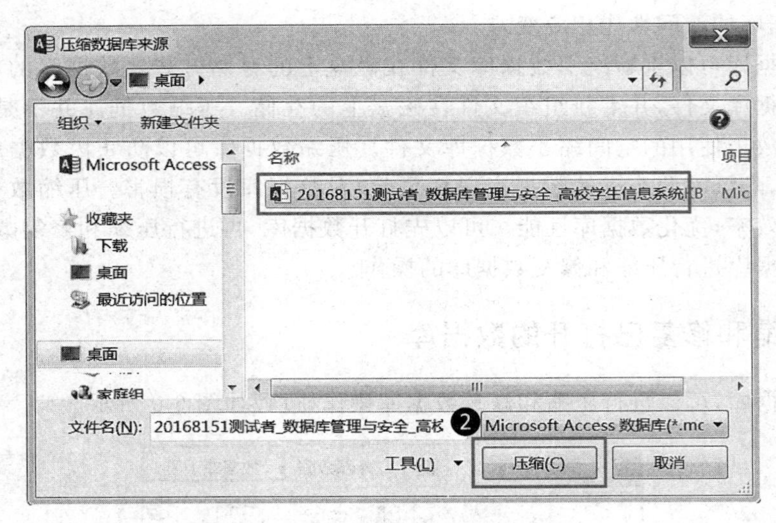

图 6-11 压缩和修复未打开的数据库(二)

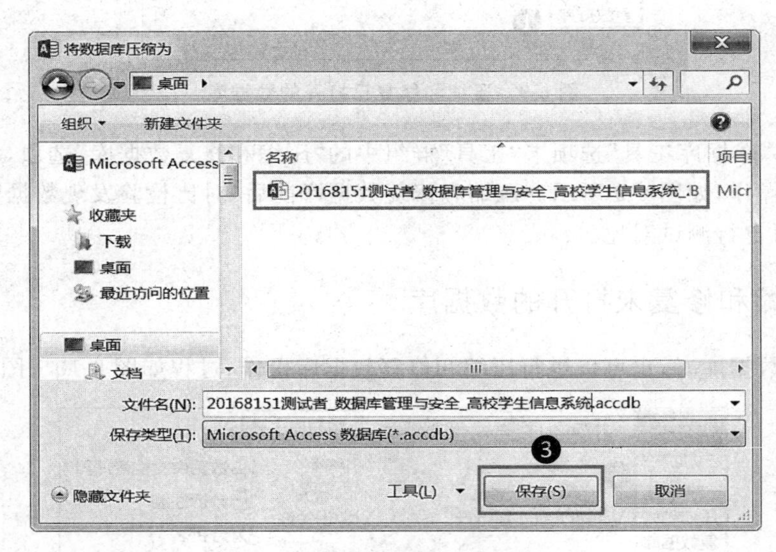

图 6-12 压缩和修复未打开的数据库(三)

6.3 备份和还原数据库

6.3.1 备份数据库

使用数据库过程中,有时会因误操作或病毒等原因造成数据库文件损坏,损坏的发生往往不能准确预知,这就需要数据库备份,以便在发生故障或损坏的情况下还原数据库。表面上看,数据库的备份浪费存储空间,但能规避数据和设计遭受损失的风险。如果有多个用户共享和更新数据库,定期备份就更为重要。没有备份副本,发生意外损坏后将无法还原损坏或丢失的对象，也无法还原对数据库所做的设计和更改。

对数据库进行及时备份是重要和必要的。数据库备份可以使用 Windows 操作系统的复制、粘贴等功能，也可以使用 Access 2013 提供的备份功能。

在 Access 2013 中对“高校学生信息系统”备份数据库，过程如图 6-13 和图 6-14 所示。

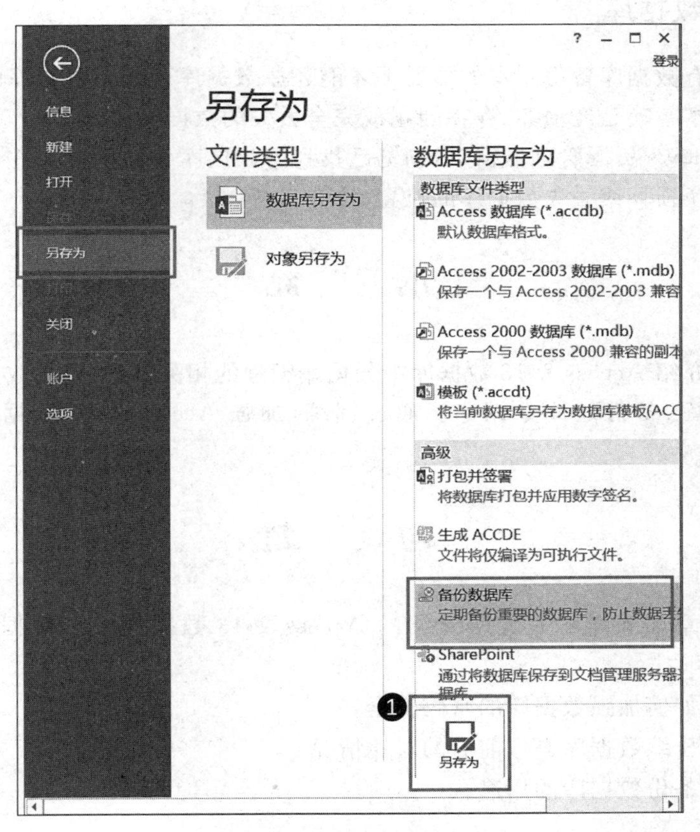

图 6-13 备份数据库(一)

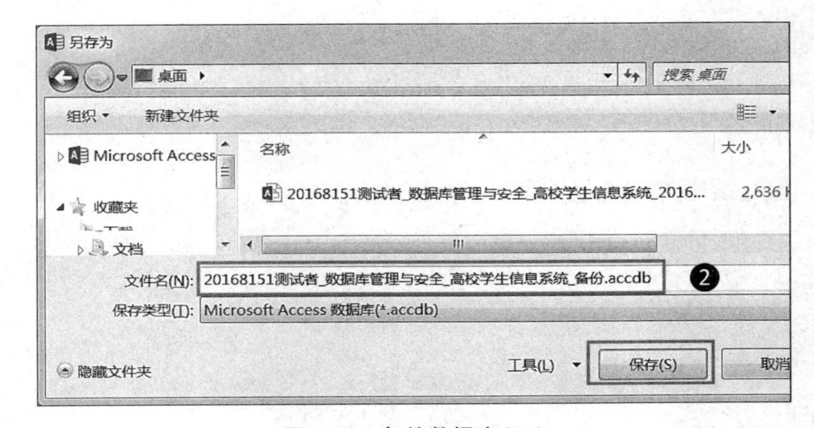

图 6-14 备份数据库(二)

❶ 打开“高校学生信息系统”数据库，选择“文件”选项卡中的“另存为”选项，转到“另存为”界面，选定“备份数据库”，单击“另存为”按钮，如图 6-13 所示。

❷ 弹出“另存为”对话框，选择保存路径，输入文件名，单击“保存”按钮，完成备份操作，如图 6-14 所示。

6.3.2 还原数据库

只有在具有数据库备份副本的情况下才能还原数据库。还原数据库时，将会使用数据库的备份副本替换已经损坏、存在问题或完全丢失的数据库文件。

打开 Windows 资源管理器窗口，浏览已找到的数据库备份副本文件，将已知正确副本复制到应替换损坏或丢失数据库的位置。

小 结

本章主要介绍 Access 2013 数据库中数据库管理的相关设定，介绍数据库密码管理、压缩修复数据库、备份还原数据库。通过训练，加强 Access 2013 数据库管理的实践应用。

习 题

1. 请按本章训练详解完成所介绍的 Access 2013 数据库关于数据库管理的应用训练。
2. 请说明如何加强数据库的密码安全。
3. 请说明压缩数据库操作前后的对比情况。
4. 请说明备份数据库的用途。

第7章 chapter 7

Access 2013 应用综述

Access 2013 是一款数据库应用开发和管理系统软件，主要功用是能够便捷处理多样化的数据，使数据之间建立联系，更便捷地统计和分析数据，形成一定规模的数据库管理应用系统。

Access 2013 数据库主要由 4 类对象组成，即表、查询、窗体、报表。这 4 类对象是数据库能够正常实现功能的主要载体。表，又称数据表，是数据库多种对象的基础，查询、窗体、报表的建立，均需直接或间接建立在表的数据基础之上。下面以建立“高校学生信息系统”数据库为例说明 Access 2013 数据库的设计实现思想。

创建表大多使用设计视图方式，这种方式功能强大，过程简便灵活。但若已有数据基础，可以使用外部数据文件，以导入方式创建表，创建工作效率更高，如外部 Excel、XML 等类型文件。同时已创建的数据表及其数据可以导出数据库，保存在外部文件中。

创建“高校学生信息系统”数据库之初，需要建立学生、课程、成绩、教师等数据表作为数据库的基础。建立这些数据表时，应有联系但又相互独立。例如，学生表和教师表中都有相同的字段，即系别代码字段，建立表间关系后创建查询时，将两表中的系别代码字段作为联系，可以实现对两表数据的联合查找。一个完整的数据库需要建立辅助数据表，如学生联系方式表、教师联系方式表等。这些辅助数据表可以为后续制作查询、窗体和报表时提供丰富的数据信息。此外，数据表中会保存系部、专业、民族、政治面目等数据，这些数据一般不在数据库系统数据表中保存原始名称，只保存名称对应的代码，代码和对应名称保存在相应代码表中，如系部代码、专业代码、政治面目代码表等。代码一般由若干位英文字符和数字字符组合构成。这些名称的共同特点是重复存在于大量数据记录中，保存代码能够减少大量数据存储冗余。在代码变动或扩充时，便于数据库整体升级维护。数据表是数据库的基础，数据表创建得合理、规范，数据库的设计、应用和未来升级将受益。

创建数据表时，数据表字段的“常规”属性包含了数据字段的常规常用设置，“查阅”属性是数据字段的重要设置区域，能够设置字段的显示方式等，可以在“查阅”属性“显示控件”中设置“复选框”、“文本框”、“组合框”，可以设置数据来源，大大提高显示效果质量。对“数据类型”使用“文本”或“数字”的字段，“显示控件”可设置为“文本框”、“列表框”、“组合框”。对“数据类型”为“是/否”的字段，“显示控件”可设置为“文本框”、“复选框”、“组合框”。文本框是一般的默认设置，通常大多数无特殊要求的字段都采用文本框，打开数据表时由用户直接输入数据或修改数据。列表框能够显示值列表或结果集合的选项列表，它包含数据行，数据行可以有一个或多个列，可以修改列标题、设定各列列宽，如果列表中包含的行数超过控件中可以显示的行数，则在控件中显示滚动条，同时允许用户自行编辑列表框以外的数据，允许多值，但设定后不可逆。组合框兼具文本框和列表框的功能，它可以修改行数，设定多列的列宽，可以限定或不限定在列表中选取数据，允许多值，但设定后不可逆。“行来源类型”可以是“表/查询”、“值列表”、“字段列表”。当“行来源类型”是“表/查询”时，“行来源”可以选择数据库中的某个表或查询，代码表应用于此较为常见。“行来源”也可以选择输入 SQL 查询语句，例如“SELECT 系部代码.代码，系部代码.名称 FROM 系部代码;”(语句内符号皆为英文半角符号)。当“行来源类型”是“值列表”时，“行来源”可以输入相应数据，例如，“电子信息工程系;计算机科学与技术系;通信工程系;行政管理系;信息安全系”(其中的分号用英文半角符号)。

数据库中的数据可能存在一定规律，为便于高效查找和浏览数据记录，可以按照一定的次序或规律排序。排序分为基于单字段的简单排序和基于多字段的高级排序两种。排序不影响数据记录的存储。使用数据库的数据时，数据量可能比较庞大，在大量数据中对特定记录定位查找或修改比较困难，这时需要使用数据筛选功能。该功能能够设定并筛选出满足某些条件的记录，暂时隐藏不满足条件的记录，筛选不影响数据记录的存储，只是一种显示方式。筛选分为四种，窗体筛选、基于内容筛选、排除内容筛选、高级筛选，可根据应用需要具体执行。

建立数据表后，将这些相互独立的数据表结合在数据库应用系统中，需要建立恰当的表间关系，进而设定实施参照完整性、级联更新相关字段等，这样能够提高数据库及其数据的安全性，增强数据表间的关联同步，为数据库未来的维护升级提供支持和便利。

设置完成数据表和表间关系后，可以创建查询、窗体和报表等对象。

查询是按一定条件，在大量数据中查找到相应符合条件的记录，数据来自数据表或已建立的查询。创建查询时，应梳理查询需求，依次创建各查询。创建查询的方式有多种，对单一数据表的普通数据查询，选择相关字段，用“选择查询”创建即可。有时会需要一些特殊的查询，如对重复数据的查询，如查找学生重名、教师重名、课程重名等特殊情况，可以通过“选择查询”中的“重复项查询”设计创建相应查询。对不匹配数据的查询，如查找无课教师、无成绩学生、无成绩课程、无专业学生等，可以通过“选择查询”中的“不匹配项查询”设计创建相应的查询。有些查询涉及多个数据源，可以使用“交叉表查询”等进行设计处理。对需要条件限定或输入参数的查询，可以设计创建“参数查询”或“条件汇总查询”。“操作查询”包括生成表查询、追加查询、更新查询、删除查询，是可以执行操作的查询，能够重复执行查询，设定产生结果记录集合，用于创建数据表等操作。利用操作查询可以实现一次操作完成批量记录的编辑修改，提高数据管理维护的质量和效率。最为灵活和适应性最广泛的查询类型是“SQL 查询”，但创建 SQL 查询需要编写 SQL 代码，非专业技术人员可以通过效仿样例尝试编写 SQL 代码，多数 SQL 代码都容易看懂和模仿。

在数据库在与外界交互方面，主要使用窗体对象，窗体支持阅读数据、编辑修改数据，数据库用窗体搭建了数据库与外界间的交互平台。窗体分为纵栏式窗体、表格式窗体、数据表式窗体、主子式窗体等。窗体一般与数据库中一至多个数据表或查询相关，窗体的记录来自数据表和查询中的相应字段。通过窗体，用户可以执行对数据的输入、编辑、筛选、排序等操作。窗体中包含多种控件，通过这些控件可以打开数据库中的其他对象。通过恰当设计，一个数据库应用系统开发完成后，对数据库数据的所有编辑操作都可以通过窗体完成。窗体并不存储数据，但若窗体设置恰当，除具有较强实用性外，还能改善单调的数据表达方式，提高数据库应用的视觉效果。

完成以上这些工作后，一个数据库的存储、检索、编辑、浏览数据等功能已基本具备。此时需要创建和应用报表，实现对数据的整理和打印输出。一般地，用报表对数据库中的数据进行比较、分类汇总、排序，在报表中加载多种控件并设置格式，生成清单、订单、标签以及其他多样化的报表。报表支持数据浏览、设置格式、汇总数据、打印数据、导出保存等，但不修改或输入数据。报表的主要作用是输出，包括显示、汇总、打印数据等。报表中显示的内容来源于数据表或查询，但无需包含每个表或查询中的所有字段，使用报表可以将这些数据按需归纳汇总，设定打印效果。

报表视图有4种，分别是报表视图、打印预览视图、布局视图和设计视图。布局视图和报表视图的界面几乎一样，但二者区别在于布局视图中各控件的位置可以调整，报表视图不具有这些功能。设计视图的功能最强大，可以全方位灵活地修改调整各控件及其属性。

完成了报表的设计工作，一个完整的数据库应用系统基本形成，但并不安全。裸露的数据容易出现安全问题，要防止未授权用户打开数据库，需要设置数据库密码。如果为数据库设置密码，则所有用户都必须先输入密码才能使用数据库。在数据库使用过程中，有时会因为误操作或其他原因导致数据库文件损坏，需要提前备份数据库，以便在异常情况出现后迅速恢复还原数据库，将损失降到最低。数据库的压缩功能可以削减数据库使用中逐渐生成的临时对象、结果集所占用的空间，使数据库减少冗余，缩小所占空间，提高数据库应用效率。完成数据库的加密和日常备份压缩管理后，一个数据库的安全管理和备份机制已基本建立，数据库各部分已成为统一整体，能够为未来应用提供便捷高效的体验。

参 考 文 献

[1] 徐日，张晓昆. Access 2010 数据库应用与实践[M]. 北京：清华大学出版社，2014.

[2] 徐日，张晓昆. 微软办公软件国际认证(MOS)Office 2010 大师级通关教程(第 2 版)[M]. 北京：清华大学出版社，2016.

[3] Office 帮助[EB/OL]. [2016-02-01]. http://support.office.com/zh-cn/.

[4] 陈振，彭浩，马华. Access 数据库技术与应用(第 2 版)[M]. 北京：清华大学出版社，2013.

[5] 董卫军，邢为民，索琦. 数据库基础与应用(Access 版)[M]. 北京：清华大学出版社，2012.